居住空间环境解读系列

解读非常住宅

黄一真 主编

黑龙江出版集团

黑龙江科学技术出版社

黄一真

　　当代风水学泰斗，中国房地产风水第一人，现代风水全程理论的创始者。是国内外六十多个大型机构及上市公司的专业顾问，主持了国内外逾三百个著名房地产项目的风水规划、景观布局及数个城市的规划布局工作。

　　黄一真先生二十年精修，学贯中西，集传统风水学与中外建筑学之大成，继往开来，首创现代房地产项目的选址、规划、景观、户型的风水全局十大规律及三元时空法则，开拓了现代建筑的核心竞争空间。

　　黄一真先生的研究与实践足迹遍及世界五大洲，是参与高端项目最多，最具大局观、前瞻力、国际视野的名家，自1997年来对城市格局、财经趋势均作出精确研判，以其高屋建瓴的全局智慧，为国内外诸多上市机构提供了战略决策参考，成就卓著。

　　黄一真先生数十年如一日，潜心孤诣，饱览历代秘籍，仰观俯察山川大地，上下求索，以独到的前瞻功力做出的精准判断，价值连城，在高端业界闻名遐迩。

　　黄一真先生一贯秉持低调谦虚的严谨作风，身体力行实证主义，倡导现代风水学的正本清源，抵制哗众取宠的媚俗行为，坚拒当代风水学的庸俗化、神秘化与娱乐化。

　　黄一真先生的近百种风水著作风行海内外数十载，脍炙人口，好评如潮，创造多项第一。其于2000年出版的名著《现代住宅风水》被誉为"现代风水第一书"，十年巨著《中国房地产风水大全》是全世界绝无仅有的房地产风水大全，《黄一真风水全集》则是当代中国最大型的图解风水典藏丛书。黄一真先生的著作博大精深，金声玉振，其趋利避害、造福社会的真知灼见于现代社会的影响极为深远。

　　黄一真先生是香港凤凰卫视中文台《锵锵三人行》特邀嘉宾，香港迎请佛指舍利瞻礼大会特邀贵宾。2002年3月应邀赴加拿大交流讲学，2004年7月应邀赴英国交流讲学。

黄一真先生主要著作

　　《中国房地产风水大全》《黄一真风水全集》《现代住宅风水》《现代办公风水》《小户型风水指南》《别墅风水》《住宅风水详解》《富贵家居风水布局》《居家智慧》《楼盘风水布局》《色彩风水学》《风水养鱼大全》《人居环境设计》《风水宜忌》《风水吉祥物全集》《大门玄关窗户风水》《财运风水》《化煞风水》《健康家居》《超旺的庭院与植物》《多元素设计》《最佳商业风水》《家居空间艺术设计》《卧房书房风水》《景观风水》《楼盘风水》《办公风水要素》《生活风水》《现代风水宝典》等。

序言

风水：居住的智慧与艺术

在一个极其重视生存智慧的国度里，中国人通过体察自然界江河竞流、山川俯仰的变化，从而格物致知，精心选择适合人类生存发展的环境，形成了专门研究居住环境与营建布局之间关系的学科——风水学。

风水学最初是作为帝王的御用术，应用于指导城邑、宫殿、陵址等的修建活动之中。风水学自唐宋而兴盛，形成了以理法为主的福建派及以形法为主的江西派两大流派，风水理论体系也逐渐完善，在社会的文明进程中作用凸显，中国传统的各类形制的建筑都留下了风水深刻的痕迹。

一切文化都具有传承性质，但是同时也受到历史性的限制，所以它一定有缺憾，风水学理论的研究也是如此。风水学理论虽然源于朴素唯物主义，但在封建时代，任何理论都脱离不了中国传统学说的桎梏和局限性，风水学理论自然也不例外。为了生存与流行，风水学理论不得不掺入不少迷信和穿凿附会的内容，从而弱化了其唯物主义的真正实质。

如何在传统的基础上去芜存精，不断提高创新，弘扬中华民族的国粹，造福社会，这是现代风水学理论的任务。但由于封建思想的影响，风水学在应用的过程中，加入不少刀剑符咒的硬性方法，从而淡化了其灵活变通的真正意义。其实，高明的风

水学是能够不着痕迹，尽得风流的，对于易理的运用更是可以得其意而忘其形，通过方位的挪移、植物的摆设、颜色的选择、家具的布局达到因地制宜、依形就势、扬长避短的效果，从而形成其独特的居住的智慧与艺术。

当代各类成功的建筑都蕴涵着风水学理论，而如何运用好风水学的原理，亦要坚持扬弃的原则，目光如炬地进行判断，就有一定的规律可循。我们会发现，现代风水学理论其实并不神秘，它借助于精密的仪器和科学的方法，调理项目内部的资源，整合外部的形、势、声、光、电，对人类的各种居住环境进行改良。

现代风水学作为一门综合性学科，与其他各门类学说均有紧密的联系，怎样与时俱进，不断完善这门学科，对现代社会的各类营建规划活动作出更大的贡献，这是一个严谨的课题。本书是对现代风水学的重要分支——住宅设计的实践与理论的阶段性总结，鉴于以往不少相关书籍过于晦涩难懂，本书力图深入浅出，避开深奥诘屈，希望能对读者有所启发，并得到方家的批评指正。

目录

004 序言 风水：居住的智慧与艺术

023 第一章 选择理想的住宅

024 中国住宅的理想模式

027 命卦与住宅朝向

028 住宅面积与家庭人口的关系

029 住宅中房间的数量

029 家居住宅的温度与湿度

033 第二章 大门设计

034 大门口的象征意义

035 大门的坐向

036 大门的尺寸

037 大门的颜色

039 大门的禁忌

040 开门四主向

041 开门需配合路形

041 开门的方式有讲究

043 入门的"三见"与"三不见"

043　避免形成的大门格局

045　利用大门催财

045　正确安放门槛

046　木质大门对家运的影响

046　大门图案要慎选

047　将门置于福元位

048　大门流年方位影响家人运势

049　门向无法调整的解决方式

049　大门正对或靠近电梯的化解方式

049　大门其他外在布局问题及化解方法

051　大门内在布局问题及化解方法

052　大门吉祥物

060　大门好设计实图展示

（071）　第三章　玄关设计

072　玄关的功能

072　美化玄关的四项基本原则

073　玄关的理想方位

074　玄关的方位选择

076　十种情况需要在家中设置玄关

078　住宅面积与玄关的关系

079　玄关的色彩

079　玄关的整体装修设计

080　院落中的玄关设计

全面揭示风水发家密码
精心打造顺风顺水旺宅

7

081　玄关屏风的选择

083　玄关的墙角

083　玄关的墙面

083　玄关的地板

084　玄关的地毯

085　玄关墙壁的间隔

086　玄关灯光布局的要求

086　玄关的天花

087　玄关的天花设计

087　玄关的灯具设置

088　鞋柜对家居风水的影响

089　玄关前摆放鞋柜的注意事项

090　玄关的衣帽架

090　玄关的装饰

091　玄关处的饰物方位

092　玄关的镜片

092　玄关处摆放植物的作用

093　玄关植物的颜色

093　因地制宜摆放玄关处的植物

094　地主在玄关的摆放

095　在玄关处供奉财神

095　玄关需要注意的小细节

096　玄关吉祥物

098　玄关好设计实图展示

(117) 第四章 客厅设计

118　客厅的位置

118　客厅的大小

118　客厅的形状

119　客厅安门的讲究

121　客厅的天花板

123　客厅的地板

124　客厅颜色的设计要求

127　客厅颜色的美学搭配

128　客厅的照明

130　客厅的窗户

131　客厅的电视背景墙

131　客厅的镜子

132　客厅的沙发

136　客厅的茶几

138　客厅的组合柜

139　客厅电视机的摆放位置

140　客厅的空调

140　客厅的音箱

141　客厅的饮水机

141　客厅的地毯

142　客厅的靠垫

143　客厅的窗帘

144　客厅的艺术品装饰

146　客厅的挂画装饰

解读非常住宅

全面揭示风水发家密码
精心打造顺风顺水旺宅

9

解读非常住宅

旺宅开运改运首看之书
居家设计布局最佳指导

10

149　客厅鱼缸的选择和布置

149　鱼种类的选择

150　养鱼的水

151　客厅的植物花卉装饰

152　不适合在客厅摆放的植物

153　客厅的装修污染

154　客厅不利布局的改善之道

155　客厅尖角的化解

156　客厅梁柱的化解

157　客厅吉祥物

160　客厅好设计实图展示

183　第五章　卧房设计

184　最理想的卧房形状

185　卧房的大小

185　卧房的方位

186　卧房颜色的选择

187　卧房家具的选择

187　卧房家具的摆放

188　卧房家具色彩的选择

189　卧房中床的选择

189　卧房中床位的选择

190　卧房中物品的收纳

190　梳妆台的摆设

191　衣帽间的设置

192　卧房的采光照明

193　卧房的植物

194　卧房的窗户与阳台

195　卧房窗帘的选择

195　带卫生间的主卧房布局

196　婚房或洞房的方位布局

197　婚房或洞房中的家具选择与摆设

197　洞房的装饰布置

198　床上用品的选购

199　婚房饰物的选购

199　老人卧房的方位选择

200　老人宜选择较小的卧房

201　老人卧房窗户的选择

201　老人卧房的色彩选择

202　老人卧房的采光照明

203　老人卧房温度的保持

203　老人卧房的植物选择

204　老人卧房的家具选择

205　老人卧房的家具摆放

206　老人卧房的装饰布置

206　卧房吉祥物

208　卧房好设计实图展示

解读非常住宅

全面揭示风水发家密码
精心打造顺风顺水旺宅

11

解读非常住宅

居家设计布局最佳指导

旺宅开运 改运首看之书

12

223 第六章 儿童房与婴儿房的设计

224 儿童房的位置

225 儿童房的空间布置

226 儿童房的形状

226 儿童房的床位

227 儿童房的颜色

228 儿童房的采光与照明

229 儿童房的天花板

229 儿童房的地板

230 儿童房的墙壁装修

233 儿童房的窗帘选择

234 儿童房的床和床垫

235 儿童房的书桌

235 儿童房的绿化

236 儿童房玩具的收纳

237 儿童房应注意储藏空间的预留

237 儿童房的装饰

238 婴儿房的位置

238 婴儿房的床位

239 婴儿房的颜色

240 儿童房与婴儿房的安全事项

242 儿童房与婴儿房好设计实图展示

(257) 第七章 书房和家居办公的设计

258　书房的位置

259　家居办公的装修

259　书房方位的优劣辨析

260　书房的颜色

261　书房的装修

262　书房的灯光照明

263　书房的通风

263　书房的采光

264　书房的空间布局

265　书房的窗帘

266　办公桌的形状与质地

266　写字台的位置

266　书桌的摆放

269　共享型家庭办公室的注意事项

270　快速进入工作状态的居家窍门

271　书桌的桌面布置

271　电脑的摆设

272　家庭办公室的文件收纳

273　书柜的设计与摆放

274　房间中的书架

276　书房中的空调

276　书房中的植物

278　书房中的挂画

279　书房中其他用品摆放与收纳

解读非常住宅

全面揭示风水发家密码

精心打造顺风顺水旺宅

13

解读非常住宅

旺宅开运改运首看之书
居家设计布局最佳指导

14

280　不同职业人的书房风水

283　书房中的吉祥物

284　书房和家居办公好设计实图展示

(299)　第八章　厨房设计

300　厨房位置的选择

301　最理想的厨房形状

301　厨房的大小设置

302　厨房环境空间感的营造

303　厨房的色彩

303　厨房的采光与照明

304　厨房的绿化与植物

306　厨房设计要重视人体尺度

306　厨房死角的处理

307　打造个性化的次厨房

308　创造诱导食欲的环境

309　炉具的选择与使用

309　灶台与炉具的位置

309　橱柜的选择与规划

310　橱柜颜色的选择

311　抽油烟机的安装、使用和清洁

312　高压锅的摆放与使用

313　冰箱的摆放

313　调味瓶分隔架的收纳

314　刀具的收纳

314　厨房吉祥物

316　厨房好设计实图展示

　第九章　餐厅与吧台的设计

324　餐厅的方位

325　餐厅方位的改进之道

326　餐厅的格局

327　餐厅的布置

328　餐厅的采光与照明

329　餐厅的色彩

330　餐厅的天花板

331　餐厅的窗户

331　餐厅的墙面

332　餐厅的地面

332　餐厅的绿化与布置

332　餐厅绿化植物的选择

334　餐具的选用

335　餐桌的选择

336　餐桌的摆放

337　餐椅的选择与摆放

338　其他餐厅家具的选择

338　餐厅的装饰

338　餐厅软织物的选用

全面揭示风水发家密码

精心打造顺风顺水旺宅

15

解读非常住宅

339　吧台的方位

340　吧台的设计

340　吧台的造型与材质

341　吧台的色彩

341　吧台的装饰

342　吧台的灯光

342　吧台的布置形式

343　酒柜的设计

344　餐厅吉祥物

346　餐厅与吧台好设计实图展示

357　第十章　卫浴设计

358　卫浴间的方位

358　卫浴间的格局

361　厕所与浴室的统一

361　卫浴间的颜色

363　卫浴间的照明

364　卫浴间的地面

365　卫浴间的墙面与吊顶

365　马桶的方位

366　卫浴间的洗手台

366　卫浴间的镜子

367　卫浴间的植物

368　卫浴间的安全原则

368　卫浴间的收纳技巧

369　卫浴间要有清气

370　主用卫浴间与客用卫浴间

372　卫浴间容易出现的问题

372　卫浴间的设计四忌

373　卫浴间不良布局及改善方法

375　卫浴间吉祥物

376　卫浴间好设计实图展示

解读非常住宅

全面揭示风水发家密码
精心打造顺风顺水旺宅

17

解读非常住宅

旺宅开运改运首看之书
居家设计布局最佳指导

18

(389) 第十一章 窗户设计

390　窗户的方位与形状

391　窗户的数量及大小

392　窗户的高度

392　窗框的颜色

393　开窗的方式

394　窗帘的选择

397　窗台植物

397　定时清理窗户

398　窗前的吉利景观

400　窗户好设计实图展示

(407) 第十二章 楼梯、过道设计

408　楼梯进气口的注意事项

409　楼梯的位置

411　楼梯的形状

412　楼梯的材料

414　楼梯的坡度

415　楼梯的阶数

415　楼梯的装饰

416　巧妙运用楼梯的下部空间

417　过道的方位格局

418　过道的形式

418　过道的布置

419　过道的光源

419　过道的绿化

420　过道的装修

422　楼梯、过道好设计实图展示

（437）　**第十三章　阳台设计**

438　阳台的方位选择

439　阳台的格局

440　阳台的形状

441　阳台的布置

443　阳台的摆放植物

443　阳台的改建

446　阳台与露台之分

446　密封阳台的利与弊

447　装修阳台的注意事项

447　阳台的装饰

448　阳台宜保持开阔明亮

449　利用阳台增进家庭和谐

450　阳台吉祥物

452　阳台好设计实图展示

461 **第十四章 庭院设计**

462　庭院的方位选择

464　庭院的多功能性

465　美化庭院的主要因素

468　庭院的水体

469　庭院中修建池塘的方位选择

471　庭院中修建游泳池的注意事项

472　喷泉的设计

473　庭院的山景设置须注意方位

474　庭院中不能铺设过多的石块

476　庭院里的树

476　庭院的花卉

478　养花容器的形状与摆放的方位

478　花坛修建注意事项

480　布置好前、后院

481　庭院的围墙

483　院门的大小

484　庭院设计三忌

485　十四种庭院吉祥植物

488　庭院好设计实图展示

499 **第十五章 车库设计**

500　车库的方位选择

500　车库的格局

501　车库的光线

502　车库的通风

503　车库与卧室的位置

504　车库的颜色

504　汽车的颜色

505　车库吉祥物

506　车库好设计实图展示

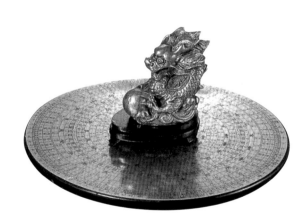

第一章

选择理想的

住宅

一栋理想的住宅，一定是让拥有它的人从见到它的第一面起就心生欢喜。人住进跟自己投缘的屋宅，做起事来会顺风顺水，住在里面的人与人之间友爱和谐，所谓「宅兴人和」，讲的就是这个道理。选择住宅之前，也要了解它的一切，看是否与你的所有属性相匹配。

中国住宅的理想模式

　　建筑物以满足山环水绕、气聚有情为最高之境界。目前人口膨胀，寸土寸金，建筑物受建蔽率与容积率的限制，往空中发展成为都市丛林。看不到山，见不到水，如何变通呢？晋朝郭璞《葬书·内篇二》记载："高水一寸，便可言山；低土一寸，便可言水。"明末清初蒋大鸿《天元歌·水龙》记载："平原无水之地，原与平阳有水之地同论，并无二法，高者为山，低者为水，即俗言高一寸为山，低一寸为水者是也。"在平阳地把高楼大厦当做山，道路当做河流来论，以符合四神相应之吉象。

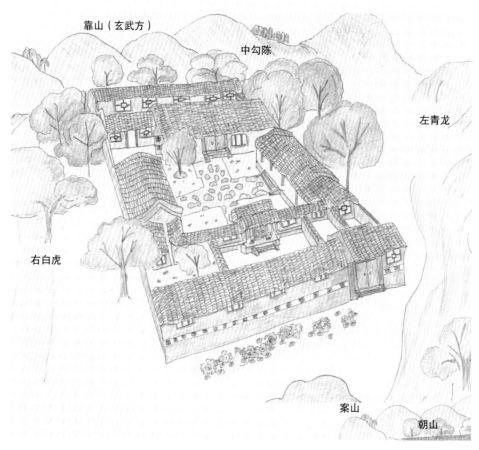

靠山（玄武方）　　中勾陈　　左青龙　　右白虎　　案山　　朝山

○ 从风水学的角度来看，屋宅周围最好依山傍水，明堂宽广，绿荫点缀。而现今社会发展迅速，土地被过度开发，城市居住群已经很难达到这种要求了。

1.四神方位

西汉《礼记·曲礼》记载："行前朱雀而后玄武，左青龙而右白虎。"清末民初谈养吾《玄空本义·论前后龙虎》记载："古论前后左右，大都以朝南为例言之……乃前后左右之代名词耳，实则无所谓龙虎雀武也。龙未必纯吉，虎未必尽凶，总之不论前后左右，务必高低相称，处处合情则为吉，无情则为凶。"古人习惯用四神表示方位，以坎宅（坐北朝南）来论，前后左右合成十字线，即左青龙而右白虎。

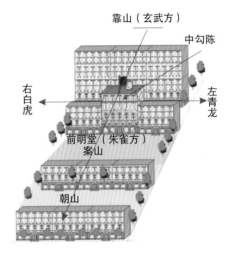

靠山（玄武方）

中勾陈

右白虎

左青龙

前明堂（朱雀方）
案山

朝山

○ 图为四神方位示意图。玄武方有靠山而朱雀方位宽阔空地为好。

后玄武（靠山）：晋朝郭璞《葬书》记载："穴后为玄武。"穴为生气最旺之处，适合安坟立宅。以本建筑物为中心（中勾陈），在其后方有较高的东西，象征有后台，有依靠之力量，提携之贵人。

左青龙：晋朝郭璞《葬书》记载："葬以左为青龙。"即以本建筑物为中心（中勾陈），在其左方有依靠的高大之物，象征外来之助力与贵人相助。宋朝吴景鸾《牛头山山陵议状奏语》记载："龙脉偏枯，山岗缭乱，白虎峥嵘，青龙低陷。"即评议牛头山不适合作为陵寝之语，宋仁宗不悦，将吴下狱。因此，民间流传："不怕青龙高万丈，只怕白虎抬头望（白虎主小人）。"

右白虎：晋朝郭璞《葬书》记载："夫葬以右为白虎。"即以本建筑物为中心（中勾陈），在其右方，象征财力。

前朱雀（明堂）：晋朝郭璞《葬书》记载："葬以前为朱雀。"即以本建筑物为中心（中勾陈），在其前方空地，象征事业之前景，充满希望。

2.案山和朝山

案山：明朝徐善继、徐善述《地理人子须知·砂法》记载："穴前之山近而小者曰案，远而高者称朝。"明堂前之建筑物，离本建筑物近而小者，象征名气（声）。

朝山：案山前之建筑物，离本建筑物较远，有朝贡之意，象征贵人相助。

3.阳宅论四神相应

清朝林牧《阳宅会心集》记载："一层街衢为一层水，一层墙屋为一层砂，门前街道，即是明堂，对面屋宇即是案山。"前要有山（或大厦）做案山，后有玄武做靠山（或较高之大厦），左右有龙虎砂手（或左右有等高大厦作护持），便成前后左右合成十字线，象征四平八稳之局，寓意为贵人扶持，助力多，工作顺利，充满自信。

明朝李国木《地理大全》记载："地理以前山为朱雀，后山为玄武，左山为青龙，右山为白虎，亦借四宿之名，以别四方之山。"所谓前朱雀、后玄武、左青龙、右白虎，其实是方位上之东、西、南、北之代名词而已，并无传说中的喜忌。明朝徐善继、徐善述《地理人子须知·曲礼》记载："朱雀、玄武、青龙、白虎，四方宿名也。然则地理以前山为朱雀，后山为玄武，左山为青龙，右山为白虎，亦假借四方之宿，以别四方之山，非谓山之形皆欲如其物也。"

四神指坎宅（坐北朝南）之前后左右

龙虎方位论
坎宅坐北向南，以太阳从东方左边出来，所以左边称龙边，右边称虎边，即右白虎。方位若变，太阳方位相对变动，就不合左青龙右白虎。

解读非常住宅

旺宅开运改运首看之书
居家设计布局最佳指导

026

命卦与住宅朝向

东西四卦，东西四宅，东西四命

在古代风水学理论中，依据八卦的阴阳与五行属性，把卦分为东四卦与西四卦。又根据东西四卦，把房屋分为东四宅与西四宅，同时把人的命分为东四命与西四命。

东四卦与西四卦：坎卦、震卦、巽卦和离卦称为东四卦；乾卦、艮卦、坤卦和兑卦称为西四卦。

○ 风水学理论认为，人的四柱命局中蕴含着五行气场，所以在选择屋宅时，要考虑到自身的五行与屋宅的五行是否相配，这就要着重观察屋宅的坐向了。

东四宅与西四宅： 坎宅(坐北朝南)、震宅(坐东朝西)、巽宅(坐东南朝西北)、离宅(坐南朝北)为东四宅；乾宅(坐西北朝东南)、艮宅(坐东北朝西南)、坤宅(坐西南朝东北)、兑宅(坐西朝东) 为西四宅。

东四命与西四命： 坎卦命、震卦命、巽卦命、离卦命为东四命；乾卦命、艮卦命、坤卦命、兑卦命为西四命。

东四宅不同西四宅，俱以水木相生、木火通明，尽合游年上生气、天医、延年吉星；西四宅不同东四宅，俱系土金相生比和、宫星相生比和。经勘察富贵之家，没有不合三吉而能发福的。如果东四宅混入西四宅或西四宅混入东四宅，不是木克土，就是火克金、金克木。

住宅面积与家庭人口的关系

从风水学角度来说，住宅应讲究聚气，若房屋的面积过大而人口稀少，则宅气涣散，不吉利；若面积适中，人口多，能聚气，就是兴旺茂盛的吉利景象；若家里的房子太小，虽然能够提升小孩和大人之间的亲和感，增进家庭和睦的强度，但房屋过小容易增加家人的心理压力。

如果家庭经济条件许可，可以购买一套面积大一点的住宅来居住，但最好不要购买相邻的两套房子将其打通合为一套，因为两套房屋打通合为一套，屋大房多而人少，会使人产生冷冷清清，毫无生气的感觉。

现在提供两种计算合适的家庭住宅面积的方法。第一种方法：用家中各人岁数的总和乘以1.1平方米就得出适合这家人居住房屋面积。例如，家中男主人是35岁，女主人是30岁，两个小孩分别是10岁和5岁，全家人岁数总和是80岁，用80乘以1.1平方米等于88平方米（即80×1.1＝88平方米）。也就是说，适合这家人在小孩18岁前的住宅面积是88平方米左右。第二种计算方法：这种方法是依三代人来计算的，夫妻二人适合的住宅面积为50平方米，学龄前的小孩每人为10平方米，小学至高中的小孩是每人15平方米，大学的孩子和老人是每个20平方米。

○购买房屋时，不宜贪大，应根据家庭实际人数来考虑房屋的大小。沙发的大小也最好以常用人数为购买标准。

住宅中房间的数量

俗语云："一间凶，二间自如，三间吉，五间留一，七空二。"这是对房屋中的房间吉凶数的描述，是前人在房屋修造实践中总结出来的经验。

"天之数生于一，极于三，退于七，穷于九，而又复生于一。"一般而言，三间最佳，即有三间房的住宅最吉。物尽其用，各有功能，凡住宅中每个空间都有用途的，均视为房间论之。住宅的房间包括客厅、卧室、书房、厨房、卫生间等各个具有独立功能的空间。

家居住宅的温度与湿度

自古以来，人们都非常重视住宅的朝向与日照，认为向阳背阴的住宅才是好住宅。风水学理论认为，向前有水才能给住宅输送吉利的信息，如宅前有蜿蜒弯曲的河流或在宅前修一口池塘，不仅有利于灌溉、饮用和排污的方便，还可以使住宅周围和室内的微气候保持稳定的湿度。追求住宅的日照，能使住宅的小气候处于良好的温热状态，以保证居住者机体温热的大致平衡，避免体温调节机能长期处于紧张状态。

在住宅内，人们在正常衣着、静坐或中度劳动的情况下，机体的发热量、体温、肤温、皮肤发汗量及散热量，以及其他的有关生理指标（呼吸、脉搏等）的变化范围，都不能超过正常的限度。因此，住宅小气候的各个因素都必须保持在一定的范围内，在时间和空间上要保持相对的稳定性，气温过高或过低都将导致不良的后果。一般来说，住宅中的空气湿度可以增加机体的传导，使热量流散而引起体温下降，促使神经系统和其他系统的机能活动能力随之降低，导致出现一系列病态。如果人们长期生活在湿度较大的寒冷污浊环境中，就容易患感冒、冻疮、风湿病等；如果长期生活在湿度较低的干燥环境中，也会对人的身体健康造成不利影响，从医学角度来看，干燥与喉咙的炎症存在一定的因果关系。居室内的相对湿度，一般要求为30%~65%的范围。

通过实验和推算，夏季室内的适宜温度为21～32℃，最适宜的温度范围为24～26℃。冬季室内最适宜的温度为19～24℃，若温度在18～20℃的范围而湿度为60%，房间也是舒适的，因为这样的温度相当于冬季在室内换衣服时不至于感到冷。目前，全球的气候整体变得温暖起来，住宅温度也顺从自然界气温的变化而开始升高了。为了寻求人类屋宅的气温与大自然的气温相适应，客厅和卧室的气温要求保持在22～24℃的范围，餐厅的气温要保持在21～23℃的范围，厨房因有热气源，温度保持在22℃左右即可。

为了保证室内拥有适宜的温度，应当将住宅建筑围护结构作为最基本的方案。建筑物的围护结构是指外墙壁、屋顶、地板和门窗。要使居室有利于防寒防暑，设置围护结构的建筑材料应尽可能选择导热系数小的建筑材料。导热系数小于0.25的建筑材料为保温材料，导热系数小于1.5的，就能满足一般屋宅的要求。建筑材料导热系数越小，热阻就越大，导热性能就越差，就越有利建筑物的保温、隔热。但这些导热系数小的材料，往往都是松软的物质材料，不能起结构支撑作用，因此只能把它附在建筑围护结构层中，形成一种保温隔热结构方式，让其发挥承重和保温隔热的双重作用。

除了室内小气候的温度外，人体对建筑材料的触感温度也是不容忽视的。

○ 屋宅作为人们最常待的地方，其中的温度、湿度等因素都影响着人。若人在屋中感到不舒服，不仅心情不好，健康也存在隐患。

特别是在冷天，人们的皮肤接触到冰冷的瓷砖，身体会觉得发噤，容易产生一种畏缩的感觉。人体对冷热的感觉，在很大程度上受皮肤温度的影响。在住宅中，人体皮肤直接触及的地方很多，但经常接触的莫过于家中的地板了。从实验结果和日常生活经验中得知，当地面为木地板，其表面具有18~19℃的温度时，能使人感到舒适。也就是说，如果人的脚掌接触地面的瞬间，下降温度在19℃以内，那么对人的身体是有利的。因此，在住宅中，人的皮肤经常触及的地方应选择用木材做的家具、地板、墙裙。

　　夏季，室内小气候受太阳辐射，对围护结构的隔热性能和室内通风情况的影响较大，应通过住宅内部的合理设计和选择房间的朝向，加强绿化，设置遮阳来发挥围护结构的隔热作用，有条件时可设置机械通风和空调等，保证夏季室内具有适宜的温度。冬季，室内小气候主要受室外气温、门窗漏风和围护结构传热性能、采暖设备的影响，为保证室内有适宜的温度，一般采用较厚且保温性能较好的围护结构，密闭门窗，启用采暖设备和空调等来保持室内的温度。

第二章　大门设计

迎财纳福在大门

在居家住宅环境中，住宅大门是气口所在，接纳外界的气息，对住宅的各方面设计有着重大的影响，可以说是整个住宅设计的『首脑』。对外，它又如同人的脸面，关系着一家人的社会声誉、地位。因此，大门的选择非常重要。

大门口的象征意义

　　大门是屋宅最重要的纳气口，影响着家庭成员各方面的情况。同时，大门又是分隔内外空间最重要的标志，大门对外的部分能显示出家庭的观念和对外在世界的态度、看法。例如，门外放满鞋，表示这个家庭外出频繁；门口放满小孩子的玩具或单车，表示这个家庭以小孩子为重，家庭成员多恋家，重视家庭生活；门口贴有吉祥对联，表示这个家庭重视对外世界，具有对外发展的潜力和基础……现实情况中，很多大企业的老板都会选择在门外摆放对联、吉祥物、常青树或特制改运装饰品等，这些都无形中反映了其人对外界的想法，也能一窥其处世态度和管理理念。

　　○ 有外人来拜访时，对屋宅和居住者的第一印象来之于大门外的摆设。如图所示，大门外摆放鞋柜，表示主人需要经常换鞋子，可能需要频繁外出。

大门的坐向

大门的坐向是按大门所向的方位而定。我们站在屋内，面向着大门，所面向的方位便是"向"，而与"向"相对的方位便是"坐"。

震宅坐东方，大门宜向西。

巽宅坐东南方，大门宜向西北。

离宅坐南方，大门宜向北。

坤宅坐西南方，大门宜向东北。

兑宅坐西方，大门宜向东。

乾宅坐西北方，大门宜向东南。

坎宅坐北方，大门宜向南。

○ 屏风是最常见的风水道具，对于正对大门而来的不良干扰有很好的阻挡作用。

艮宅坐东北，大门宜向西南。

如果命卦与宅卦不合，比如东四命的宅主居于西四宅中，则可通过改门来转运。改变门位的方法是：在门内加置屏风。屏风在家居中的重要性甚大，而在古代，更是使用极广，凡厅堂居室必设屏风。屏风主要有改变门位、分隔空间、保护私隐这三个作用。

大门的尺寸

在居家大门设计中，住宅大门的尺寸大小有其象征意义，不容忽视。

门不能太高。若门太高，人进出门时，会习惯性往上看，给人爱慕虚荣、喜欢被人拍马屁的心理暗示，自己处理事情也会眼高手低。有的大门的门楣太高，甚至超过了天花板，这样的格局也不好。

门也不能开太低。若门楣太低，出入都必须弯腰低头，时间久了，人的目光习惯性向下方看，遇到强势的事物，也更容易选择低头退让，变得目光短浅、怯懦自卑。也因为想得不够长远，就会一辈子寄人篱下、受人欺负。

○门不宜开得过宽，否则给人留不住财的感觉。

门开得太宽，就不能藏风聚气。给人钱财留不住，人丁也会离散、身体也会虚弱的心理暗示。此外，门开太阔，家中老人会备感辛苦。

门开得太窄，进出会不舒服，有压迫之感。从门向外看，视线变窄，心胸也容易变窄，容不下他人。适当的门宽，至少要能容得下两个人擦身而过。

大门的颜色

在古代，中国最常见的大门颜色就是红色，很多人都喜欢，觉得喜庆又吉利，但在风水学中，红色不是万用色，不适用于所有方位。例如，向北开的门，漆成红色就不适合。坐北朝南的房子，北风容易直接吹入，气候会很干燥，若门又刚好是容易让人亢奋的红色，感觉上会更加燥热，给人的情绪带来负面影响。

◯红色虽然喜庆，却并不适用于所有屋宅。

大门颜色宜忌表

方位	属性	大门颜色宜	大门颜色忌	大门颜色平
东门（震方）	木	木：青、绿 水：黑、蓝	金：金、白 火：红、紫、橙	土：黄、咖啡
东南门（巽方）	木	木：青、绿 水：黑、蓝	金：金、白 火：红、紫、橙	土：黄、咖啡
南门（离方）	火	木：青、绿 火：红、紫、橙	水：黑、蓝 土：黄、咖啡	金：金、白

全面揭示风水发家密码
精心打造顺风顺水旺宅

037

（接上表）

方位	属性	大门颜色宜	大门颜色忌	大门颜色平
西南门（坤方）	土	火：红、紫、橙 土：黄、咖啡	木：青、绿 金：金、白	水：黑、蓝
西门（兑方）	金	土：黄、咖啡 金：金、白	火：红、紫、橙 水：黑、蓝	木：青、绿
西北门（乾方）	金	土：黄、咖啡 金：金、白	火：红、紫、橙 水：黑、蓝	木：青、绿
北门（坎方）	水	金：金、白 水：黑、蓝	土：黄、咖啡 木：青、绿	火：红、紫、橙
东北门（艮方）	土	火：红、紫、橙 土：黄、咖啡	木：青、绿 金：金、白	水：黑、蓝

出生季节、命格与大门宜忌颜色对照表

出生季节	命格属性	大门宜忌颜色
春季 （农历一月至三月）	木旺	忌：绿色 首选宜用：白、金及银等色 次选宜用：蓝、紫及灰等色
夏季 （农历四月至六月）	火旺	忌：红及橙等色 首选宜用：蓝、紫及灰等色 次选宜用：白、金及银等色
秋季 （农历七月至九月）	金旺	忌：白、金及银等色 首选宜用：绿色 次选宜用：红、粉红及橙等色
冬季 （农历十月至十二月）	水旺	忌：蓝、紫及灰等色 首选宜用：红、粉红及橙等色 次选宜用：绿色

大门的禁忌

大门有"门面"之说，即大门之于住宅，就好比人脸之于人一样，对外传递着基本的面貌信息和姿态。一个人若想获得别人的好感，一定的装扮是必要的，即使不化妆，也必须保持干净、清爽。大门也一样，不一定要豪华或堆积很多装饰品，但一定要整洁、大方，给人以舒适、端庄的感觉，以下情况需注意。

1.大门不能有破损

门是进气之口，也就是纳财必经的通道，大门有破损，会给人破败之感。因此，大门如若破损，一定要及时修葺。

○ 大门是整个屋宅的纳气口，也是屋宅的形象代言人，因此宜整洁、大方。大门如果破损，会给人以破败之感。

2.大门门缝不能过大

在传统家居风水学中，大门为屋宅之口，如果大门有门缝过大、门无法密合等情况，则被认为家中有病人。若有生育计划，家中大门门缝过大，为了后代着想，就得赶快整理好。

3.门框、门柱不能弯曲变形

风水学理论认为，大门的门框若弯曲不直，则屋内风水也多不"直"，家庭可能产生不和谐。所以一旦发现家中的门柱变形、弯折，就应该迅速修正。

4.门柱不能有虫蛀的现象

宅屋中的门柱有虫蛀的现象，代表宅中之气涣散，有败运退气之征兆。因此要及时快速地处理被虫蛀的门柱。

开门四主向

南、北、东、西四大方位以四种灵性动物来象征表示,分别是:孔雀（朱雀）、蛇龟（玄武）、青龙、白虎。其方位口诀为:前朱雀、后玄武、左青龙、右白虎。一般的房屋开门有四个主要选择，即开南门（朱雀门）、开左门（青龙门）、开右门（白虎门）、开北门（玄武门）。

风水学上，以门的前方有明堂为吉，如果前方有绿茵、平地、水池、停车场等，以开中门为首

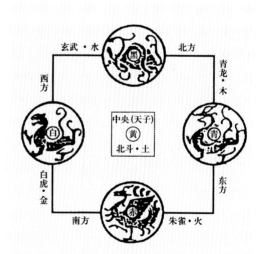

○ 传统四象四灵五行图为大门开向的依据，玄武方不宜开门。

选。如前方无明堂，则以开左方门较佳，因为左方为青龙位，青龙为吉。而右方属白虎，一般以白虎为劣位，在右方开门就不佳。而开北门为玄武门，更是不吉，国外称之为鬼门，亦有"败北"之意，所以家居一定要慎开北门。

开门需配合路形

开朱雀门：前方有一宽敞绿茵、平地、水池、停车场，即是有明堂，这样，外气聚于前就用中门接收，门便适宜开在前方中间。

开青龙门：传统风水学里以路为水，讲究来龙去脉。地气从高而多的地方向低而少的地方流去，如果大门前方有街或走廊，右方路长为来水，左方路短为去水，则宜开左门来牵引收截地气，此法称为"青龙门收气"。

开白虎门：如果大门前方有街或走廊，左方路长为来水，右方路短为去水，则住宅宜开右门来牵引收截地气，此法称为"白虎门收气"。

◎ 门前明堂宜宽广，绿地最佳，适合在此处开门。

开门的方式有讲究

现在很多地方为求方便，将大门设计成推拉均可的样子，而居住的家宅大门，究竟是"推出"为好还是"拉入"为好呢？

在日本，由于经常有地震，考虑到人在遇到危险时，看见门自然反应就是向外推，所以日本人设计的大门大部分都是向外推。而在风水学理论中，门的作用是将外边的气带进屋内，以达到招财纳福的目的，因此大门应向内推，而不是向外拉。

旺宅开运改运首着之书
居家设计布局最佳指导

○ 大门推拉方式在风水学上也很有讲究，宜往里推，这样人们在进出屋宅时，外在的气就会随着门的移动被带入屋中，起到吸气、聚气的作用。

　　门往内推也是较贴心的设计，因为若从屋里或房内出来时，门往内拉才不会打到正好经过门口的人。大门往内推，站在门外就会有种被接纳的归属感，人们也就会喜欢回家，家庭凝聚力增强，做什么事情都很顺利。至于类似和室的拉门，就没有所谓外推或内拉的问题了。

入门的"三见"与"三不见"

1.入门宜有"三见"

开门见红：也叫开门见喜，即开门就见到红色的墙壁或装饰品，入屋放眼则有喜腾腾之感，给人以温暖振奋的感觉，心情舒畅。

开门见绿：即一开门就见到绿色植物，生趣盎然，又有养眼明目之功效。

开门见画：若开门就能见到一幅雅致的小品或图画，一能体现居者的涵养，二可缓和进门后的仓促感。

2.入门宜有"三不见"

开门见灶：《阳宅集成》云："开门见灶，钱财多耗"。即入门见到灶，火气冲人，令人联想到财气无法进入。

开门见厕：一进大门就见到厕所，则犹如秽气迎人。

开门见镜：镜子会将财气反射出去，不宜将镜子正对大门。

◎ 大门不宜正对灶台。

避免形成的大门格局

1.大门外正对走廊

大门如果正对走廊或通道，其形如利剑穿心直入，如果住宅内部的进深小于走廊的长度，则最为不利。化解的主要办法是在内部装上屏风，以收改门之效，才能避其锋芒。

2.大门内正对走廊

从大门进屋后，入眼是走廊，屋宅如同被大门和走廊割开成两间房，称为"蝴蝶屋"，这种屋宅被分切成两半，会给人家庭不和睦的感觉。

3.大门正对主人房

主人房正对大门口，特别是面积较大的豪宅，如走廊太长太直，气由大门直入走廊后到达房间内，也如刀一般将一屋切开成两部分，影响家人健康。

4.外大门与内大门在一条直线上

一些面积较大的住宅或旧楼，会设有外大门和内大门，此两道大门若置于同一直线上，"气"会直透入屋内，影响家人的健康。

5.大门对后门

有些住宅会设有后门，其应用性质不应与前门混淆，前门为日常家人出入、迎接客人及各种吉祥美好事物的主要进出之道，而后门则是将垃圾、火灰及废物等运出的通道。在传统风水学上，前后门不宜设置在同一直线上，尤其是一进入前门便有一条走廊直通往后门的格局更是大忌，令房屋犹如被划分了楚河汉界，影响家运。

凡出现以上布局，最好在门后放置屏风或者较高的多叶植物以抵挡缓解；或者在大厅至睡房间加设玄关，即走廊位置加装一扇门，此门经常关上，便可缓解。

◐ 大门正对后门，屋内的"气"容易泻出去，影响家运。

利用大门催财

大门是整个屋宅的纳气口，财气进屋，必然经过大门。利用好门的功能，就能招财进宝。最简单的催财方法就是在门旁边摆水，所谓"山主人丁水主财"，有水的地方无财能生财，有财能旺财。除了水之外，所有水种植物及插花都有催财的作用，只要放在大门口附近便能生效。

○ 水养植物可以催财。

大门是财气的进出口，想要利用大门催财生财，就应保持大门里外光亮整洁，大门入口不宜出现大石、假山、瓦砾堆、大树、旗杆等阻碍财气通畅的物品。有时即使大门位于旺财的方位，也会因许多因素干扰而使财运减弱。比如说，门口的地面因为受潮或施工而不平整，或正对着厕所、垃圾堆，形成混乱的局势，就会形成峦头与形势失真，而没有财气。

正确安放门槛

门槛原指门下的横木，中国传统住宅的大门入口处必有门槛，人们进出大门均要跨过门槛，起到缓冲步伐、阻挡外力的作用。古时的门槛高与膝齐，如今的门槛已没有这么高，只有一寸左右，除了用木材制作外，也有用窄长形石条制作的，固定在铁闸与大门之间的地上。

门槛作为大门重要的组成部分，也具有将住宅与外界分隔开的象征意义。门槛既可挡风防尘，又可把各类爬虫拒之门外，实用价值很大，对阻挡外部不利因素及防止财气外泄均有一定作用。

门槛应谨防断裂，门槛如果断裂，便如同屋中大梁断裂一样。门槛完整则宅气畅顺，断裂则运滞，因此门槛如断裂，必须及早更换。

木质大门对家运的影响

大部分人在选择大门时，对外观、防盗性能等条件比较在意，却忽视了对大门材质的选择。人们为了美观，多考虑制造精美的木门，而木头相对于钢铁来说，耐用度较低。除门板以外，门框、门梁、门楣等位置，要尽量避免出现另接木头的情况，否则容易破损，影响家运。

◯ 木质大门耐用度低，若损坏则影响家运，平日要注意保养。

但若因为本身喜好而坚持选用木质大门，则建议使用卡榫的方式来制作，避免使用钉子，因为钉子固定的方式不若卡榫坚固耐用，而且钉子有生锈的可能，日子一久，强度降低，整个门框就会有歪斜的情形，会对家运产生不好的影响。而从心理学角度讲，歪斜的门框会造成出入时安全感缺失，精神紧绷。门框一旦歪斜到一定程度，可能连门都不好开关，甚至发生卡住的状况，这在风水学中不是好现象。

大门图案要慎选

大门除了讲求八卦方位的配合外，其图案也会对风水产生影响。各类图案是由不同形状组成的，而不同的形状都有其五行属性。

金型——圆形、半圆形

木型——长线、长方形

水型——由几个圆形或半圆形所组成，如梅花形、波浪形

火型——三角形、多角形

土型——正四方形

大门及防盗门图案宜忌表

方位	属性	大门及防盗门图案宜	大门及防盗门图案忌	大门及防盗门图案平
东门（震方）	木	木：直线、长方形 水：波浪形、梅花形	金：圆形、半圆形 火：三角形	土：四方形
东南门（巽方）	木	木：直线、长方形 水：波浪形、梅花形	金：圆形、半圆形 火：三角形	土：四方形
南门（离方）	火	木：直线、长方形 火：三角形、尖形	水：波浪形、梅花形 土：四方形	金：圆形、半圆形
西南门（坤方）	土	火：三角形、尖形 土：四方形	木：直线、长方形 金：圆形、半圆形	水：波浪形、梅花形
西门（兑方）	金	土：四方形 金：圆形、半圆形	火：三角形、尖形 水：波浪形、梅花形	木：直线、长方形
西北门（乾方）	金	土：四方形 金：圆形、半圆形	火：三角形、尖形 水：波浪形、梅花形	木：直线、长方形
北门（坎方）	水	金：圆形、半圆形 水：波浪形、梅花形	土：四方形 木：直线、长方形	火：三角形、尖形
东北门（艮方）	土	火：三角形、尖形 土：四方形	木：直线、长方形 金：圆形、半圆形	水：波浪形、梅花形

如果大门或防盗门的图案五行可以生旺方位五行或与之相同，则属于吉利；如果大门或防盗门的图案五行会克制方位五行或泄弱方位五行，则为不利；如果大门的方位五行是克制大门或防盗门图案五行的，则作平论。现在将大门及防盗门的图案五行与方位五行比较如下。

将门置于福元位

"福元"是风水学上的专有名词，以出生年份所属生肖的三合局为基础来推算。三合是指四组分别由三个属相组成的合局。

申（猴）子（鼠）辰（龙）三合（水局）

亥（猪）卯（兔）未（羊）三合（木局）

寅（虎）午（马）戌（狗）三合（火局）

巳（蛇）酉（鸡）丑（牛）三合（金局）

我们从中查出的与自己的属相相处起来最和谐，能提升运势的属相，就是福元。例如，一个生于马年的人，马即是午，午的三合局是"寅午戌"，那么这个人的福元就是寅和戌。再举另一个例子，一个人生于申年属猴，申的三合局是"申子辰"，那么凡属猴的人福元就是子及辰。当大家掌握了这套福元的学问，就可以很好地运用风水来进行相关的布置了。

　　一个生肖属马的人，将家里的门及床置于福元位上，会是一种极好的设计。用罗盘查出家中的寅位和戌位，将床及大门设计在这个位置，这一种便是福元的布局法。如果门设计在福元位，那么人们进出所感受的气就会顺一些，运势也更加平稳。

大门流年方位影响家人运势

　　以八角形的易经符号为基础，门就有八种可能的朝向，就会有不同的运气。从风水学理论角度来说，向北的门可使生意兴隆，向南的门易于成名，向东的门使家庭生活趋于良好，向西的门则荫及子孙，向东北的门代表智慧

○ 大门的朝向不同，给家带来的影响就不同。要学会合理利用门的开向。

学术上的成就，向西北的门利于向外发展，向东南的门有利财运，向西南的门则会喜得佳偶。不过，这种影响会随着流年吉位的变化而变化，只要将大门调至流年吉位，便可为家宅带来很好的家运。假设2011年之大利方为西北、东南、东北。2011年西北方为财位，于此方开门，财源广进；在东北方开门，可以财星高照。

门向无法调整的解决方式

若是已做好的正门方向与生命磁场方向不合，该怎么办呢？可以有以下两种解决办法。

1.改门扉

只要将门扉移动，方位也随之更改，可以请专业人员将门扉移动90°。移动时，只要将门扉的方向变成面向自己生命磁场方向的吉方就可以了。

2.设计玄关

可以用巧妙的玄关布置法来解决错误的门向问题。至于如何布置，则需请教专业的住宅设计大师依据实际情况进行具体分析与设计。

大门正对或靠近电梯的化解方式

一般来说，大门正对电梯，令大门口的气场经常产生异动，这种异动除非所从事行业与这种气场接近，否则均为大忌。遇到这种情况，最有效的化解方法就是在门后设置屏风，才能保持大门气流的稳定，也防止内气外泄。

大门其他外在布局问题及化解方法

大门正前方的物体对屋宅风水有较深的影响，需要多加注意。

1.大门正对走廊墙角

墙角有一半位置正对大门的问题最大。如果只有三分之一位置正对大门，而又不在对角的方向，这便不成问题。遇到这种情况，可在大门或铁栅门前加设一对金色狮子头或放植物。

2.大门正对枯树、电灯柱、电线杆或尖角乱石等

遇到这种情况，可在屋外或屋内近大门的位置摆放尖长带刺的植物（如仙人掌）。另外，若对面没有住宅，可在门外挂上凸镜，但如对面有住宅，则切记不可摆设凸镜，以免给邻人带去不好的影响。

3.大门正对往下层的楼梯或处于斜路的顶处

○大门外的杂物会扰乱进入屋宅的"气"，对居住者的健康运有不好的影响。

打开大门便看见有下退的景物之象，在风水学上称为"退水"，象征财富难以积聚。如楼梯前有小平台，问题便不太严重，但很多旧式楼宇的建筑设计往往没有台阶，一打开大门便正对向下的楼梯。遇到这种情况，可在门后放置屏风。

4.大门正对垃圾槽门口

此情况会令秽气冲入屋内，也会让人产生污浊感。遇到这种情况，可在门后加置屏风，或在玄关再安一道推拉门以挡秽气。平日切记把垃圾槽的大门关上，以免秽气冲入屋内，亦可点香薰或檀香来驱散气味。

5.大门正对反向的马路或河流

大门正对呈反向弯位的马路或河流，会给人一种极不安全的感觉，这时，在大门或铁栅门前加设一对金色狮子头可以化解。

旺宅开运改运首看之书
居家设计布局最佳指导

○ 图中所示，向屋宅大门弓起的只是林荫小道，若换成车水马龙的马路，车来车往，一不注意，车就会往屋宅方向冲来，给人极不安全的感觉。

大门内在布局问题及化解方法

由于屋宅设计的原因，大门会面临以下两种不好格局。

1.大门对睡房门

睡房门与大门直冲，但只要并非是对着睡床而冲便无大碍。若是大门对着睡房门，然后又再对着床头或床尾，便会令房间主人的财运及事业运皆受损，精神也会变差。化解方法是长期关上睡房门或安装暗门。

2.大门对窗

风水学理论认为，大门与窗相对便会形成"漏财屋"的格局。若大门是先对着房门，然后又再对窗，成一直线，情况便更为严重。遇到这种情况，可在大门与窗之间的通道上放置家具，可发挥阻挡的作用；或

全面揭示风水发家密码 精心打造顺风顺水旺宅

○ 若开门见窗，屋外的气刚进入房间，就又会从窗户漏出去，应尽量避免这种设计。

长期落下窗帘，而窗帘布的用料厚者最佳，又或者安装"双重"窗帘；亦可在窗前吊挂植物。

大门吉祥物

1.镇宅桃木剑

镇宅桃木剑长约98厘米，使用纯桃木。本吉祥物采用传统的雕琢工艺，经手工精心雕刻、打磨而成，外型设计上独具匠心，融入传统文化与现代艺术相结合的吉祥图案，配以赏心悦目的色泽，彰显其品质。桃木剑具有收藏价值，也被人们视为馈赠亲友、居家收藏之工艺珍品。

○ 镇宅桃木剑

宜：桃木剑可解决大门正对门、路、墙角等问题，另可化解窗户正对烟囱、水塔、大厦、加油站、寺庙等不良建筑物的干扰。可挂在大门两边，也可将其挂在正对大门的客厅墙壁上，或者挂在正对窗户的墙壁上。

忌：桃木剑忌与金属物品同放。桃木剑属于纯木制品，在五行生克中，金克木，故不可与金属类物品齐放，更不可放置于金属类物品的正上方或正下方。另外，桃木剑不可放置于婴幼儿卧室，也不可摆放在床头。

2.泰山石敢当

"石敢当"，亦名"泰山石敢当"、"石将军"、"石神"等，四川人称之为"吞口"，是常见的一种吉祥物，通常置放在家宅的大门或外墙边，或是在街道巷口、桥道要冲等处立一块石碑，碑上刻"石敢当"三个字。石敢当的作用有三：一是辟邪，二是镇鬼，三是祛除不祥之气。

宜：房屋缺角宜置泰山石敢当。如果房间出现缺角的现象，放置以朱砂书写的"泰山石敢当"，可起镇宅之功效。使用时要注意，泰山石要用干净的清水清洗，让它自然晾干，并将其摆放在正对着缺角的地方，摆放时间以早上9点以后为佳。

忌：泰山石敢当的摆放忌不接地气。在进行室内布局时，有的人喜欢将泰山石放在一张大供桌上以

○ 泰山石敢当

示尊敬。但是石头下面若被架空，则不能接地气，这是必须避免的。一般来说，"泰山石敢当"几个字要朝外，同时不宜正对着卧室和厨房门，以免带来不良的影。

3.狮头吊坠

狮头吊坠又称为"开运吉祥辟邪狮子头"，可以防止邪气进入，保持良好的环境。无论是工作场所还是家宅，凡是有气存在的地方均可吊挂小型的狮头吊坠。但要注意，狮头吊坠每年要更换一次。

宜：狮头吊坠宜挂在正门，可有效地防止邪气进入。如果将狮头吊坠挂在东北方和西南方，可保持良好的环境。

忌：狮头吊坠忌挂正东、东南方。

4.虎

虎具有辟邪、祛灾、祈福及惩恶扬善、发财致富、喜结良缘等多种神力。虎是四灵之一，象征二十八星宿中的西方七宿——奎、娄、胃、昴、毕、觜、参，所以虎是西方的代表。因为西方在五行中属金，代表颜色是白色，所以管它叫白虎。在中国，白虎是战神、杀伐之神。

○ 虎

宜：镇宅辟邪宜置虎饰物。虎为百兽之王，是勇气和胆魄的象征，也象征秋季和西方。它可以镇宅辟邪，保佑安宁。在家族群体里，虎是重情重义的动物。在家庭中的大门、客厅等公共场所放置此物，具有家庭和睦的良好寓意。

忌：卧室忌置虎饰物。虎具有安定家庭成员关系的作用，还可以平衡龙的能量，但卧室里应避免摆放虎这样的猛兽，否则会带来不良的影响。

5.铜双狮

如果说老虎是百兽之王，那么狮子可谓是万兽之尊了。狮子有镇宅的作用，还象征着名誉、地位和权力。很多富商和达官贵人都喜欢把狮子摆放在屋内。

宜： 铜双狮象征着权力和地位，可以镇宅。摆放铜双狮一定要注意摆放的方位和朝向，最重要的是在摆放前用朱砂水点睛开光，这样才会有灵气。

○ 铜双狮

忌： 铜双狮狮头忌朝内。铜双狮在摆放时应将狮头朝外，头朝内则不吉利。

6.钟馗像

钟馗为捉鬼第一大将，民间常将钟馗的画像贴在门上，作为辟邪、驱妖的神物。摆放钟馗像象征避开小人、向往安康、驱赶邪气。

宜： 驱邪宜用钟馗像。历代钟馗的画像大多面目狰狞、恐怖，一手持利剑，一手抓按妖怪。钟馗像可放在门后，以祛除众鬼，引福临门。

忌： 钟馗像忌摆放在卧室。钟馗像属于驱邪之神物，在用法上比较讲究。在使用上我们要注意，不可将其摆放在卧室，也不可正对卧室门挂放，最好在专业人士的指导下安放。

○ 钟馗像

7.镇宅双狮

狮子集百兽之神威于一身，是镇宅瑞兽，可镇宅保平安，又可纳祥，一般将其摆放在住宅的大门口。

宜： 镇宅宜摆双狮。虎为百兽之王，而狮子却被喻为万兽之王，勇不可挡，威震四方，故自古以来，中国人都习惯在大门的两旁摆放石狮，用来镇宅辟邪。狮子还可以带给人名誉、地位，将其摆放在屋内，也作瑞兽看。

忌：镇宅双狮忌单独使用。室内摆放狮子一定要成对，一雌一雄配搭成双。请注意，一定要分清雌雄，并且左右不可倒置。倘若其中一只破裂，便应立刻更换一对全新的狮子。如果只更换一只狮子，将剩余的一只留在原处，便会失去驱邪的功效。

8.八白玉

八白玉由八块白玉组成，白玉象征吉祥、正气。

宜：居家改运宜用八白玉。如果家居不洁，将一串八白玉挂在大门后，可消除污秽。

忌：一般情况下要在专业人士的具体指导下来选定摆放位置。

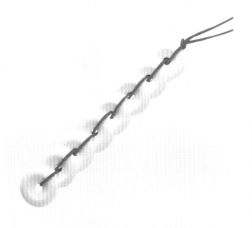

○ 八白玉

9.五福圆盘

五福圆盘是由五只蝙蝠相连而成，通常被称为"五福临门"，象征着人生的五种福：长寿、富贵、康宁、善终、好德，也象征招财纳福。

宜："五福"是中国人所追求的幸福境界，具有求福的作用。

忌：五福圆盘蝙蝠头忌朝房外。在五福圆盘的摆放上应该注意，蝙蝠的头一定要朝向自己家，也就是说蝙蝠是往自己家里飞，而不是从自己家飞到外边去，取其招福纳祥之意。

○ 五福圆盘

10.中国结

中国结象征喜庆、吉祥。传说中国结是由一个和尚在闲暇之余用一根绳编出一个整结，然后串上名贵的佛饰品，再安上编出"王"字的穗的绳结。

宜：新年宜挂中国结。新年新气象，中国结是一种很好的新年装饰品，它既精致又美观，最重要的是寓意吉祥。"结"字是一个表示力量、和谐和充满情感的字眼，有结合、结交、结缘、团结、结果、永结同心之意。"结"与"吉"谐音，"吉"有着丰富多彩的

○ 中国结

内容，福、禄、寿、喜、财、安、康无一不属于吉的范畴。"吉"是人类追求的永恒主题，"结"字则给人一种团圆、亲密、温馨的感觉。

忌：搬新房忌用旧的中国结。中国结在使用时有个较重要的忌讳，如果搬进新房，则不宜在新房使用旧的中国结，因为旧的中国结会带来旧的气场，所以最好换用新的。

11.南武财神——关公

关公铜像高约32厘米，原始纯铜（挖掘出来不经过深加工，保留原始地气和磁场能量）所制，经过正规开光，以及道家符咒文化的处理，具有最强的能量和作用。

宜：招财宜置关公。关公属于长江以南供奉最多的财神，也是港台地区供奉较多的财神，开光有效。

忌：关公忌正对卧室。关公宜放于门口，不适合放于客厅，也不可正对卧室摆放，更不可与文财神以及观音佛像一起摆放。

12.北武财神——赵公明

北武财神像高约32厘米，由原始纯铜（挖掘出来不经过深加工，保留原始地气和磁场能量）所制，经过正规开光，以及道家符咒文化处理，具有最强的能量和作用。

宜：招财宜置北武财神。北武财神是长江以北供奉最多的财神，是所封正神之一，必须经过开光才有灵气。

忌：武财神忌与文财神一起摆放。北武财神适宜放于门口，不适合放于客厅，也不可正对卧室，更不可与文财神和观音佛像一起摆放。

○ 北武财神——赵公明

13.雄鸡

雄鸡有五德：文、武、勇、仁、信。头顶红冠，文也；脚踩斗距，武也；见敌能斗，勇也；找到食物能召唤其他鸡去吃，仁也；按时报告时辰，信也。雄鸡善斗，且能辟邪，所以常被作为辟邪的吉祥物。雄鸡还能旺家运，令家庭祥和。

宜：旺家运宜置雄鸡。一般可将雄鸡安置于大门入口处，或放在屋中桃花位，也可摆放在办公桌上。鸡头向大门，可旺家运，使得家庭祥和。

○ 雄鸡

忌：肖狗、兔者忌使用雄鸡。从生肖的禁忌来说，属狗、兔的人不适合摆放雄鸡。

14.催财貔貅

据古书记载，貔貅是一种猛兽，为古代五大瑞兽（龙、凤、龟、麒麟、貔貅）之一，称为招财神兽。貔貅曾为华夏族的图腾，传说其帮助炎黄二帝作战有功，被赐封为"天禄兽"，即天赐福禄之兽。貔貅专为帝王守护财宝，也是皇室的象征，称为"帝宝"。又因其专食猛兽

○ 催财貔貅

邪灵，故又称"辟邪"。中国古代风水学者认为，貔貅是转祸为祥的吉瑞之兽。

宜：催财宜戴催财貔貅。貔貅由于外貌凶猛，有镇宅辟邪的作用。制造貔貅的材质有金属、木材、玉石等，其中以玉制的貔貅为最佳。

忌：貔貅忌三只同放。一般来讲，放置貔貅以成双最好，单个也可以，但比较忌讳在同一个地方放置三只貔貅。

大门好设计实图展示

○ **朴实无华的设计** 此处铁门以小巧简约为主，与围墙一样仅以几根铁管拼凑而成，和屋宅的精致气息形成鲜明对比。凹凸不平的石柱、简单大方的照明灯、茂盛的草坪又与铁门的粗犷相得益彰，却又更加凸显屋宅的存在。

○ **简单不失优雅的设计** 小巧的外铁门、端庄的内大门、古朴的石墙和浅浅的草坪组合在一起，端庄又优雅。铁门设计简单又注重细节，不同于平常的矮小造型，冲淡了整体的严肃感，多了份温馨。

○ **简约中透露出的精致** 为了与屋宅相配，外铁门选择了较为简单的造型。黑色的铁门在灰色的石墙与白色大门中显得更加突出，门上两道曲线为其增添了设计感，散发出简约的华丽感。

○ 端正贵气的设计感　屋宅本身设计比较老旧，粉灰色的墙面与花岗岩地板更加凸显时间久远，而宽大的铁门却打破了这种年代感，画面顿时活泼时尚起来。烫金的花纹点缀其中，不仅增添了几分贵气，还使铁门和屋宅颜色更加契合。

○ 蔓藤造型让大门更华丽　此处大门与屋宅之间距离较大，为了视觉上的美观，大门造型要偏华丽一些。除了几根主支架，两扇铁门则是由蔓藤图案的铁条变换铺排而成，极具浪漫气息。

○ 小巧铁门散发悠闲气息　浅淡的色泽、细细的纹路、简单的图案，铁门变得小巧而精致，静静伫立在屋宅前方。不同于高大铁门的防盗威慑，这款铁门散发出的闲适气息仿若主人邀请人上门做客。

○ **典雅富丽的设计** 屋宅整体为米白色，和小区的植物搭配，显得格外宁静。外大门以黑、金色为基调，在画面中顿时出挑起来。烫金梅花花纹并不显得庸俗，反而静静地散发出贵气，宽长的设计更是降低了压迫感。

○ **复古的华丽** 黑色铁门上大面积的金色花纹显得过于华丽，造型简单的绿色大理石石柱缓和了大门所带来的浓烈气息，反而展现出复古的情调。门后园艺与阳台上的盆栽遥相呼应，绿意盎然。

○ **对称增加美感** 屋宅整体幽静淡雅，大门两边的矮墙和石柱年代感十足。铁制大门上对称的图案营造出强烈的美感，浮雕式的花纹和螺旋状的铁条，不仅增加了大门的立体感，也起到画龙点睛的效果。

○ **规则排列增加设计感** 屋宅本身简单而少有装饰，但从铁门中就可看出浓厚的欧式风格。此处大门是在拱形门基础上变换设计而成，门上的铁条根据拱门的弧度，有规律地添加装饰花纹，具有对称的美感。

○ **贵气沉稳的设计** 深朱色的屋檐与黑色的门柱组合在一起，压迫感十足，因此设计师搭配的是铁条密集排列的大门。水波状花纹增加了动感，金色吉祥物装饰图案彰显了主人的贵气，气氛也鲜活了起来。

○ 雨檐设计让视觉缓冲 屋宅整体典雅而精致，灰、白、蓝的颜色搭配十分清爽，白色的大门与二楼的设计相得益彰。门框外的雨檐设计，让人在进入大门时有个转换停顿的空间，让视线得到缓冲。

○ 延长视觉感 此屋宅设计特别，门如众星拱月般，十分显眼。大门之上是大片的窗户，拱形的外廊加强了两者的联系，增加了视觉上的延伸感。大门的颜色与房屋底部颜色一致，营造出沉稳安心的氛围。

○ **略带古典气息的设计** 住宅的整体具有浓厚的欧洲庄园风格，独特的大门设计不仅在风格上与之对应，更难得的是融入了地中海风格，带有古罗马式样的门廊极具特色，让心之向往。

○ **纯白色散发出庄严气息** 此处屋宅整体均为白色，大门仿佛从墙壁上雕琢出来一般。门两旁以长方形玻璃窗为装饰，使整体造型庄严而又不至于死板。大门上方的阳台增添了空间设计感，减缓了大门的冲击感。

○ **修长的大门设计** 一般大门设计多是横向延伸，显得宽厚，而此处大门则设计得颇为修长。大门与墙壁都选用白色，使过高的大门不会显得突兀。镶嵌玻璃的欧式风格门片，使整体风格更加简约清雅。

◯ 尖顶营造向上延伸的感觉 整个别墅采用的是三角形顶尖的设计形式，门框上方也如此，营造出一种向上延伸的感觉。大门上方向外延伸的屋檐加深了空间设计感，令人更加想一探究竟。

◯ 运用大门达到设计平衡 此建筑为了增加设计感，在中间采用了尖顶设计，中间的玻璃营造出一种通透的感觉，古典与现代很好地结合起来，令人印象深刻。旁边的大门设计中规中矩，起到了很好的平衡作用。

◯ 营造大门与窗的整齐感 基于住宅的整体设计，而将大门放置在了左侧，配合上多窗的设计让住宅整齐化一。同时，门外的植物也起到了很好的搭配效果。

○ 让内里别有洞天　此屋宅最别致的设计就在大门，尽管外观看起来并不显露门的气势，内里却有别有洞天的新奇感。门上方的小阳台，使门前的设计不会过于突兀，又增加了一份凭栏眺望的闲情逸致。

○ 小装饰增添情致　屋宅整体秀气美观，不过大门选择的颜色略显刻板，和整体感稍有违和。设计师巧妙装饰，在大门两旁各悬吊一盆花艺，活泼又显眼。门前走道两边的盆栽，也使画面更有色彩感。

○ 简洁大方的设计　白色的天花配上米色的墙面，屋宅整体典雅清爽。红褐色的木质大门和房顶的装瓦遥相呼应，增添了稳重的气息。拱形的屋檐和希腊神庙式的门柱搭配起来极具气势。

◎ 个性空间中的沉淀　四凸不平的墙面营造出粗犷感，颜色的不一致散发出浓厚的艺术气息，张扬之中凸显个性。门片的漆黑光滑与墙壁的色彩斑斓形成强烈对比，心情也随之沉淀。

◎ 复古风情的大门设计　厚重的大门带着久远的历史韵味，古老的门扣搭配故意老化的门片设计，让整个居室的气质仿佛回到了上个世纪三十年代。门口的铜狮更好地渲染了复古气息。

◎ 低调而沉稳的木制门片　这是一处休闲区，带着复古意味，又充满自然气息。镜面的运用扩大了空间视觉，虚实之间增加双重效果。实心的木制门片，低调而沉稳。

◎ 让赏景视线充分延伸　以大的木格镶嵌玻璃门片作为室内与室外的区隔，消除了从室内欣赏户外景致的障碍，可以让室外美景尽收眼底。

○ **华丽复古的拱形门** 该大门是一个组合镶嵌的效果，方形的门片配合拱形的玻璃门框，形成大门整体框架。磨砂玻璃与金色铁艺组成展现出华丽复古之感，雕花的黄色门廓包裹整个大门，更显得贵气十足。

○ **古典与田园的优美结合** 木质横梁下垂吊的精致吊灯，配合墙壁上的装饰台，古典色彩浓厚。朴实的木质大门则散发出闲适清新的田园气息，两种不同的风格在此处很好地融合在一起，令人醉心不已。

○ **欧洲新古典风格** 空间的主调是白色，清新的白色流露出不经意的高雅，简洁大方的曲线、复古精致的矮桌、色彩亮丽的油画共同营造出优雅的新古典风格。白色的大门与墙面融为一体，大小不一的圆形曲线造型显得时尚又醒目。

○ **古朴舒适的居家气息** 厚实的木质天花板、气质古朴的家具配合米色的墙面，营造出悠然闲适的居家气息。为了设计的统一性，大门选择了简单古旧的造型，朴实的线条、古铜色的把手使整体风格更加鲜明。

第三章 玄关设计

聚气纳财好运来

玄关是住宅内最重要的组成部分之一，可说是住宅的咽喉地带，它给予进入者的感觉相当于人与人之间的第一印象。玄关是从大门进入客厅的缓冲区域，让运动的进入者静气敛神，同时是引气入屋的必经之道，因此它的布置在家居设计中十分重要。

玄关的功能

1.玄关有保护隐私的作用

○ 玄关可起遮掩作用，保护隐私，增强居住者的安全感。

客厅是一家大小日常安坐聚首的所在，是家庭的活动中心，所以不能太暴露。如果客厅无遮掩，缺乏私密性，家中各人的一举一动均为外人在大门外一览无余，那便缺乏安全感。

而玄关即是大门与客厅的缓冲地带，基本上起到了遮掩的作用，令外人不能随便在大门外观察到屋内的活动，就可解决以上的问题。有玄关在旁护持，在客厅里的安全感会大增，同时也不怕私隐外露。

在美加地区，许多住宅的客厅、餐厅以及起居室均不对正大门，对门而立的不是楼梯便是墙壁，因此可免除风沙入屋的烦恼。而东方式的住宅设计，则是入门见厅，若不设一玄关，则大门若被风沙吹袭，坐在客厅便会深受其扰。如果大门正好向着西北或是正北，冬天常受凛冽的寒风侵袭，那便更需要玄关来作遮挡了。

2.玄关有家居装饰上的美化作用

设计精美的玄关，会令人一进门便感觉眼前一亮，精神为之一振，使住宅顿时焕发光彩。那些贴近地面的房屋，往往易被外边的强风和沙尘渗透，设玄关后就既可防风，亦可防尘，也保持了室内的温暖和洁净。

美化玄关的四项基本原则

在室内设计时均应尽量设法美化玄关。玄关的整体设计要注意以下原则：

1.通透

玄关的间隔应以通透为主，因此材质宜选择通透的磨砂玻璃或较厚重的木板为佳，即使必须采用木板，也应该采用色调较明亮而非花哨的木板，色调太深便易有笨拙之感。

2.适中

玄关的间隔不宜太高或太低，而要适中。一般以两米的高度最为适宜；若是玄关的间隔太高，处身其中便会有压迫感，而太低，则没有效果，无论在风水方面以及设计方面均不妥当。

3.明亮

玄关宜明不宜暗，所以在采光方面必须多动脑筋，除了间隔宜采用较通透的磨砂玻璃或玻璃砖之外，木地板、地砖或地毯的颜色都不可太深。玄关处如果没有室外的自然光，便要用室内灯光来补救，例如安装长明灯。

4.整洁

玄关宜保持整洁清爽，若是堆放太多杂物，不但会令玄关杂乱无章，而且也会使居住者心情不好，不利于健康。

○ 玄关适宜设在大门的偏左或偏右边，以保持屋内的隐秘性。

玄关的理想方位

从房屋的中心来看，玄关的理想方位有东、东南、南、西北四个方位。其中，最理想的方位是东南方。另外，设在东、南、西北方位的玄关，不但是安全的方位，还能使全家人各自发挥出最大的能力，并带来好运。但有一点须注意的是，主人的本位如果刚好是以上几个方位，则不宜。

最适宜将玄关设在住宅的正门旁边偏左或偏右。如果玄关与住宅正门成一条直线，外面过往的人便容易窥探到屋内的一切，所以大门不要与玄关成直线，以保持屋内的隐秘性。

玄关的方位选择

玄关是家人出入的必经场所，也是外界能量进入家中的必经之路。这个位置吉凶与否，给予居家生活很大的影响。如果是吉相，那么就可以吸收到良好的运气，驱赶坏运气，不过，玄关方位不同，运气也就不同。

玄关与厕所、浴室、厨房一样，方位布局设置要特别注意。因此，当然要尽量将其规模和形状与整栋房子配合，然后再设于吉相的方位上，才有协调感。

1.玄关的不同方位代表的不同意义

东方位——太阳最早进入的方位。具有前进、发展、成功等增强运气的含义。

东南方位——大吉方位。生意繁荣，交际运也会越来越好。

南方位——能接受到最强阳能量的方位。可以使名声、名誉提高。但阳能量过强，就会失去平衡，需注意不要过于朝阳。

北方位——此方位的玄关阴气强盛，可以使用照明灯来补充不足的阳能量。

东北方位——将玄关设置在这个位置会得到最坏的运气。如果在此方位的玄关堆放杂物、散乱的鞋子，则更为不利。可以使用照明灯补充不足的阳能量，使用木制的门牌也可以抑制不良之气进入。

西南方位——会使一家之主的力量变虚弱。

2.玄关和其他房间的关系

①玄关可以看到厨房的隔间。住在从玄关可看到厨房的房子或公寓里的

人，回到家的第一个动作，就是立即走向厨房，打开冰箱往内瞧，看看有没有东西吃。平常在家时，也常在厨房或餐厅内度过。要想改善这种局面，可以在玄关和厨房之间摆设屏风或装窗帘。

②玄关可以看到书房的隔间。这种隔间会提高居住者的向学心、求知欲和工作上的干劲。即使在家中也不会糊里糊涂地过日子，而会将时间花在看书上或全心投入工作中。这是适合家中有小孩准备考试的隔间布局。

③玄关可以看到起居室的隔间。

◉ 从玄关可看到厨房的话，会诱使人一进门就直奔厨房。

这是玄关和房间的位置关系中，最为理想的隔间。如果一回到家起居室就出现在眼前，内心就会觉得无比轻松和放心。而且，懒懒地坐在沙发上，一边看电视，一边和家人闲聊，其乐融融，可以解除工作上的紧张和压力。由于家里是安适休息的场所，所以这种隔间对于工作疲累返家的上班族而言，最为理想。

④玄关可以看到卧室的隔间。或许一般人会认为，这是和玄关可以看到起居室的隔间一样，是能令人心情放松的理想隔间。但是，这种隔间因为太过强调轻松的一面，所以让人一回到家就会感到疲劳，而需要立即休息和睡眠。情况严重的话，有欠缺干劲、向上心，陷入暮气沉沉、消极的人生观之虞。要想改善这种局面，可在卧室的门上装面镜子，让人时刻反思、自查，从而充满向上的朝气和力量。

◉ 玄关可以看到起居室的隔间，是最为理想的格局。

全面揭示风水发家密码
精心打造顺风顺水旺宅

075

⑤玄关可以看到厕所的隔间。住在打开玄关门就可看到厕所的房子或公寓里的人，回家后第一件事就是想上厕所。因为当一进玄关最先看到的是厕所门，就会在潜意识中唤起人的尿意。要想改善这种局面，可在厕所的门上安装一面可以照到全身的镜子，借此创造出视觉空间感来化解；或者在玄关处安装一个屏风。

十种情况需要在家中设置玄关

有些住宅是不宜设玄关的，比如面积小的公寓式住宅，若再设玄关只会令住宅空间减少，显得更拥挤。一些住宅除了外环境中会遇到不利情形外，在内部各个功能区之间也有一些关系需要改善。下面列出了十种方位情况，都需要在家中设置玄关。

1.宅门外有电站、电线杆和玻璃幕墙

从科学物理角度讲，靠近高压电线、大型变电所、强力发射天线、高亮度泛光建筑的住宅，因各种辐射、电磁场的影响和干扰，会给人带来心理和情绪上的问题，很容易让人情绪烦躁、失眠不安。位于玻璃幕墙对面，住在玻璃幕墙的倒影中让人都有一种压抑感，还有阳光反射，也会形成光污染，对人体健康非常不利。

如果已经居住在以上区域者，除设玄关外，还可采用的化解方法有：在门上方放置一面凸镜或者在入口处放置一个风铃；可以在自家门前走道旁边种一些生长良好的灌木或小的树木，以遮挡那些不利的风景，但不要在门附近种高型的树，因为它们会堵塞有利的能量进入自家的住宅。

2.宅门对死胡同、细长街道、"T"形路口、走廊

如果打开大门，正好对着一条细长的街道，则对安全不利。同样，从住宅向屋外看，如见两座大厦靠得很近，两座大厦的中间出现一道相当狭窄的缝隙，便会产生穿堂风，也对健康不利。再者，如果开门见一条长长的走廊，也对安全不利。

如果自家的住宅正好处在如上提及的环境之中，便必须要改变门的方向。

如果门不能转向，除设玄关之外，还可以采取以下的化解方法：在大门处悬挂珠帘隔断空间；在门楣上贴一面镜子；在门外放置一对狮子，种植阔叶植物。

3.大门面对尖角、柱和柱状物

邻居的屋顶、车库、阳台和建筑的侧面都有可能形成一个尖形的角，若客厅或房间被墙角冲射，在装修的时候，最好是把锐利的墙角用一些圆形木柱包裹起来。

如果已经居住在以上区域者，除设玄关外，还可采用的化解方法有：在尖的物体或转角周围种一些活的藤类植物；在尖的边缘与门之间悬挂一风铃使这些能量转向；把尖的边角包成圆形。

4.开门见梯

宅本是聚气养生之所，当楼梯迎着大门而立时，室外的空气会和室内的空气形成气流，对人体健康极为不利。

除设玄关外，化解方法有：在门与第一台阶之间悬挂一个水晶球，让能量能够回旋；在进门处用屏风或玄关隔开；在大门对面放一面凸镜。

○ 大门对斜路或斜梯应内设玄关，让气流回旋，能量得到聚集。

5.大门与阳台成一线

这种格局为前后通透，可以一眼看透大门与阳台，房间的私密性很差，人常被外界的声音、景观影响，且空气形成对流，对人体健康不利。

6.大门对窗和后门

门和窗户是气流进出屋内的开口，如果住宅的入口正好对着后门、巨大的窗户或者光滑的玻璃门，形成前后门相穿，使理气穿堂直出，不能聚集于屋内。穿堂风拂动，就会对人的健康造成不利。

除设玄关转换能量方向外，还可在前门与后门之间，或前门与窗户之间悬挂一个水晶球或管状风铃，将能量保留在室内；在两扇门之间摆置一棵小树，或悬挂一棵植物，或摆放一件家具，以防止能量快速流走。

7.开门见镜

镜子会反射动静之气，让室内气息随时而转，不固定在某个位置上。所以，最好不要在家里放过多、过大的镜子，镜子对着入口更是不利。如果人走入室内时正对着一面镜子，就会感到迷惑，弄不清方向。家里悬挂一面镜子只是为了驱散那些消极的能量以防止它们进入室内。除设玄关外，还可以将门内的镜挂在一侧壁面上，让玄关看起来既开阔又宽敞。

8.开门见墙角

开门就看到墙角，不仅视觉上不美观，而且心理上也不舒畅。化解方法有：在装修时，最好把尖角作半圆形处理；若不好处理，可设玄关、屏风或挂小物件化解。

9.开门见厕

厕所是供人们排泄的空间，本身并不算干净，更因厕所是极秘密的场所，所以大门也不宜直对厕所。

除了在进门处用屏风或玄关隔开外，还可常把坐便器的盖盖好，把厕所门关紧；如果厕所不是直接对着大门，就可在厕所门上挂一面镜子。

10.开门见灶

灶台的风不能太过拂动，否则很难生火。此种房型的化解方法有：改厨房门的位置；在进门处用屏风或玄关隔开。

住宅面积与玄关的关系

居家住宅中玄关的设置和玄关处的家具摆设，要依据住宅的面积和结构来布置，营造整体一致的居家氛围。

1.小面积住宅不宜设玄关

面积太小的住宅,设玄关只会令住宅空间拥挤,使住宅面积显得更加狭小。玄关虽然是一个小空间,但也不能太过狭窄,应稍为宽阔一些,这样,会让人有一种舒适的感觉。小面积居室最好不要设玄关,以免影响正常空间的利用。

2.玄关家具宜按面积来布置

布置家具时要根据玄关的面积和生活需要来选择如镜子、衣帽柜、小凳等设施。如果面积大的话,可以选择大方、实用的家具;如果面积较小,则只放一个鞋柜来满足进出门换鞋的需要就可以了。

玄关的色彩

玄关是气息流入的通道,无论玄关的间隔是木板还是砖墙,颜色都不宜太深,如果颜色太深会显得死气沉沉,势必令生气流通不畅。如果靠近天花板的颜色浅,靠近地板的颜色深,就能较好地调和天花板和地板的颜色,这是玄关间隔最好的颜色组合。

大部分玄关光线较暗且空间狭小,所以最好选择清淡、明亮的色彩。如果玄关足够宽敞,也可以选用比较丰富的颜色。如黄色花利于爱情,橙色花利于旅行,粉色花利于人际关系。不过,最好避免在玄关堆砌太多让人眼花缭乱的色彩与图案,毕竟空间有限,以简洁为佳。

玄关忌用红、黑做主色。玄关颜色太红或太黑都会使人做事易冲动、极端,玄关作为家庭成员进出居室的主要通道,最好不要用太多的红色或黑色。

玄关的整体装修设计

玄关的图案最好能配合房屋整体的装修风格,玄关的图案应尽量做到美观大方,并注意使用带有吉祥寓意或有辟邪功能的图案,如莲花、狮子、龙凤、鱼、金钱等图案,也可以摆放与这些图案有关的饰品。清爽的色彩和干净利索的图案是玄关的最好选择。

玄关不宜堆砌太多让人眼花缭乱的色彩与图案，否则会给人以沉重、压抑的感觉。

玄关的装修风格宜简约、大方。对玄关进行装修，应根据房屋本身的结构来决定玄关的风格，最好简洁、大方。如果玄关是一条狭长的独立空间，则可以采用多种装修风格。如果玄关与厅堂相连，没有明显的独立空间，可利用间隔将其分开，并制造独特的风格，也可以与厅堂的装修风格相统一。如果玄关已经包含在厅堂里，宜与厅堂的装修风格相统一，与此同时应对玄关进行画龙点睛式的修饰，为厅堂增加亮点。

○ 玄关的装修应简约、大方，应具有一定的装饰性和舒适性。

玄关设计时，最好能做到舒适方便。玄关是居住者出入的必经之地，必须以舒适方便为宜。这里通常会设置一些储物用的家具，如鞋柜、壁柜、更衣柜等，在有限的空间里有效而整齐地容纳足够的物品。此处的家具不宜过多，以免过于拥挤，家具的设计应该与家中其他家具风格相协调，达到相互呼应的效果。

舒适玄关的指标为：3～5平方米适用于三口之家，通常可在玄关设置一个宽0.4～0.6米、长1.5米的衣鞋柜组合，放置平时更换的外衣、鞋子已绰绰有余；如果是五口之家，将柜子长度加到1.8米也就足够了。若过道有拐角，还可以安排个镜子、花瓶等，既转换了空间，也方便更换衣服。营造玄关还有其他的功能要求：一般天花板不宜太高，吊顶部分应相对低一些，高度尺寸应该在2.5～2.57米和2.62～2.65米，或者是更高一点，在2.7～2.76米的范围，使得家居高度相对错落变化。

院落中的玄关设计

影壁是从院落大门进入宅院的缓冲，是院落大型玄关的组成部分。和玄关的作用一样，目的都是让运动的进入者静气敛神，由于它处于家宅引气入屋必经之道的特殊位置，家宅装修中往往把它当成主要的风水要件来看待，因为它的布置好坏可直接影响到住宅的风水。这样，影壁在玄关整体风水之下，合理营造着家宅的吉祥运道。

四合院落内常见的影壁有两种，第一种位于大门内侧，呈"一"字形的一字影壁。还有一种独立影壁建在大门的正面，多是从地面往上砌砖，下面为须弥座形，再上为墙身，用青砖打磨成柱、檩椽、瓦当等形状，组成影壁芯，影壁芯内的方砖斜向贴成。此类影壁多为立心影壁，影壁上面的各种图案多为青砖雕成，凸出于平面。而影壁上的各种砖雕图案多为吉祥颂言组成的松竹梅岁寒三友、福禄寿喜等图案。

影壁与大门宜形成相互陪衬、相互衬托的关系，在宅院入口处起着烘云托月、画龙点睛的作用。由于院落玄关的影壁有遮掩作用，给院内家小日常安坐聚首及家庭活动增添了私密性。影壁墙面宜有装饰，可以是石雕、砖雕，也可以是彩画。徽州民间信仰鬼走直路且脚不着地，因此影壁能挡鬼辟邪、遮风收气。徽州稍大一些的古建筑房屋，都设有影壁。

院落影壁是玄关的一部分，在风水学上讲究导气，使得户外之气不能直冲厅堂或卧室，否则不吉。因此，玄关影壁和屏风忌封闭。影壁不论设在门外或门内，忌无挡风、遮蔽视线的作用；忌形成围堵之势，让庭院陷入闭塞；忌造成毫无意义的造景，其图案不宜恐怖或抽象。

玄关屏风的选择

屏风，这个极具古典韵味的家居类型在古代十分常用，而现在已不再被列为常用家居类型，但作为装饰点缀的物件，其地位却日渐显耀。现代人追求格调、品位，这时，屏风以它那优雅的姿态出现在我们的家居生活中，并发挥着其不可替代的作用，可以美化环境、点缀情调、趋吉避凶。

现代的屏风种类繁多，具体分为以下三种：

中式屏风： 中式屏风给人华丽、雅致的感觉，屏风上刻画各种各样的图案，在工匠的巧手下，花鸟虫鱼、人物等栩栩如生。若喜欢中式家具的典雅、美观，那么中式屏风无疑是很好的搭配。当然，即使居家风格不是以中式设

全面揭示风水发家密码
精心打造顺风顺水旺宅

计为主，也可以选择中式屏风。在不同设计元素的调和下，能够带来意想不到的效果。

日式屏风：日式屏风与中式屏风设计风格比较接近，同样以设计典雅、大方见长。传统的日式屏风的图案也是取材于历史故事、人物、植物等，大多是工笔画。色彩方面也多用金色、灰色、白色等柔和色调。

时尚屏风：这类屏风无论是材料还是设计都非常大胆、新颖。选料上，往往摒弃了那些厚重的材料，由透明、轻柔的材料所取代。以往屏风主要起分隔空间的作用，而现在更强调屏风装饰性的一面，薄薄的屏风，既保持空间良好的通风和透光性，又营造出"隔而不离"的效果。色彩方面，与传统的黑、白、灰等色彩相比，显得更加丰富多彩，跳跃的红、鲜艳的黄、亮丽的绿等十分受欢迎。

从大体上讲，玄关装修装饰分为"密闭式"和"屏风式"。前者利用隔墙使玄关在客观上阻隔、密闭，而后者实际上是屏风的变体，经常采用磨砂玻璃等半透明材料做成各种自己喜欢的艺术造型。

◎ 深色镂空的屏风加上富有古典气息的吊灯，凸显了玄关的奢华气派。

◎ 穿透式的木质玄关，让人一进门就有放松的感觉。

家居屏风的选择要注重材质优劣，最好选用木质屏风。竹屏风和纸屏风都属木质屏风，可以放心选用。塑料和金属材质的屏风效果则比较差，尤其是金属的屏风，其本身磁场的不稳定性会干扰到人体的磁场。

再者，屏风的高度宜适中，最好不要超过一般人站立时的高度，但也不能太矮以至于起不到遮挡的作用。太高的屏风重心不稳，容易给人压迫感，太低的屏风又少了一些"安全感"。

玄关的墙角

入门即见墙角的情况，会使人在左右视线上不平衡。因为右脑主想象、知觉，左脑主逻辑思考和语言能力。左右眼长期在传达方面不协调，会使人优柔寡断、停步不前。

改进的方法是将墙体引出、扩充，使人在视觉上获得左右平衡。另外也可以在原墙面上放一个色彩鲜明的引人注意的饰品，使视线集中在一点，减低不平衡的状况。同时，还应对墙角进行修饰，使其变成圆角。

玄关的墙角设立玄关，可以挡住进门处的视野，另外形成了一个回转的空间，风水学上讲究"喜回旋忌直冲"，道理正在于此。如果没有实墙，则在进门处即可将阳台客厅一眼望穿，即形成俗称"前通后通，人财两空"的格局，对家居不利。

玄关的墙面

玄关的墙面由于与人的视觉距离很近，因而通常只是作为背景予以烘托，不过也可以选出一块主墙进行特别的装饰，以画龙点睛的方式制造出别样的效果。如悬挂画作，或绘制水彩画，或用木头装饰等，不过须避免因为堆砌而形成累赘感，以点缀达意为最佳。

但玄关是外部气流进入住宅的主要通道，不宜使用凸出的石料，因为墙壁的凹凸不平，会导致空气流通不畅。

玄关的地板

玄关的地板是玄关装修和装饰的第一步，也是入门的必经之地，因此必须选择耐用的材料、搭配玄关的颜色、注意图案的花样。因为玄关功能的特殊性，地板一定要遵守易保洁、耐用、美观三个原则。

地板材料在家居装饰材料中是最应考虑的，它可以承受各种磨损和撞击，塑胶地板、瓷砖都是很好的选择，因为它们都便于清洁，也耐磨损。

玄关地板适合铺设防滑地砖或地板，过于光滑的地板则容易形成安全隐患，有可能使人一进门就摔倒，倘若已经铺上光滑的地板则可以用地毯遮盖。玄关的地板宜选用平整的材料，这不仅是从安全的角度考虑，同时还可以令宅运通畅顺利。

○ 玄关的地板必须选择耐用的材料，搭配玄关的颜色、注意图案的花样。

玄关的地板颜色宜较深沉。从风水学理论来说，深色象征厚重，地板色深象征根基深厚。如果玄关处较为黯淡，为了利用地板提高玄关的亮度，可以用深色的石料在四周包边，中间部分采用较浅的颜色。

玄关地板的图案花样繁多，但均应选择寓意吉祥的内容。玄关地板必须避免选用那些多尖角的图案，更应避免尖角冲门。使用木料做地板时，其排列应使木纹斜向屋内，如流水斜流入屋，切忌木纹直冲大门，这样象征家里的财气和运气会像流水一样流走，非常不吉利。

玄关的地毯

玄关，是进出房屋的必经之地，同时也是引气入室的必经之道，玄关地毯在形状、放置位置和颜色选择方面，应考虑到与整体设计的配合和清洁问题。

形状方面，长形地毯既长又窄，非常适合于玄关的造型。这种地毯具有灵便的特点，在必要时完全可将这些地毯撬起清洗，而且还可以将它一直朝楼梯上延伸过去，制造出双层结构，使住宅玄关区优美的动线更加明显。

在玄关处设地毯，便于居住者从外面进入居室时清理一下鞋底的灰尘。所以，最好是将地毯放在玄关外，也就是大门口。如果将地毯放在屋内，则容易将灰尘和秽气带进室内，甚至会将外面不好的运气带到家中。所以，玄关处放地毯，最好将地毯放置在门外，且应经常清洗。

倘若选择在玄关铺地毯，其理亦同地板，宜选用四边颜色较深而中间颜色较浅的地毯。

玄关墙壁的间隔

玄关墙壁作为起居室和大门的中间隔断时，在装修和装饰上都应该注意其过渡的作用，以稳重、简洁为佳。

1.墙壁间隔应下实上虚

面对大门的玄关，下半部宜以砖墙或木板作为根基，扎实稳重，而上半部则可用玻璃来装饰，以通透而不漏最理想。无论是墙壁还是柜子，都不能超过两米，否则无形中也会让人有压迫感。

玄关若不以墙来做间隔，用低柜来代替也行，其上选择玻璃或通透的木架来装饰。低柜可用作鞋柜或杂物柜，上面则可镶磨砂玻璃，这样既美观实用，同时也符合下实上虚之道。

○ 玄关若不以墙来做间隔，用低柜来代替也行，其上选择玻璃或通透的木架来装饰。

必须注意的是，玻璃不同于镜子，会反射的镜子通常不可面向大门，会让人感觉家中财气被反射出去，但磨砂玻璃则无此顾虑。

2.墙壁颜色须深浅适中

玄关的墙壁间隔无论是木板、墙砖或是石材，选用的颜色均不宜太深，以免令玄关看起来暮气沉沉，没有活力。而最理想的颜色组合是，位于顶部的天花板颜色最浅，位于底部的地板颜色最深，而位于中间的墙壁颜色则介于这两者之间，作为上下的调和与过渡。

玄关灯光布局的要求

玄关即是大门与客厅的缓冲地带，对户外的光线产生了一定的视觉屏障，玄关一般都没有窗户，自然采光很差，要利用灯光来补充光线。最好在玄关处全天打开长明灯，只有保持玄关光亮，气才能通顺，居住者运气才会好。如果玄关整天阴阴沉沉不见光线，会使人感觉心情压抑。

由于玄关里有许多弯曲的拐角、小角落与缝隙，所以照明设计分外困难。玄关是给人最重要的第一印象区域，而且在玄关的活动一般是换鞋与开关门等，因此它所需要的亮度不大，

◎ 玄关的光线不要太强烈，以缓冲人在进出时由亮到暗，或由暗到亮的感觉。

灯具最好以装饰为主，而且光线不要太强烈，以缓冲人在进出时由亮到暗，或由暗到亮的感觉。

玄关处有横梁会使人一进门就感觉到压力，如果因房屋结构无法避免，装修时应在横梁下安置灯，使灯光照向横梁，利用灯光效果削弱横梁使人产生的压力感。

玄关的天花

风水学理论认为，万事万物都有自己的五行属性，不同五行的户主，玄关天花板上的造型亦应有所不同。五行属水的户主，天花图形应该是圆形、波浪形；五行属金的户主，天花的造型应该是方形、圆形；五行属土的户主，天花板的造型应该是方形；五行属木的户主，天花板的造型应该是直方形；五行属火的户主，天花板的造型应该是长方形。当然，这种居住习俗标准也适宜于家宅其他区域的天花板装修。

旺宅开运改运首看之书 居家设计布局最佳指导

玄关的天花设计

玄关的天花设计是家庭装修中极容易被忽略的部分，但在玄关风水中，天花的高度、色调、灯具设置对玄关的采光和通气都起到十分重要的作用。

1.玄关天花板的高度宜高不宜低

玄关的空间是空气流通的关键，玄关的空间宽敞才有利于家中的气运。如果玄关天花板太低，容易给人造成压迫感，这就象征着家人容易受到压制。为了增加玄关的亮度，有些人在天花板上安装镜子，这是风水学上的大忌，应该避免。因为在玄关上安装镜子会使人一抬头就看见自己的倒影，给人天旋地转的颠倒感，会损害人的神经。

2.玄关天花的色调宜轻不宜重

玄关顶上天花板的颜色不宜太深，如果天花板的颜色比地板深，这便形成上重下轻，天翻地覆的格局，风水学理论认为，这样象征着家人长幼失序，上下不睦。而天花板的颜色较地板的颜色浅，上轻下重，这才是良好的玄关格局。

3.玄关天花灯宜方圆而忌三角

玄关顶上可安装数盏筒灯或射灯来照明，玄关的灯最好排列成方形或圆形，象征方正平稳与团圆。

玄关的灯具设置

玄关处的灯，数量以四盏或九盏为最佳，用以吸收旺气。玄关处的主灯可以大一些，采用吸顶荧光灯或简练的吊灯，再配合壁灯、穿衣灯以及起装饰作用的射灯等光源，共同营造一个温暖、明亮的空间。使用嵌壁式朝天灯与巢式壁灯都可让灯光上扬，产生相应的层次感，而且也有从玄关持续延伸至楼梯的感觉。此外，可以利用一对吊灯，如果有足够的空间摆上一张小桌

全面揭示风水发家密码
精心打造顺风顺水旺宅

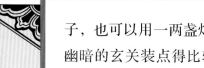
子，也可以用一两盏灯补强光线；将幽暗的玄关装点得比较活泼、有趣，还可以设法在回廊上挂几张照片、图片或画作，更可以在画上加两盏小灯。开关可用感应式或荧光开关。

玄关处宜采用白色灯光，不宜安装黄色灯光，白色灯光代表果决、理性的判断力，因而有利于家人在使用钱财时更加理性。黄色的灯光则代表感性，感性让人犹豫不决，不利于判断，使用黄色灯光也易使家人不知不觉花掉钱财。

○ 使用嵌壁式朝天灯与巢式壁灯都可让灯光上扬，产生相应的层次感。

鞋柜对家居风水的影响

风水学理论认为，上街穿的鞋，沾染了金、木、水、火、土五行之气，通常比较杂乱，故只适宜放于经常出入的大门附近。如果把鞋子四处乱放，外面"不好的气"将会随鞋子进入屋内，直接影响屋中人的运程。所以，要把穿过的鞋放在鞋柜里，这样不好的磁场便无法随便释放出来。对于大门面向走廊的居室，鞋柜更可兼作屏风用，阻挡由大门直冲而进的气。至于不曾穿上街的新鞋，或供室内专用的拖鞋，放在家中任何地方都没有问题。另外，鞋必须每天清理，将污秽的鞋放在家中，极不合乎卫生。

正确的拖鞋放置还能催运。风水学理论认为，如果把偶数个拖鞋放置在木制的鞋架上，可以提升事业运；

○ 对于大门面向走廊的居室，鞋柜更可兼作屏风用，阻挡由大门直冲而进的气。

如果放置在编制的筐子里，可以提升人际关系运。但是，如果场所太狭窄，无须勉强放置。

玄关前摆放鞋柜的注意事项

在玄关放置鞋柜，是顺理成章的事，因为无论主客在此处更换鞋子均十分方便。而且"鞋"与"谐"同音，有和谐、好合之意，并且鞋必是成双成对，这是很有意义的，家庭最需要和谐，因此入门见鞋很吉利。但虽然如此，在玄关放置鞋柜仍有一些方面需要注意：

1.鞋子宜藏不宜露

鞋柜宜有门，倘若鞋子乱七八糟地堆放而又无门遮掩，便十分有碍观瞻。有些在玄关布置巧妙的鞋柜很典雅自然，因为有门遮掩，所以从外边看，一点也看不出它是鞋柜，这才符合归藏于密之道。风水学理论重视气流，因此鞋柜必须设法减少异味，可以放置樟脑丸一类的去除异味的物品。

2.鞋头朝向宜上不宜下

鞋柜内的层架大多倾斜，在摆放鞋子入内时，鞋头宜向上，这有步步高升的意味；若是鞋头向下，就意味着会走下坡路。

3.鞋柜宜侧不宜中

鞋柜虽然实用，但却难登大雅之堂，因此除了以上所提及的几点之外，还要注意宜侧不宜中，即指鞋柜不宜摆放在正中，最好把它向两旁移开一些，离开中心的焦点位置。

○ 鞋柜不宜摆放在正中，最好把它向两旁移开一些，离开中心的焦点位置。

4.鞋柜的面积宜小不宜大，高度宜低不宜高

如要在大门内外放置鞋柜，其高度只能占墙面的1/3。皆因墙壁之最上为"天"，中为"人"，下为"地"。鞋子带来灰尘及污秽，故只宜置于"地"之部位。否则，门口玄关部位污秽不堪，属不吉。鞋柜最好为五层以下，代表为五行并存，多于五层的鞋柜让属"土"的鞋无法"脚踏实地"。若高鞋柜是固定的，无法移动更改，则柜内的鞋子只可置于低层，高层放置其他干净物品。

玄关的衣帽架

出现在玄关处的布置物件不少，所以一定要使玄关干净整齐。和谐的玄关一定离不开衣帽架，让帽子、风衣等都能各得其所。许多设计新颖的衣帽架非但不占地方，同时还提供了储藏东西的空间，可以将门前的每一件东西通通收纳在内——长靴、外套、帽子甚至是遛狗链。

玄关需要有良好的空气流通，衣帽架上宜衣物舒展，衣帽各得其所，衣帽架造型要体现艺术化的生活情趣，以能烘托出家宅气质和旺势为佳。衣帽架上忌凌乱，衣服忌扭成团状悬挂。忌衣帽架上张冠李戴，东西应有条理地悬挂或者收纳在内。

玄关的装饰

玄关是给来访者的第一印象，少而精的饰品可以起到画龙点睛的作用。一只小花瓶，一束干树枝，可给玄关增添几分灵气；一幅精美的挂画，一盆精心呵护的植物，都能体现出主人的品位与修养。但要注意，由于玄关位居冲要，对宅运大有影响，因此，摆放在此处的饰物要小心。

古人多摆放狮子、麒麟这些威猛而具有灵性的猛兽在门口镇守，作为住宅的守护神。现代住宅如果摆放狮子或麒麟在屋外，往往会受到诸多限制，退而求其次，则可摆入在玄关内面向大门之处，同样也可收护宅之效。

不少人家喜欢在玄关摆放各种动物造型的工艺品，作为饰物摆设。但应

传统风水学理论认为，动物造型饰品不应与户主的生肖相冲，举例来说，户主的生肖属鼠，便不宜在玄关摆放马的饰物。若户主属牛，便不宜在玄关摆放羊的饰物，若户主属虎，则不宜摆放猴的饰物，若户主属兔，不宜摆放鸡的饰物，户主属龙，不宜摆放狗的饰物，户主属蛇，不宜摆放猪的饰物，反之亦然。同时玄关不能放置有狗的装饰，因为"狗"具有变化的象征意义，所以不适合"气"的入口。如果进入的旺盛之气与"狗"相撞，很容易引起家庭困扰。

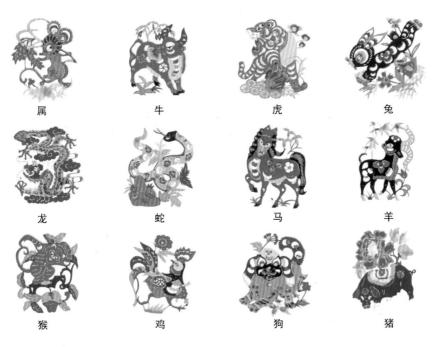

属	牛	虎	兔
龙	蛇	马	羊
猴	鸡	狗	猪

十二生肖对应于五行，属木的为虎兔；属火的为马蛇；属水的为鼠猪；属金的为猴鸡；属土的为牛龙羊狗。不同属相之间有相生相克的关系，因此在选择生肖吉祥物的摆放时应特别注意。

玄关处的饰物方位

风水学理论认为，如果在玄关摆放饰物或在玻璃隔间镜子上印制图案，北方、东北方、西南方、西方和西北方五个方位是有所忌讳的，这五个方位的饰物切忌与方位相冲。

玄关在北方，忌用马的图案或饰物；玄关在东北方，忌用猪的图案或饰

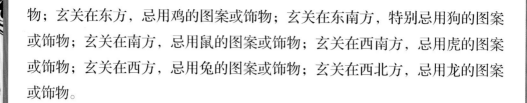

物；玄关在东方，忌用鸡的图案或饰物；玄关在东南方，特别忌用狗的图案或饰物；玄关在南方，忌用鼠的图案或饰物；玄关在西南方，忌用虎的图案或饰物；玄关在西方，忌用兔的图案或饰物；玄关在西北方，忌用龙的图案或饰物。

玄关的镜片

通常住宅在玄关安镜可作为进出时整理仪表之用，而且也可令玄关看来显得更加宽阔明亮一些。但若是镜子无端正对大门，则绝对不妥当，因为镜片有反射作用，会给人将财拒之门外之感。

朝着太阳的方位摆放镜子，可以增加旺盛之气。在镜子前摆放观叶植物、鲜花等具有生气的东西，也具有同样的效果。

玄关顶上不宜张贴镜片，玄关顶上的天花若以镜片砌成，一进门举头就可见自己的倒影，便有头下脚上、乾坤颠倒之感，必须尽量避免。

发现镜子破裂时，必须马上更换，因为破裂的镜子会使人产生不和谐的感觉，会影响到居住者的心情。

玄关处摆放植物的作用

在玄关摆放植物，能绿化室内环境，增加生气。花、观叶植物等有生气的东西都具有引导旺盛之气的作用。盆栽的花可以使空间安定，特别适合已婚者。单身的人可以使用插花来装饰，但是切忌放置空的花瓶。

但是必须注意的是，摆在玄关的植物，宜以赏叶的常绿植物为主，例如铁树、发财树、黄金葛及赏叶榕等等。而有刺的植物如仙人掌类及玫瑰、杜鹃等切勿放在玄关处。而且玄关植物必须保持常青，如果无法保持植物、花卉的健康，则最好不要养。若有枯黄，就要尽快更换。尽量不要在玄关处摆放人造的假花，容易让家中减弱生气。

选购玄关处的植物时，要注意叶子的形状。选择圆状、叶茎多汁的健康植物就比较好，它们带有吸引"好兆头"的潜在能量。

○ 摆在玄关的植物，宜以赏叶的常绿植物为主，例如铁树、发财树、黄金葛及赏叶榕等等。而有刺的植物如仙人掌类及玫瑰、杜鹃等切勿放在玄关处，以免破坏那里的风水。

玄关植物的颜色

当玄关位于东北时，以白色作为主要的装饰色调，象征着吉利。玄关处要保持整洁干净，装饰的植物、花卉、画以白色最佳。在玄关处放置粉红色花卉有利于人际关系，可保持愉悦的心情。在玄关处的鞋柜上摆一盆红色鲜花，可以为家庭招来好运气。黄色花利于爱情，橙色花利于旅行。

因地制宜摆放玄关处的植物

生长中的绿色植物能令黯淡狭小的玄关充满生气。悬挂类植株和藤蔓类植株适合摆放在充满阳光的玄关。

进门只有墙和过道的狭窄玄关，空间不大且阳光不太充足，就不适合摆放大型的植株，可考虑一些小型的喜阴植物，例如可以在鞋柜上摆放羊齿类的观叶植物。如果玄关较为宽敞，可以考虑高大的植株，但需要用灯对它进行照射。

如果玄关光线不佳、遭受穿堂风的吹袭、夜晚温度降低、走道狭窄或少有方形的空间，则置放开花植物比形态特殊的植物要适合。

观叶植物是具有很强的呼唤旺盛之气的装饰物，它具有净化空气的作用，使隐晦之气难以聚集，可以摆放在鞋架旁。

另外，玄关与客厅之间可以考虑摆设同种类的植物，以便于连接这两个空间。

总之，玄关摆放植物要结合室内的整体布局、气温、光线、人员、风水等多种因素考虑。

地主在玄关的摆放

现代有很多人在家中供奉神灵，以期祖宗庇佑，健康长寿，招财进宝。但在现代布局的房子中摆放传统的神台，会显得格格不入，若要消除这种矛盾，便要采用因地制宜的布局方法。

地主是家居最经常供奉的神灵之一，其他的神灵尚可移入屋内其他较隐蔽的角落，但地主却必须当门而立，因为地主的正名是"五方五土龙神，前后地主财神"，应该面向大门，向门外四方纳财，这样才可增强住宅的财运。并且地主还是住宅的守护神，当门而立，便可把牛鬼蛇神拒之门外。

地主最佳的摆放方法，是把神位单独供奉在面向大门的玄关地柜中，既不太显眼，又不失地主应当向门而立的原则。因为地主自古以来，长期供奉在地面，就算摆在鞋柜旁边，每日人来人往，也没有任何问题。

地柜可用作鞋柜或杂物柜，为了要与附近的环境配合，外部的颜色可以随意，但地主神柜的内部则必须采用漆上金点的红色。

在玄关处供奉财神

财神分为武财神和文财神两种，武财神为武圣关公及伏虎元帅赵公明，文财神包括福、禄、寿三星及财帛星君等。风水学理论认为，武财神应对着门供奉，文财神可引财，应将其面向宅内摆放。此外，不能让文财神对着鱼缸、卫浴间等属水的地方，这样象征着财运化水流失。

玄关需要注意的小细节

由于玄关是进门纳气的首要位置，所以在玄关的各种收纳方法、设计小细节上，也有一些需要注意的禁忌之处。

1.雨伞忌放在玄关

雨伞很容易累积阴气，如果把伞架经常放置在玄关，会使玄关充满阴晦之气。所以，尽量使用吸水性好的陶器伞架或是不锈钢制的伞架。也可以安装照明灯来增加阳气，去除阴气。

2.玄关忌杂乱无章

玄关传达着家庭给外人的第一印象信息，表达着家庭能量交流平衡的特指性征，宜装修设计得既简洁又整齐，不宜堆放太多杂物，如玩具、废纸等，一些没有使用价值而又舍不得丢弃的东西尽量少放。否则，杂乱无章的玄关会让居住者每次出入厅堂都心浮气躁、容易遗失重要物品，还会影响家人的身体健康。

○ 玄关宜装修设计得既简洁又整齐，不宜堆放太多杂物。

3.玄关忌设计成拱形

有些家庭为了追求设计上的美感，将玄关设计成拱形，殊不知这种形状阴气过重，且实用性不强，玄关设计中最好避免。

玄关吉祥物

1.麒麟

麒麟是四灵兽之一，集龙头、鹿角、狮眼、虎背、熊腰、蛇鳞、马蹄、猪尾于一身，公为麒，母为麟。麒麟是吉祥物之首，能够消灾解难、趋吉避凶、镇宅避煞、催财升官，与龙神、凤神、龟神一起并称为四灵兽。将麒麟摆放在居家或办公场所，有招福、辟邪、利生男丁之功效。

○ 麒麟

宜：玄关宜摆放麒麟。古人多喜欢在门口摆放麒麟，将其作为家宅的守护神。现代住宅将这些灵兽摆在门口有诸多不便，退而求其次，将其摆放在玄关也有同样的作用。麒麟具有很强的"镇宅"作用，可以安定周围的气，并被广泛应用于消解收入不稳、家庭不和、生意不佳、人际关系不好、夫妻关系不和等问题，也可以平息日常生活中的琐碎问题。

忌：麒麟的头忌向屋内摆放。

2.五路财神聚宝盆

五路财神分别为赵玄坛赵公明、招宝天尊萧升、纳珍天尊曹宝、招财使者陈九公、利市仙官姚少司。人们祈求出门时东西南北中五路皆得财，所以五路财神又称路神。五路财神是民间吉庆年画中常见的形象，在江南一带供奉最盛。五路财神象征财源广进、招财、聚财。

宜：招财宜置五路财神聚宝盆。五路财神专施金银财宝、迎祥纳福，故招财宜置五路财神聚宝盆。

忌：五路财神忌过高。五路财神的摆放高度要高过人的头顶，但不应过高，并且不可以与佛观音、武财神等一起摆放，否则会影响招财效果。

3.铜钱/元宝

铜钱是古时候使用的钱币，可作为旺财之用，现在流行使用的是五帝铜钱。元宝也代表着钱财，亦属招财之物。

○ 铜钱/元宝

宜：古铜钱或元宝宜放在窗口。古钱与元宝多一对并用，用法一般有两种：一是将一对金元宝或古钱放在住宅最大的窗口上或窗台的左右角，意为把窗外之财吸纳进来；二是将其放在玄关或大门入屋斜角的角落，此处藏风聚气，亦是财位。

忌：凶位忌置古铜钱或元宝。钱币与元宝适宜放在财位和吉位，忌讳放于凶位。如果自己无法确认方位，最好在专业人士的指导下安放。

4.跑马

马有健康之相，有利远方。将马放置在面向大门或窗口的地方为大吉。

宜：招财开运宜置跑马。跑马既可以招来财气，又有助于事业，使前程似锦。经常出差公干或奔走于两地的人士，适宜选用跑马摆放在写字台或玄关中的财位上，取"马到成功"之意。

忌：跑马忌放在浴室或灶头。

5.许愿龙

许愿龙一共携带3个龙珠，它们分别是：情绪低落消沉时可以令人精神振奋的"金属龙珠"，用于特别许愿的"水晶龙珠"，提高恋爱运的"粉红水晶龙珠"。许愿龙象征开运、招财，可让人心想事成。

宜：许愿龙宜放置在房间的右侧。在需要许愿时最好将许愿龙放置在进入大门的右侧位置，即玄关的柜子上。每日将一杯洁净的水放在它的身边，就像对待自己饲养的宠物一样温柔细致地照顾它。这样，龙就会活跃在你的左右，给你带来所期望的运气。

忌：肖狗、兔者忌置许愿龙。生肖属狗、兔者不适合摆放龙类制品，也不适合摆放带有龙图片的装饰品。

○ **是端景也是收纳的玄关设计** 将墙的窄端做墙面延伸，形成内嵌角落，因居住者的风格偏好，将东方元素融入设计，是端景也是收纳。独具特色的方圆设计，则充满言外之意。

◎ 以英式古典家具打造玄关端景　设计师在此利用砖块搭建墙面，再挑选英式古典家具和镜面，营造出休闲的古典乡村风，柜体除了收纳的作用之外，也利用家具本身的功能制造端景并打造空间风格。

◎ 宛若罗浮宫般的玄关　设计师利用新古典线板门框来区隔空间，搭配屋主造型典雅的家具与收藏品形成精美的端景台，动线流畅的展示柜、精美的画框、栩栩如生的图画、逼真的雕塑、让人仿佛置身于罗浮宫，感受到集梦幻与艺术为一体端景展示。

◎ 玄关与画廊的链接　在空间设计元素里，艺术创作是最具有感染力与渲染度的。一幅美术图画，一个简单的平台，一个居家画展就成形了。利用玄关来展示，可以给人不一样的视觉感受。

◎ 利用过渡动线墙景延伸玄关　由于玄关的空间很狭小，设计师以马赛克为背景，搭配出别具特色的抽象画作，巧妙的将玄关的重心转移，极具动感的造型柜体，让空间再度延伸。

旺宅开运改运首看之书

居家设计布局最佳指导

○ **旧式桌子当玄关展示柜** 玄关的空间很小，为了缓和室内与室外的空间转接，设计师在此利用旧式桌子作展示台，放上精致的烛台与生机盎然的鲜花，呈现出怀旧而有情调的气氛，而墙面上精美碎花的壁纸，让精美在细节里展现。

○ **玄关对空间风格的烘托** 极具中式气息的玄关设计，入口处转角缓冲视线，端景展示对空间风格的烘托也是恰到好处。

○ **用隔屏与拼贴地板区隔空间** 玄关的木质鞋柜搭配窗花隔屏的设计，让玄关与餐厅之间的空间更有穿透感，并且用相同材质让空间协调性一致。地板设计两种不同拼贴方式与色系的复古砖，借此界定不同空间。

○ **镂空花卉壁板化解直视客厅** 在白色壁板圈围之下开创一方独立的玄关区域，大面壁板花卉镂空设计，一方面避免直视客厅，一方面则是壁板上的花纹穿透灯光洒在壁面上而形成一面美丽的居家风景。

○ **格栅设计区隔空间有利采光** 进入玄关后，镜面装置的隔屏让空间更明亮，为了加强采光，设计师在玄关入门处设置格栅作为空间的区隔，特色造型装饰形成端景，凸显空间豪华气派。

○ **窗楣打造新东方风** 设计师在玄关的视觉主墙上装饰雕花繁复的中式窗楣，突显新东方风格的设计元素。木作鞋柜，不仅具有收纳机能，还可以在上面随意放置盆栽或者屋主的收藏品作为玄关端景。整个空间显露出东方美感。

○ **幽静淡雅的长玄关** 长玄关给人一种空间转折的幽静之感，为了避免压迫，将主要装饰都集中在墙面。画作的重点表现，让玄关增添了平稳与深沉的格调，也富含了艺术的气息，从玄关经过，犹如看了一次美术展。

○ **衣帽间与端景区共同打造完美玄关** 为了营造出大气质感的空间风格，左侧以整片收纳柜规划，除了摆放数量惊人的鞋子之外，里面更设计了挂大衣、帽子与雨伞的收纳区域，用带有新古典气息的玄关桌搭配镜子，营造入门的优雅氛围。

全面揭示风水发家密码
精心打造顺风顺水旺宅

旺宅开运改运首看之书
居家设计布局最佳指导

◎ **线条流畅的屏风** 设计师规划了大型的屏风来区隔玄关空间，屏风利用不同的材质，使空间的动线更为流畅。此处设计师还利用最常见的不同材质的地板来区隔空间。

◎ **拥有秘密通道的玄关** 为了有时客厅有客人来访怕小孩打扰，在入门玄关及客厅通往私密空间的走道，都设有活动拉门的机关，当这两扇门关起，客厅就是一个独立的空间，而其他人可从暗门通往玄关，非常方便。

◎ **收纳也可在转角完成** 楼梯下方与墙面转角处形成一个畸零的空间，聪明的设计师将它充分利用，来完成玄关的收纳与装饰机能。深色调的鞋柜设置于楼梯下方的空间，收纳既简洁方便，又不影响人进出。门片拉门以铁饰装扮，成为点睛之笔。

◎ **光线导演奢华气派** 此处玄关是个过道，为了注重玄关格局的完整性，设计师将畸零空间纳入，规划收纳柜，收纳的同时节约空间，灯光照明的同时，作为视线的引导，成为入门的带路者，光影的设计导演了一个极度奢华气派的玄关。

○ **利用屏风开运的玄关** 设计师规划了屏风式的玄关柜，避免了穿堂煞的风水问题，屏风上精美大气的雕刻图案，与前面大团雍容的鲜花衬托出富丽的感觉，并且起到开运作用。

○ **极具奢华感的玄关区** 玄关区的收纳对于居家来说是很重要的，运用格局的特性，在入门处规划玄关区，玄关区的左右则是收纳的鞋柜及储物柜，以满足居住者的机能需求。而特别挑选的水晶吊灯则让空间展现出奢华感。

○ **打造居家博物馆** 入口玄关的地砖与客厅地砖相区隔，深色木作鞋柜与深色大门相呼应，使空间具备整体感。毛片玻璃的隔屏搭配上屋主古色古香的装饰物形成端景台，深沉宁静的氛围使玄关犹如居家博物馆。

○ **造型天花板强调玄关区域** 玄关利用几何造型的层次感与灯槽式设计，由间接光影的变化转移视觉，并利用不同的材质特性及颜色落差，区隔出玄关与客厅的属性区域，并用清冷石材延伸空间。

○ 沐浴阳光的玄关长廊　设计师将左手边整面墙打破，采用格状玻璃材质规划大片落地窗户，保持光线穿透力的同时，让光影在玄关走廊里舞蹈。玄关作为大门与客厅的过渡空间，更重要的是空间机能的补充。复古奢华的玄关收纳柜，满足了居住者的多种需求。

◎ 艺术隔屏考究风水　玄关空间以粉色系为基调，精美的台面搭配光亮镜面，形成精致漂亮的端景。艺术隔屏成为点睛之笔，装饰的同时又解决门冲风水问题。

◎ 精巧的玄关让空间更有层次感　设计师别具匠心的将一面墙以特殊的造型切割，使得光线更有穿透力，空间放置古典灯饰，增添空间趣味与家的温馨，同时对空间进行了缓冲，使得空间的层次感加强。

◎ 精致灯具打造精美家居　客厅的精美灯饰成为整个空间的视觉重心，干净整洁的客厅，因为搭配上造型别致有质感的吊灯，而更添雍容华贵的景象，将空间的氛围烘托得高贵典雅，实属点睛之作。

◎ 二进式门廊展现空间奢华气势 入门处即见客厅是许多居家空间常见的状况，然而若能设计墙面成为玄关入口的视觉壁面与端景，再转角设计出一道屏风，则可让原有的居家因二进式的大气感，瞬间充满豪门般的奢华气势。

◎ 金色装饰打造贵族式玄关 进入玄关，别具特色的端景成为视线焦点，古檀木的桌子镶嵌有质感的乳钉、桌子上面金色的钵与桌子下面置放的唐三彩相呼应。整个空间以金色装饰为主，打造出高贵大气的氛围。

◎ 光影概念打造轻盈质感 设计师利用上下不同的间接照明将光与影巧妙结合，减轻了玄关空间狭小的压抑感，让整个空间在视觉上悬浮，打造轻盈质感。简约的同时更具精致美感。

◎ 古典单椅既是穿鞋椅也是艺术品 新古典风格玄关设计，收纳柜方便鞋子与杂物收纳，也留下空间摆放艺术品供欣赏，另外摆放一张美丽的古典单椅，成为穿鞋椅，也颇具特色。

○ **多元材质充实空间** 玄关以中性冷色调为主，红色的隐藏柜成为一个亮点，融实用性与装饰性为一体，在冷色调中点缀暖色系，冷暖交融下，使空间在视觉上减压，舒适感加倍。

○ **特质的鞋柜制造出艺术感** 在进门玄关处，利用特质的鞋柜制造出一种艺术感，可展示屋主的珍藏饰品，表现其不凡的收藏品味，同时也兼具了收纳的实用功能。

○ **保留穿透感的玄关收纳柜** 同样具有收纳机能，每个玄关柜的设计都必须符合空间风格的调性。独具个性的玄关柜让人一进门就感受到现代休闲风的设计魅力。镂空的格子设计，则保留了空间穿透感。

○ **温暖开阔的玄关景色** 此处玄关利用半高鞋柜做收纳，配上暖色调妆点出温暖开阔第一印象。考虑玄关后方即是楼梯，特别用镂空隔栅作对称隔屏，拉长入口与楼梯间距，这种缓冲的做法令动线行进更安全顺畅。

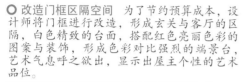

○ **改造门框区隔空间** 为了节约预算成本，设计师将门框进行改造，形成玄关与客厅的区隔，白色精致的台面，搭配红色亮丽色彩的图案与装饰，形成色彩对比强烈的端景台，艺术气息呼之欲出，显示出屋主个性的艺术品位。

○ **隔屏用来扩展玄关空间** 设计师规划了吊柜与电视墙面的隔屏，界定客厅与玄关的空间。半透明的隔屏让视线穿透，增强客厅的采光。

○ **简洁玄关更具延伸效果** 此处的玄关为狭窄的通道，设计师在此简单的设置了桌子与花瓶成为一个端景。与室内的端景相呼应，增强了玄关的延伸效果。淡雅色调的壁纸上悬挂一幅图画，简单大方。

○ **玻璃隔屏与悬浮柜体设玄关** 设计师以家装玻璃作为玄关隔屏，区隔了空间，使原本没有玄关的空间设了玄关，避免穿堂煞的风水问题。运用门后空间规划了悬浮收纳鞋柜设计。

○ **金萱玻璃门片区隔** 运用两片金萱玻璃门片，形成可以透光但不透明的精致玻璃隔屏，让玄关成为可变的独立空间，也避开一进门即见餐厅的问题。

○ **具艺术展示的玄关设计** 兼具传统机能和艺术展示的玄关设计，有鞋柜、衣柜和座椅方便更换和收纳衣物鞋子，为了避免视觉单调，同时设计展示柜，让访客刚踏入屋内就能欣赏主人丰富的艺术收藏，特别设计灯光，在光影流动之间更添艺术气息。

○ **反差色调带来精致简约风** 设计师利用现代设计元素里的对比手法将空间做了精心设计。玄关与客厅都采用白色喷漆，使整个空间更加洁净素雅，整个地面采用深色木板，与白色高反差的色调形成极简风格。

○ **精美玄关宛若艺廊** 整个空间选用浅色调，以延伸为主题，踏入玄关就仿佛进入艺术长廊。墙壁上的图画显示出屋主的艺术品位。纯净的色彩引导视线转入深处的端景，光亮的台面与个性的装饰组成的端景成为视线的重心。

旺宅开运改运首看之书
居家设计布局最佳指导

○ **奢华的空间气势** 这样的玄关设计让人一进门就感觉到空间的奢华气势：大理石拼贴地板、灯光、天花板高低差、隐藏式收纳设计，搭配材质与线条利落的布置陈列，俨然就是高档饭店的空间氛围。

○ **独特装饰洋溢丰收喜悦**　整个玄关空间以金色为基调，透露出秋的气息与丰收的喜悦。竹帘做成的壁纸有着农家亲切的感觉，上面"8"字形的造型装饰又像连在一起的两枚古钱币，有吉祥开运之寓意。墙上的图案与陶瓷花瓶里的麦穗花朵造像皆透露出丰收的喜悦。

○ **石雕让朴素变得典雅**　此处是一个转角玄关，整体布置简单朴素，设计师在此用灰岩涂料制作一个挡墙，放置简单的艺术画，在转角另一面墙上将巴厘岛的石雕镶嵌入墙壁中，区隔空间的同时极具装饰性，使得空间风格由朴素变得典雅。

全面揭示风水发家密码
精心打造顺风顺水旺宅

111

○ 端景与镜柜打造气派玄关　设计师用精致美丽的艺术品作为端景，一入门即可感受到屋主雍容华贵气质的同时也带给人强烈的视觉冲击。镜面采用整片的设计，利用反射效果使玄关看起来更大更明亮。

○ 玻璃隔屏彰显玄关风华　利用大片磨砂玻璃隔屏，可增强光线穿透力，使空间更明亮，立体感更强，彰显玄关风华。

○ 视觉冲击注入活跃生命力　玄关的柜体通体采用亮红色，强烈冲击视觉，活跃的氛围让视觉神经兴奋，实体搭配镂空穿透的设计体现了屋主的居家风格。绿色植物以及其他装饰，让整个空间活泼而富有生命力。

○ 木地板与黑色大理石取代实体隔间　宽敞而开放的客厅与书房，利用可以弹性活动的拉门随性改变格局。客厅、书房的木地板，与界定入口玄关的黑色大理石取代实体隔间，成为泾渭分明的空间界限。

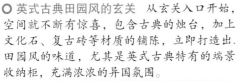

◉ **英式古典田园风的玄关** 从玄关入口开始，空间就不断有惊喜，包含古典的烛台，加上文化石、复古砖等材质的铺陈，立即打造出田园风的味道，尤其是英式古典特有的端景收纳柜，充满浓浓的异国氛围。

◉ **二进式玄关考究风水** 由于室内空间充足，采用了少有的二进式规划。凹进去的部分漆上有生机的绿色，配以小盆栽，形成自然美丽的田园风。淡黄色的灯光照在艺术画上，渲染浓厚的文化气息。

◉ **地面材质充当空间区隔** 玄关采用的大理石地面与阳台的木地板，自然的将空间区隔开来。玄关的天花设计成正方形镂空的网格，与地面的正方形图案相呼应，几丛竹子显示出屋主高贵清雅的品质。

◉ **艺术品让玄关自己表达** 入口处即见一幅艺术画像置于收纳柜上，形成特色端景，表达出屋主优雅的艺术品位。天花以镂空木条来装饰，线条感十足的同时减轻了视觉压力，起到增大空间的效果。

全面揭示风水发家密码
精心打造顺风顺水旺宅

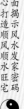

113

旺宅开运改运首看之书
居家设计布局最佳指导

114

○ 用对称营造古典风格 古典风格讲究对称感，因为对称的花纹图案不仅有平衡协调的美感，且更为优雅柔和。对称的图案从收纳柜体上开始体现，与地面一起连成清楚的空间界定。

○ 抛光石英砖营造玄关空间大气感 入口的收纳柜后面打亮灯光，与装饰品形成大气的端景，"冂"形端景桌与门框相呼应，整个空间给人亮堂富丽的感觉。

○ 口字形收纳柜营造处处有景的视觉印象 新古典风格的玄关设计，由于有足够高度，设计师便以口字形收纳柜设计满足需求，中间凹空部分打上灯光作为摆饰之用，营造处处有景的视觉效果。

○ 普普风镜面表现玄关风格 设计师在玄关处以平常普普风镜面作为主墙，成为整个空间的视觉焦点。另外摆设线条精致的玄关桌，用来摆放装饰品，成为玄关的特色风格。

○ 简易玄关引导花园视线　由于是开放式玄关，光线很充足，设计师对玄关进行简易装饰，黑色大理石墙壁，素雅图案的地板，让空间干净而典雅，玄关的简易装饰引导视线落在美丽的花园，感受自然的旖旎风光。

○ 格柜概念引导阳台视线　设计师将柜体依次设计为格柜与开放式书柜，让景象延伸，引导视线落在阳台绿意盎然的景象，带来舒适的感官享受与审美艺术。

○ 特色家具搭建居家第二个玄关　地下室原本堆满了屋主一家人的生活杂物，改造空间时以嵌灯照明搭配玄关端景，彰显好质感的实木雕刻家具身价，成为回家、迎宾的艺术端景。

○ 跳色石材使玄关富丽堂皇　玄关地面用黑白双色大理石勾勒完整范畴，天花上以四周嵌灯漂浮手法，和菱格状面板做上下呼应，运用镶嵌麒麟的暗红色仿古柜与仿古凳，以及镂花隔断彰显气派，住宅变得富丽堂皇。

第四章 客厅设计

居住的灵魂之乐

客厅是家中迎宾待客之地，是一家大小聚集、聊天、放松和休息的多功能合一之地，是增进人生八大欲求的最佳空间。客厅在家居布局中属于战略重地，良好的客厅设计将提升房屋居住者的舒适性。

客厅的位置

客厅是增进人生八大欲求的最佳房间，是公用的场所，是住宅中所有功能区域的衔接点，所以位置宜开阔，最好设在住宅的中央位置。中央是屋宅的中心位，客厅设在此代表房子的心脏，坐在客厅里，能够顾及客人和家人。相反，如果客厅位置很偏的话，则让人感觉家里的生活不规则，没有秩序。一进宅门就能见到客厅，属于吉宅。若因客厅宽敞而隔出一部分为卧房，则是最不理想的客厅。客厅应在房前，而不宜在房后。相对于房间，客厅采光一定要好，光线要充足，讲究"光厅暗房"。

另外，在方位上，客厅理想的方位为东南、南、西南与西方。东南紫气东来，明亮而有生气；南方客厅的南面要有阳台，才能采光和通风，使人充满激情，适合聚会；西南有助于创造一个安宁而舒适的气氛；西方则适于娱乐和浪漫。

客厅的大小

总的来说客厅宜够大够深，要宽而阔，深而长。一般开门见厅，气聚而入，若厅堂过浅，气入即冲出大厅的窗外，气不聚则不纳，给人不藏财的感觉。另一方面，客厅是家人休闲和客人来访的地方，要有宽敞的面积才能容纳家人的休闲和接待客人的来访，太狭窄的客厅不能满足人们的日常生活需求。因此，客厅中不宜有过多的家具和摆饰，否则会显得过于拥挤，令人产生压抑感。

另外，厅不宜小于房。房大于厅，就是卧室的面积大于客厅的面积，这种住宅格局多存在一些较旧的楼宇中，现在的住宅格局多是大厅小卧，不存在这个问题。如果不幸碰到这种情形，会给家庭生活带来很多不便，还会使人产生意志消沉、自闭等精神层面上的问题。

客厅的形状

在形状上，当然以"四隅四正"为本。所谓"四隅四正"，简单来说，

○ 形状方正的客厅具有良好的效应，给人以平稳、庄重、大方的感觉，使人心情舒畅，使居室和顺协调。

就是指四方形，其次是长方形。住宅内部尽量不要有太多尖角，现代许多高层住宅客厅呈菱形，往往会有尖角出现，而且令客厅失去和谐统一感。若有此种情况出现，宜以木柜或矮柜补添在空角之处。倘若不想摆放木柜，则可把一盆高大而浓密的常绿植物摆放在尖角位。如果客厅呈"L"形，可用家具将之隔成两个方形的区域，做成两个独立的房间。

客厅安门的讲究

客厅的门也非常讲究风水。客厅的门要开在左边，所谓左青龙右白虎，青龙在左宜动，白虎在右宜静，所以全部的门应从左开为吉，也就是说人由里向外，门把宜设在左侧，当然，如果结构不允许在左边开门的话，就在右边开也无太大妨碍，以顺手为佳。

1.必须在通道安门的两种情况

有些客厅与卧室之间存在一条通道，风水学理论认为，如果有以下这两种情况出现，便必须在通道安门：

通道尽头是厕所：有些房屋的通道尽头是厕所，有碍观瞻，而在通道安门后，坐在客厅中既不会看见他人出入厕所的尴尬情况，亦可避免厕所的秽气流入客厅。

大门直冲房间：有些住宅的户型设计不当，会出现大门与房门成一直线的情况，而有些房中的窗也在同一直线上，这是与前文分析过的"前通后通，人财两空"性质一样的泄气漏财的格局，而改善的办法是安门，令这些旺气及财气不会直接流失。

2.在通道安门的好处

保护私隐：客厅与卧室的开放与私密明显分区，有门阻隔，客人便不会干涉卧室的私人生活领域。

保持安宁：在通道安门以后，客厅中众人的谈话声和喧闹声便不会传入睡房，令房中的人受扰。

节省能源：在通道安门，当家人在客厅活动时，只要把门关上，冷气便不易进入睡房，这样便可减少不必要的能源消耗。

美化家居：大多人家的客厅布置得整齐华丽，但通道及睡房则容易凌乱，若是通道有门遮掩，则不会自暴其丑。

节省空间：现代都市寸土寸金，在通道顶上装置杂物柜，可以节省不少空间，而通道门刚好把杂物柜掩饰得天衣无缝。

在通道安门，宜下实上虚，下半是实木而上半是玻璃的门最理想，因为它既有坚固的根基，而又不失其通透。若用全木门，密不透风，令客厅减少通透感，便会流于古板。倘用全玻璃门，则令客厅太通透，而又失去私隐，因此并不理想，特别是有小孩的家庭，因玻璃门易碎，所以不宜选用。

3.不能在通道安门的两种情况

厅小不宜安门：面积小的客厅若不在通道安门，便可看到通道；因为加

上通道的深度，所以客厅看起来便会显得深远一 些。如果装门，便会有狭窄的逼仄感。

窗少的厅不宜安门：通道装门便会令客厅的空气变得呆滞，所以客厅的窗户若是不多，屋外新鲜空气已很难进入；若再在通道装门，便会令客厅的空气无法与睡房交流，这当然不理想。

4.通道安装木柱的注意事项

近年来由于欧陆风格的流行，也有些人家把欧式的立柱用到家居的装饰中，喜欢在通道入口的两旁安装一对美观的木柱，这本来无可厚非，但若有以下的两种情况出现，便要慎重行事。

厅小门窄不可用木柱：倘若客厅面积小而通道口又狭窄，再在通道口加设突出的木柱，便会令客厅显得更加细小，而通道口便会显得更拥挤。

烛形的木柱绝对不能用：有些人家喜欢选用光身的圆柱，形似蜡烛；倘若采用其他颜色尚可，但采用白色便犯了大忌。因为这便如同一双白蜡烛插在睡房进口的两端，在中国的传统习俗中，白蜡烛只用于丧事当中，因此客厅中不宜选用白蜡烛形木柱。

客厅的天花板

风水学理论认为，客厅屋顶的天花板高高在上，是"天"的象征，因而相当重要。天花的装饰与布置有以下几个注意事项。

客厅天花板顶宜有天池：现代住宅普遍层高在2.8米左右，相对于国人日益增加的身高，这个标准已经略有压力，如果客厅屋顶再采用假天花来装饰，设计稍有不当，便会显得很累，有天塌下来的强烈压迫感，居住者会感觉压力过大。在这种情况下，可采用四边低而中间高的假天花布置，天花板中间的凹位便会形成聚水的天池，视觉较为舒服。若在这聚水的天池中央悬挂一盏金碧辉煌的水晶灯，则有画龙点睛的作用，但勿在天花板上装镜。另外，吊灯也不宜用有尖锐角钩的形状。天花板造型不要过于繁杂。在设计天花板时，应考虑造型是否会造成禁忌中的形状，如棺材、八卦、横梁等。如果天花本来就复杂，一定要将天花改掉，做成简单的样子。

○ 采用假天花布置横梁，使之形成一个聚水的天池，而天池中的水晶灯更有画龙点睛的作用。

客厅天花板忌压迫感：绝对不要构成任何压迫感是客厅天花板的一个基本要求，客厅的天花要尽量给人开阔明朗的感觉。

客厅层高过低不宜吊顶：层高过低，从地面到天花板仅有2.5米，这样的层高不适合吊顶，如果吊顶必然会显得过分压抑，也会影响气的流通，令居住者产生不适的感觉，进而影响到日常生活和工作的情绪。

天花板颜色宜轻不宜重：上古天地初开只是混沌一片，其后分化为二气，气之清者上扬而为天，而气之重浊者下沉而为地，于是才有天地之分。客厅的天花板既象征"天"，颜色当然是以浅淡为主；例如浅蓝色，象征朗朗蓝天；而白色则象征白云悠悠。

昏暗的客厅宜在天花板上藏日光灯：有些缺乏阳光照射的客厅，日夜皆昏暗不明，暮气沉沉，久处其中便容易情绪低落，如有这样的情况，则

○ 气之轻者上扬为天，客厅的天花板象征"天"，颜色以浅色为主。

最好在天花板的四边木槽中暗藏日光灯来加以弥补。光线从天花板折射出来，不会太刺眼，而且日光灯所发出的光线最接近太阳光，对于缺乏天然光的客厅最为适宜。并且日光灯与水晶灯可并行不悖，白昼用日光灯来照明，晚间则点亮金碧辉煌的水晶灯。

客厅的地板

风水学理论认为，客厅地板意味着大地，大地承载万物，客厅地板对整个住宅意义重大，所以，地板的装饰布置极其重要。

1.客厅地板的讲究

客厅地板应平坦，不宜有过多的阶梯或制造高低的差别。有些客厅采用高低层次分区的设计，使地板高低有明显的变化，如此不便于打扫卫生。但厨房、厕所的地板则可略低于厅室的地面，以防阴气过重逆流到厅室。

2.地板装饰材料

在规划室内地板时，如果不嫌弃木质地板的话，应以木质为最佳，或使用流行的瓷砖、刨光石英砖等，均能使客厅的温度温暖平和。要注意的是客厅忌铺镜面瓷砖。所谓镜面瓷砖就是那种能照见人影的光面砖，这种瓷砖会在地面上照出人和物的影子，令人感到不适。而黑色大理石是客厅地板最忌用的。因为大理石的温度较低，只要室内铺设大理石，到了冬天就会感觉特别冷。即使夏天冷气吹拂，其阴湿之气都不容易发散。大理石的湿气过重，会导致每一片石片都有不同颜色，必须要用火将其水气烤干。由于大理石的温度和湿度都极难发散，

○ 客厅地板的材料要遵行"安全第一"的原则，不宜过于光滑。

人居住在这样的空间，日积月累，湿气对人身体健康产生不利影响。

另外，无论使用何种材料，客厅地板的装修一定要遵守"安全第一"的原则，因为"安全第一"对物业方、业主方都是很有利的。所以，客厅的地面不宜太滑，否则会有安全隐患。

3.地板颜色

客厅地板相对天花而言，颜色应该偏深，意为大地。大地承载万物，因此颜色以厚重为佳。如果地板颜色偏轻，可以用颜色较深的踢脚线分割，这样浅色的地板也可以用。

客厅颜色的设计要求

客厅的颜色不但影响观感，也能影响情绪。客厅的颜色搭配，虽然不一定要衬户主的五行，但必须要考虑客厅的方向，而客厅的方向，主要是以客厅窗户的面向而定。窗户若向南，便是属于向南的客厅；窗户若向北，便是属于向北的客厅。正东、正南、正西及正北在方位学上被称为"四正"，而东南、西南、西北、东北则被称为"四隅"。认准方向，便可为客厅选择合适的颜色。

1.四正位的客厅颜色的配置

东向客厅——宜以黄色来作主色。

东方五行属木，乃木气当旺之地，按照五行生克理论，木克土为财，这即是说土乃木之财，而黄色是"土"的代表色；故此客厅若是向东，在选择客厅用的油漆、墙纸、沙发时，宜选用黄颜色系列，深浅均可，只要采用这种颜色，可收旺财之效。

南向客厅——宜以白色来作主色。

南方五行属火，乃火气当旺之地，按照五行生克理论，火克金为财，故若要生旺向南客厅的财气，选用的油漆、墙纸及沙发均宜以白色为首选，因为白色是"金"的代表色。南窗虽有南风吹拂而较清凉，但因南方始终乃火旺之地，若是采用白色这类冷色来布置，则可有效消减燥热的火气。

西向客厅——宜以绿色来作主色。

西方五行属金，乃金气当旺之地，按照五行生克理论，金克木为财，这即是说木乃金之财，而绿色乃是木的代表色，故向西的客厅若是用这种颜色作布置，可收旺财之效。

并且向西的客厅下午西照的阳光甚为强烈，不但酷热，而且刺眼，所以用较清淡而又可护目养眼的绿色，十分适宜。

北向客厅——宜以红色来作为主色。

北方五行属水，乃水气当旺之地，按照五行生克理论，水克火为财，因此若要生旺向北客厅的财气，便应选用似火的红色、紫色及粉红色；无论客厅内的墙纸、沙发椅以及地毯均以这三种颜色为首选。并且从生理角度来考虑，冬天北风凛冽，向北的客厅较为寒冷，故此不宜用蓝色、灰色及白色这些冷色。若是采用似火的红紫色，则可增添温暖的感觉。

四隅位的客厅颜色配置如下：

东南向客厅主色宜用黄色。

西南向客厅主色宜用蓝色。

○ 北方五行属水，乃水气当旺之地，而水克火为财，若要生旺北向客厅的财气，应选用似火的红色。

西北向客厅主色宜用绿色。

东北向客厅主色宜用蓝色。

2.客厅用色禁忌

客厅色彩偏差太大：如果客厅的用色偏差太大，色彩过渡太大，会给人的视觉带来较大的冲击，而或浓或淡的色彩也会在无形中阻碍气流。

客厅的颜色单调：单调的色彩会令人心情沉闷，缺乏积极性。客厅是家人看电视、闲聊的主要场所，而沙发是客厅中最醒目的家具之一，一定要注意色彩的搭配。现代住宅的面积都在逐渐扩大，家具的尺寸也在随之扩大，一种颜色的家具就显得有些单调了。而新潮的家具以两种颜色的搭配来体现它的秀丽活泼，如白色的家具配以天蓝色的条块或粉色的条块等，这种巧妙的彩色搭配会给人一种赏心悦目的视觉效果。如白色沙发与米黄色墙衬托，宜加点淡蓝色，会形成花团锦簇般的格调。

客厅暗色调超过四分之三：如果客厅的暗色调超过总面积的四分之三，

○ 单调的色彩会令人心情沉闷，客厅的家具一定要注意色彩的搭配。

从传统居住风水习俗来讲，则会使居住的人反应较慢，影响日常工作和生活。

室内颜色超过四种：室内装饰色彩既不要对立（黑、白色除外），也不要纷杂。在装饰色彩中，基本色彩以不超过三种比较适宜。儿童房的色彩可以相对丰富一些，可以根据具体情况"因地制宜"。但是，前面提到的大的方向不能忽略。

朝北客厅用深色调家具：北方的采光相对其他方向相对要差一些。所以，朝向为北或面积过小的房间不宜摆放深色的家具，否则影响光线。所以，在朝北的房间或者小面积居室不要选用深色调的家具，尽量做到让空间宽敞明亮，空气流通。

客厅颜色的美学搭配

充满生机的色彩和格调通常会让客厅给人舒适温馨的感觉。因此客厅的颜色配置非常重要，以下提供几款客厅家具颜色搭配作参考：

◎ 暖色调为主的客厅色彩与格调充满生机，给人以舒适温馨的感觉。

祥和气氛： 客厅选橙色，橙色要淡，以免造成眼部疲劳，窗帘则用素色。优美的中性色彩与格调，此时的家具也可用比地板色调浓一些的玫瑰色。而能调和衬托玫瑰色的是绿色，若再配以绿色的沙发靠垫、台灯罩和盆景，则会蕴生和谐。家具为粉红色时，靠垫、窗帘可选择粉红色的印花图案搭配，使室内充满祥和的气氛。

浪漫格调： 当客厅的白色沙发与米黄色墙成为主调，这时加点淡蓝色，就会形成一种优雅的浪漫格调。一种颜色的家具显得有点呆板，而家具以两种颜色则可以体现它的秀丽活泼，如白色的家具配以天蓝色的条块或粉色的条块等。这种"两色家具"让人觉得"有骨有肉"，好似一种时装，给人赏心悦目的视觉享受。

古典风韵： 如果客厅的主色调回归到中国的传统色彩，家具适合选择桃红色、橡木及红木为素材的中式木器家具，衬托以金属手柄及银色花纹，寓意吉祥、清新隽永，每件摆设均体现出中国传统色调，展现出一种古雅的风韵。

贵族魅力： 客厅采用时尚明朗的色调，配以华丽宫廷式的家具，加上镶有金色细边木花线装饰，再挂一组璀璨的水晶灯饰，就会呈现高贵华丽的视觉效果。

客厅的照明

照明对于客厅来说相当于点睛之笔。恰到好处的照明设置不仅能给人带来舒适安泰之感，给人心灵的休憩与安慰，使人心情开朗愉悦，还能增添家宅的运气，造福主人。反之，不良的照明效果则会影响人的心情。

1.客厅常用照明用具

吊灯： 有些家庭会装上吊灯，有的吊灯甚至还附有雅致的风扇，觉得这样能突显豪华的感觉。但是装这类灯之前，应该考虑房子的高度是否足够，风水学上建议较高的房子才装这样的水晶灯，且避免装设附有风扇的灯，因为这种风扇在转动的时候会有黑影出现，容易使人没有安全感。以科学角度来看，天花板太低的房屋，若装设吊灯易产生心理上的压迫感；而且灯太低，

在跳跃或搬运东西时容易撞到。另外，转动的风扇所投射在天花板上的移动黑影，也有可能进入眼角余光，让人不自觉地分神而无法专心。

日光灯：最常见的日光灯，也需要注意安装的角度，应避免和大门成直角，且灯管不宜太长。

嵌灯：有些室内设计师为了美化客厅天花板，或是为了掩藏突出的梁柱，会将墙壁沿天花板四周做出凹陷的空间，成为藻井的状态，有的甚至会在其中嵌入投射灯，这样的设计乍看之下虽然很有艺术感，但风水学理论认为，这样的灯光会变成"灯下黑"的状况，容易使家人精神不稳定以及没有安全感之外，又会多耗电，应该尽量避免。

2.客厅照明设计要求

客厅宜光线明亮：客厅是家人活动重要的公共空间，要宽敞舒适，有足够的光线。特别是家中有年长者，更应该注意到光线充足的重要性。最好的做法就是在固定的时间里保持灯火通明，或安装"长明灯"，还可以用蜡烛来增添浪漫气氛。

○ 客厅拥有明亮和谐的光线是居家生活的需要。

客厅灯光宜和谐：灯光服务于环境就是协调人与环境的关系，故要强调用光的协调性。如白炽灯和卤钨灯，能强化红、橙、黄等暖色饰物，并使之更鲜艳，但也能淡化几乎所有的淡色和冷色，使其变暗带灰。再如日光色的荧光灯，能淡化红、橙、黄等暖色，使一般淡浅色和黄色略带黄绿色，也能使冷色带灰，但能强化其中的绿色成分。

○ 客厅灯光应强调其用光的协调性，白炽灯能淡化淡色和冷色。

3.客厅照明禁忌

客厅亮灯的数目应以单数为佳，灯盏平行排列照射时，应该注意不宜有三盏灯并列。客厅不宜采用直接照明，这样产生的光较强烈，且有一定热量散发，会令居住者不适。

客厅忌直射照明： 客厅宜设计成漫射照明，不宜采用直接照明。直射照明产生的光较强烈，且有一定热量散发，会令居住者不适。漫射照明是一种将光源装设在壁橱或天花板上，使灯光朝上，先照到天花板后，再利用其反射光的方法。这种光看起来具有温暖、欢乐、活跃的气氛，同时，亮度适中，也较柔和。

客厅照明忌"三支香"格局： 三盏灯并列的格局，俗称"三支香"格局，以免形成"三支香"的局面。客厅亮灯的数目应以单数为佳，灯盏平行排列照射时，应注意不宜有三盏灯并列。

客厅的窗户

窗户是客厅的眼睛，是采光纳气之所，其布置与装饰也极其讲究。

客厅不宜设置太多窗户，如果客厅窗户太多可悬挂百叶窗或窗帘来矫正。

○ 客厅不宜设置太多的窗户，客厅的窗户太多可悬挂窗帘来化解，这样既可保证客厅的采光，又可达到藏风纳气的效果。

客厅窗户最好是向外或向两侧推开，以不要干扰到窗户的前后区域为原则。向内开的窗户，会使居住者变得胆小、退缩。如果窗户是向内开，可在窗户下摆放盆景或音响，活化这个区域的能量。

客厅的窗户和厨房的窗户不能相对。客厅是充满阳气和人情味的地方，家人经常在此聚会，也经常有客人来访，需要拥有清新的环境。如果客厅的窗户对着厨房窗户，则很容易吸入油烟，对身体不利，也破坏客厅的洁净环境。

客厅的电视背景墙

电视背景墙在客厅布置中占有举足轻重的地位，其造型要十分注意。

在设置电视背景墙的时候要避免有尖角及凸出的设计，特别是三角形。宜采用圆形、弧形或平直无棱角的线形为主要造型，蕴涵着美满之意，使家庭和睦幸福、和和美美。

首先，四正位的客厅电视背景墙颜色的配置如下：东向客厅，背景墙宜以黄色来做主色。南向客厅背景墙宜以白色来做主色。西向客厅背景墙宜以绿色来做主色。北向客厅的电视背景墙宜以红色来做主色。

◐ 电视背景墙的色彩宜与整个空间的色调协调一致。

其次，四隅位的客厅电视背景墙颜色配置为：东南向主色宜用黄色，西南向主色宜用蓝色，西北向客厅的主色宜用绿色，东北向客厅的主色宜用蓝色。

客厅的镜子

镜子是家居设计中重要的物品，能改变和加速气能的流动，可以营造出宽敞的空间感，还可以增添明亮度。在风水学理论上，其摆设位置是非常讲究的。

①镜子并不是越多越好，要讲究位置。必须让镜子放置在能反映出赏心悦目的影像处，对增加屋内的能量才有帮助。如在镜子能够反射到的地方摆放绿色植物，在一定程度上也会缓解视觉疲劳。

②镜子应避免放在人最脆弱或最无意识之处，以免产生惊吓效果。

③避免镜子正对大门或房门。

④对角也不宜挂镜子。对角挂镜，容易让空间变得更复杂，更不完整。

客厅的沙发

沙发是一家人日常坐卧常用的家具，甚至可以说是家庭的焦点。而客厅布置的关键也是沙发的安排。所以，无论沙发的摆放方位、布置形式，还是尺寸大小都必须进行合理的设置。

1.沙发的摆放方位

沙发一般摆放在客厅，对东四宅而言，沙发应该摆放在客厅的正东、东南、正南及正北这四个吉利方位。对西四宅而言，沙发应该摆放在客厅的西南、正西、西北及东北这四个吉利方位。若再仔细划分，虽然同是东四宅，也有坐东、坐东南、坐南及坐北之分；而同是西四宅，也有坐西南、坐西、坐西北以及坐东北之分。因此，根据《易经》的后天八卦卦象推断，房屋的坐方不同摆放沙发的位置便会有所不同。

◎ 客厅沙发的摆放位置宜根据住宅的坐向来选择。

坐正东的震宅：首选正南，次选正北。

坐东南的巽宅：首选正北，次选正南。

坐正南的离宅：首选正东，次选正北。

坐正北的坎宅：首选正南，次选正东。

坐西南的坤宅：首选东北，次选正西。

坐正西的兑宅：首选西北，次选西南。

坐西北的乾宅：首选正西，次选东北。

坐东北的艮宅：首选西南，次选西北。

2.沙发的摆放方式

　　家中的沙发以强调舒适自在为原则，与办公室摆设方法及目的不尽相同，客厅沙发的摆放一般要做到：谈话时不仅可以注视对方，谈到较没兴趣或不想提到的话题时，也可轻易移开视线，而不会显得不礼貌甚至突兀。以下是沙发几种常见的摆设方式：

　　"一"字式：这种摆放方式较适用空间狭窄的客厅，唯两端的距离不宜过长，以免谈话时较为吃力。

　　"L"式："L"式适合在小面积的客厅内摆设。视听柜的布置一般在沙发对角处或陈设于沙发的正对面。"L"式布置可以充分利用室内空间，但连体沙发的转角处则不宜坐人，因这个位置会使坐着的人产生不舒服的感觉，也缺乏亲切感。

　　"U"式："U"式布置是客厅中较为理想的座位摆设。它既能体现出主座位，又能营造出更为亲密而温馨的交流气氛，使人在洽谈时有轻松自在的感受。就我国目前的居住水平而言，一般家庭还不可能有较大面积的客厅。因此，选用占地少而功能多的组合沙发最为合适，必要时还可当卧床使用。

　　双排式：双排式的摆设容易产生自然而亲切的聊天气氛，但对于在客厅中设立视听柜的空间来说，又不太合适。因为视听柜及视屏位置一般都在侧面，看电视时不方便，所以目前流行的做法是沙发与电视柜相对，而不是沙发与沙发相对。

　　距离过长式：这种摆放方式适用于较宽敞的客厅，由于两端的距离过长，在中间部分放置一些椅子可有效拉近彼此之间的距离。

3.沙发的尺寸

住宅的单座位沙发一般为760毫米×760毫米，最多810毫米×810毫米已经足够。三座位沙发长度一般为1750～1980毫米。很多人喜欢进口沙发，要注意这种沙发的尺寸一般是900毫米×900毫米，把它们放在小型单位的客厅中，往往会令客厅看起来狭小。

不少人喜欢转角沙发，转角位应是角儿，尺寸同样是760毫米×760毫米。如果转角位做成沙发，坐的人会占去隔邻的位置，同时坐得不舒服，因为他的双脚放在一个直角位置。要转角位坐得舒服，转角沙发的尺寸应为1020毫米×1020毫米。座位的最高位宜为400毫米，然后以6°的倾斜度向下倾斜，座位深530毫米左右（根据人体学原理，不能太深，太深即坐不到底）。沙发的扶手一般高560～600毫米。所以，如果沙发无扶手，而用角儿、边儿的话，角儿、边儿的高度也应为60毫米高，以方便枕手、打电话、写字、放台灯等。

◎ 客厅摆放沙发要注意沙发的尺寸，不要把大的沙发摆放在狭小的客厅。

4.沙发的面料

沙发面料宜回避使用硬、冷的材质，而宜采用一些棉、麻的料子。靠垫还可以使用亚麻绸缎，这样，不仅可以感受触摸后的温存，同时也捕捉一分绸缎闪烁的感觉。

5.客厅沙发摆放的宜忌

沙发背后宜有靠：所谓有靠，亦即靠山，是指沙发背后有实墙可靠。如果沙发背后是窗、门或通道，亦等于背后无靠山。从心理学方面来说，沙发背后空荡荡，缺少安全感。倘若沙发背后确实没有实墙可靠，较为有效的改善方法是，把矮柜或屏风摆放在沙发背后。

○ 沙发以方形或圆形为佳，新奇独特的沙发或椅子不宜采用。

沙发宜呈方形或圆形：风水学理论认为，沙发是凝聚人气的家具之一，尽量以方正或带圆角为好。弧形的沙发弯曲凹入的那面要朝向人，不可以逆对人。

沙发不宜两两相对：一些建筑面积较大的住宅，比如别墅或复合式住宅，客厅的空间一般都比较大，主人喜欢在客厅中放置一定数量的沙发。其实，客厅中的沙发不宜过多，以二三件为宜，数量过多，势必导致沙发在放置位置上两两相对的情形，从心理学和"家相学"的角度来看，容易产生居住者难以沟通，意见有分歧，甚至导致口舌纠纷的情况。

沙发背后忌摆鱼缸：风水学理论认为，以水作为背后的靠山是不妥当的，因为水性无常。因此把鱼缸摆在沙发背后，一家大小日常坐在那里，会有一种不安定的感觉。

沙发不宜正对尖角：不要把沙发正对着锐利的边角或方形的角落放置，因为那里的能量会让人感觉不舒服。

沙发背后不宜有镜：沙发背后不宜有大镜。人坐在沙发上，旁人从镜子中可清楚看到坐者的后脑，会让人感觉不自在。

沙发的套数忌一套半：客厅沙发的套数是有讲究的，从风水学理论认为，最忌一套半，或是方圆两种沙发拼在一起用。

沙发忌与大门对冲：沙发若是与大门成一条直线，风水学上称之为"对冲"，弊处颇大。遇到这种情况，最好把沙发移开，倘若无处可移，那便只好在两者之间摆放屏风，这样一来，从大门流进屋内的气便不会直冲沙发。而沙发向房门则不会有什么大碍。

沙发忌横梁压顶：沙发上有横梁压顶，会使人产生压抑感，所以要尽量避免。如果确实无法避免，则可在沙发两旁的茶几上摆放开运竹。

沙发顶忌灯直射：有时沙发范围的光线较弱，不少人会在沙发顶上安放灯饰。例如，藏在天花板上的筒灯，或显露在外的射灯等。因太接近沙发，灯光往往从头顶直射下来。从环境设计来看，沙发头顶有光直射，往往会令情绪紧张，头昏目眩，坐卧不宁。如果将灯改装射向墙壁，则可缓解。

客厅的茶几

在客厅中的沙发旁边或面前，必定会有茶几来互相呼应。茶几是用来摆放水杯及茶壶的家具，客来敬茶敬酒，倘若没有茶几来摆放，极不方便，所以在客厅摆放茶几，实在是不可或缺的。

1.茶几的摆放

茶几虽是空间的小配角，但它在居家的空间中，往往能够塑造出多姿多彩、生动活泼的表情，更能增添生活的情趣。

茶几大多摆放在客厅，与沙发相配。但茶几不一定要摆放在沙发前面的正中央处，也可以放在沙发旁，落地窗前，再搭配茶具、灯具、盆栽等装饰，可展现另类的居家风情。

○ 茶几搭配茶具、灯具、盆栽等装饰，可展现另类的居家风情。

解读非常住宅

旺宅开运改运首看之书
居家设计布局最佳指导

136

○ 茶几的形状以长方形及椭圆形为最理想，茶几的材料以石材、玻璃、金属为佳。

　　另外，为了装饰需要，可在玻璃茶几下铺上与空间及沙发相配的小块地毯，摆上精巧小盆栽，让桌面成为一个美丽的图案。

2.茶几的材质

　　玻璃材质的茶几具有明澈、清新的透明质感，经过光影的空透，富于立体效果，能够让空间变大，更有朝气；雕花玻璃和铁艺结合的茶几则适合古典风格的空间；而雕花或拼花的木茶几，则流露出华丽美感，较适合应用于古典空间。

3.茶几的尺寸

　　茶几的尺寸一般是1070毫米×600毫米，高度是400毫米，即与沙发座位一样高。这样，看起来空间也显得较宽敞。中大型的茶几，有时会用1200毫米×1200毫米的，这时，其高度会降低至250～300毫米。茶几与沙发的距离最好为350毫米左右。茶几的高度一般与沙发坐面齐平，如果人坐在沙发中，茶几的高度以不过膝为宜。

茶几不宜过大，如果茶几面积过大，则有喧宾夺主之嫌。

4.茶几的形状

茶几的形状以长方形及椭圆形最理想，圆形亦可。方与圆是从古至今的吉祥形状，三角形及带尖角的菱形茶几不可选用，因为这样的茶几很容易碰伤人，日常生活很不方便。

5.开运茶几

常见的开运茶几是用石材或玻璃制成，是稳重和权势的象征。而用金属制成的茶几不易潮湿，如果镀上金黄色则更好。

客厅的组合柜

组合柜也是客厅的重要家具之一，一般的客厅布置主要是以沙发来休息，以组合柜来摆放电视音响及各种饰物。

1.组合柜搭配

风水学上以高者为山，低者是水。客厅中有高有低，有山有水才是好的布局。以客厅而论，低的沙发是水，而高的组合柜是山，这是理想的搭配。但倘若采用低组合柜，则沙发与组合柜均矮，这便形成有水无山的格局，必须设法改善。因此，组合柜在摆设时，应注意组合柜有高有矮，有长有短，难以一概而论。一般来说，大厅宜用较高、较长的柜，而小厅宜用较矮、较短的柜，务求大小适中。

倘若在小厅中必须采用齐顶的高身柜，灵活变通的方法是可以改用中空的高身柜。这种柜的特点是下重上轻而中空。所谓"下重"是指组合柜的下半部较大；而"上"轻是指柜的

○ 高者为山，低者是水。客厅中有高有低，有山有水才是好的布局。

上半部较小；"中空"则是指柜的中部留空。柜的下半部可储放书籍杂物，宜有木门遮掩；上半部的空格则可摆放古玩及各式各样的收藏品；至于中空的部分，则可摆放电视机以及音响器材。高组合柜除了可摆放电视及音响器材之外，还可在上层摆放各式各样的饰物，既整齐美观又实用。而低的组合柜，大多会在墙上挂些字画来装饰。这些饰物及字画，在选择时必须谨慎，宜以寓意吉祥为首选。电视柜不宜过长，否则很浪费空间。有些家庭把电视柜做得很长，把家庭影院的两个主音箱放在上面，这种方法是不可取的。主音箱的振动对电视机的电路有损伤，所以，主音箱应直接放在地上。

短组合柜两边宜用植物填补。如果客厅面积大，而摆放的柜子很短，形成组合柜两边太多空位而过于空疏。遇到这种情况，可用两盆高壮的阔叶植物，如橡皮树、发财树、棕竹等来填补空间。

2.组合柜饰物摆设方式

一般来说，组合柜所放置的东西，除家用电器，亦包括各种金器、银器、水晶工艺品、陶瓷工艺品、生活照片等，应根据每种摆设的五行进行摆放。

客厅电视机的摆放位置

一家人围坐在客厅的沙发闲聊、看电视是一件非常惬意的事情。电视机的位置安排合理让人感觉舒服美观。

风水学理论认为，电视机最好摆放在西方，在看电视的时候，坐东向西，或坐东南向西北。一般，电视一定要放在全家人容易观看的位置，这样会增加彼此间的沟通，有助于家庭和睦。

从科学的角度来说，电视机与沙发对面放置时，距离一般在2米左右，切忌距离太近。否则，电视机屏幕在

○ 电视机的位置安排合理让人感觉舒服美观。

工作时发出的X射线，对人体会有影响。电视机不宜与大功率音箱和电风扇放在一起，否则，音箱和风扇将震动传给电视机，容易将机内显像管灯丝震断。而电视机旁不宜摆放花卉、盆景。这是因为电视机旁摆放花卉、盆景一方面潮气对电视机有影响；另一方面，电视机的X射线的辐射，会破坏植物生长的细胞正常分裂，以致花木日渐枯萎、死亡。

客厅的空调

空调是现代家居必不可少的电器，客厅空调的安装位置也是非常讲究的。

在安装空调时千万要注意，客厅空调出风口不宜直吹客厅中的主椅，空调的出风口如直吹客厅中的主椅（即三人坐的沙发），会让坐在这的人脸被吹得很不舒服。

另外，空调出风口不能直接面对大门，会使家中不温暖。

客厅的音箱

音箱一般放在客厅，客厅如果是长方形，音箱发挥的效果最佳。要是客厅较小，并刚好是正方形的话，最好不要摆放音箱，否则会使音箱的清晰度降低，也会影响音箱的低频特性。较大、较高的长方形房间是较理想的音箱放置室。在一般的居家中，理想的音箱摆放方式是：音箱之间的距离在2米左右，中间没有任何东西，每个音箱和侧墙、背墙的距离在0.5米以上（而且通常距离越远越好），聆听者所坐位置和两个音箱成等边三角形，音箱正面微微朝内，对着聆听者。

如果房屋的空间条件不允许，只能把音箱一边靠墙放，一边离墙很远，那么就可以采用这种权宜之策——把书柜、酒柜等家具放在离墙较远的一边，让那边的音波有"靠山"可以折射。音箱靠墙放时应特别注意，因为墙角会形成"驻波"，也就是部分音波（尤其是低频）不断折射、干扰音乐，音乐听起来就不清晰。如果在墙角堆放一些过期杂志，就能产生吸收驻波的效果。

如果家中是水泥墙和以水泥或瓷砖、水磨石铺就的地板，更要留心音箱的摆放。因为它们容易造成音波过度反射或折射，使高音听起来太亮，低音轰隆轰隆吵成一团。这时，就要考虑用吸音材料。窗帘是不错的吸音材料，地毯也可以吸音。

客厅的饮水机

饮水机是当代家庭重要的常用物品，将饮水机摆放在客厅中，可以为家人提供必需的饮用水。其物虽小，但是用处可大，其摆放的位置方式亦要考究。

饮水机宜摆放在客厅通风处，距离地面须有15厘米左右；切忌将饮水机放在靠近贵重家具及其他家用电器的地方，以免溅水损坏物品；饮水机应该摆放在客厅没有暖气、热源和阳

○ 客厅饮水机的摆放位置也十分考究，宜放在通风处。

光照射的位置，特别是夏季，否则过热的环境温度会给一些微生物创造良好的生存环境，借助饮水机内的水进行繁殖，使桶内的水变质。饮水机放置必须平稳，否则机器会产生较大的噪音。

客厅的地毯

由于地毯经常覆盖大片面积，在整体效果上占有主导地位，因此地毯的摆放方位、图案以及花色的选择也要特别讲究。

沙发前宜放地毯：很多人喜欢在沙发范围内摆放一块华丽缤纷的大地毯，既可增添美感，亦可突出沙发在客厅中的主导地位。从风水学角度来说，沙发前的一块地毯，其重要性便有如屋前的一块青草地，亦如宅前用以纳气的明堂，不可或缺。

地毯图案寓意宜吉祥：地毯上的图案千变万化，题材包罗万象，有些是以动物为主，有些是以人物为主，有些是以风景为主，有些则纯粹以图案构

◎ 构图和谐、色彩鲜艳明快的地毯，令人喜气洋洋、赏心悦目，客厅选用地毯时可以此为依据。

成。花多眼乱，到底如何作出抉择呢？其实万变不离其宗，只要记着务必选取寓意吉祥的图案便可以。那些构图和谐、色彩鲜艳明快的地毯，令人喜气洋洋、赏心悦目，使用这类地毯便是佳选。

地毯颜色宜缤纷忌单调：因为不同的人有不同的审美意识，所以有些人喜欢色彩缤纷的地毯，但也有些人却喜欢较素雅的地毯。但若从风水学角度来看，还是选用色彩缤纷的地毯为宜。因为色彩太单调的地毯，非但会令客厅黯然失色，而且亦难以发挥生旺的效应。因此，客厅沙发前的地毯宜以红色或金黄色作为主色。

客厅的靠垫

靠垫是实用性很强的布艺装饰品，可以用来调节人体的坐卧姿势，使人体与家具的接触更为贴切舒适。其样子、图案、色彩等对室内艺术效果起到了调节与强化作用。靠垫造型多样，有方形、圆形、心形、三角形、月牙形以及各种动物和卡通造型；其面料可选择丝绸、灯芯绒、锦缎、棉、涤棉；芯常用棉花、海绵、涤纶、中空棉、丝绵等填充；工艺上有提花、印花、喷绘、刺绣和蜡染等品种。靠垫既可放在沙发上当腰垫，又可放在床上当枕头，还可放在地上当坐垫。深色图案的靠垫雍容华贵，适合装饰豪华的家居；色彩鲜艳的靠垫，色泽欢快艳丽，适合现代风格的家居。暖色调的靠垫，适合老年人使用；冷色调图案靠垫多为年轻人采用；卡通图案的靠垫则深受儿童的喜爱。

客厅的窗帘

客厅作为家居装饰的重心，选择窗帘也应更重视。为客厅选择窗帘，不能像卧室那样随自己喜欢而定，在功能之外要更多地考虑与周围家居的搭配和装饰效果。

○ 面积较大的房间，可用落地长帘营造恬静温暖的氛围。

1.窗帘的风格选择

窗帘的选择与窗外的环境有很大的关系。如窗户正对医院或尖锐的屋角、不洁之物等，而且相距甚近，那便应在窗户安装木制百叶帘，并且尽量以少打开为宜。窗帘的正确应用会有助于住宅内气息的新陈代谢。面积较大的房间宜使用布窗帘，落地的长帘可营造一种恬静而温暖的氛围。

2.窗帘的材质选择

窗帘的制作材料有棉布、印花布、无纹布、色织提花布、丝绸、锦缎、冰丝、乔其纱、尼龙、涤棉装饰布、质地较厚的丝绒、平绒、灯芯绒等。从布料的装饰效果看，客厅可选择图案较大又具优雅特色的布料。

3.窗帘的花色选择

选择花布窗帘一定要先对房间做一个整体的规划，窗帘的花色要与房间的装修风格相协调。如果房间属于欧式风格，要选择颜色淡雅、肌理丰富的花布，图案可以选择抽象的古典花纹。现代风格的则可以选择清丽的窗帘，色彩图案可以根据季节变化而变化，比如夏天可以选择淡绿色、淡蓝色的兰花、芙蓉花以及清新线条的窗帘，会给人凉爽的感觉；在天气寒冷的冬天则可以选择暖色调的窗帘，比如有粉色和红色的玫瑰或蔷薇图案的窗帘。

4.北边窗忌选用深色窗帘

北边窗户不宜选用深色的窗帘，因北方阴气比较重，过于潮湿，如果还选择深色窗帘会使人心情烦躁、情绪低落。

同样的道理，深红色如太阳，西方窗户如果用深红色窗帘，有落日余晖的景象，会给人衰落的感觉。

客厅的艺术品装饰

随着人们生活水平的不断提高，以及审美情趣的不断提升，人们在进行家居装饰时，往往会选择一些艺术品作为装饰物品，以此来体现个人的文化修养和艺术品位。选择居家艺术品装饰一定要考虑周全，以兼具审美价值与

○ 客厅以适当的艺术品装饰可体现主人的文化修养和艺术品位。

陶冶情操为最佳。

1.适宜装饰客厅的艺术品

玻璃艺术品：见识过玻璃艺术品的人都会被它的晶莹剔透和其光与影的流动所产生的神秘莫测的效果深深吸引。把它运用在家庭装饰上，带给你意外的惊喜。目前市场上的玻璃饰品主要有彩绘玻璃、艺术喷砂玻璃、花岗岩玻璃等。纯粹的玻璃饰品基本上没有实用功能可言，经过加热而造型的玻璃形状多变而优美。

佛像：客厅中摆放佛像主要是避邪。有些人家里也摆放福禄寿三星，以增添吉祥之气。但必须保持清洁，切不可任其尘封，否则会给人以败落的感觉。

花瓶：花瓶的"瓶"字与"平安"的"平"字音相同，所以，在家中摆放花瓶是希望家人平安、健康。

风铃：众所周知，朗诵或歌唱均可在人体内达到激活气能的效果。家居生活中使用风铃，悦耳的声音能够震动空气，从而活化和刺激气能。当然，选择风铃必须注意方位与材质的配合，风水学理论认为，在家里的东部和南部宜使用木制的风铃，而北部宜悬挂金属风铃，西部宜悬挂陶瓷风铃，从而调节家中五行的能量。

马：马具有"捷足先登"、"马到成功"之寓意。风水学理论认为，马应该摆放在南方以及西北方。摆放在南方是因为马在十二地支中属午，而"午宫"是在南方，因此摆放马匹最为适宜。此外，西北方亦适宜摆放马的塑像，原因是中国的马匹大多产自西北的新疆和蒙古，而那里的草原正是骏马驰骋纵横之地。因此，马匹的塑

○ 马

像宜摆放在西北方。马的塑像也适宜摆放在南方及西北方。一般来说，摆放马匹的数目，以二、三、六、八、九匹较为适宜，而其中尤以六匹最为吉利。因为"六"与"禄"同音，而六匹马一起奔驰，有"禄马交驰"的好兆头。

2.不适宜摆放在客厅的艺术品

古董：风水学理论认为，古董是表现世事无常的最好证明，很多古董是从古墓里挖掘出来的。如果家里已经收藏了古董，最好用新毛笔将红朱砂点在不影响其美观的地方，并将古董用红绒布或红纸垫底。

大型动物标本：客厅最忌悬挂大型动物标本，越凶猛的动物越忌，小型昆虫标本则没有什么影响。悬挂装饰画时，一般以离地面1.5~2米为宜，也可以按黄金分割法调整，即画中心离地面为地面至房顶距离的0.618。

不吉饰物：在选择一些动物饰物时要选栩栩如生的，像孔雀不开屏、马儿垂头丧气就不宜。名人字画一定要选择一些有生气、欢乐的，而且适合自己身份的才可以悬挂，悲伤的字句或肃杀的图画就不宜悬挂了。牛角适合竞争性强的行业，兽头、龟壳、巨型折扇、刀剑等装饰品，并非每个家庭都适合，要加以注意。

总之，艺术品在客厅的布置最好要有重点、主题突出，能够体现主人的文化品位，不要为了炫耀而把客厅装饰得琳琅满目，这样反而会给人一种很庸俗的感觉。

客厅的挂画装饰

现代人讲求享受，布置家居更是一丝不苟。在选择一些吉利的物品（如佛像、陶瓷、花瓶、石龟、金鸡等）做装饰外，还喜欢选择一些挂画来做装饰品，以体现自己的修养和品位，也有人是发自内心地喜欢。客厅的吉利字画，对提振家居气色，营造富贵气息，有极为重要的作用。将吉利字画悬挂于客厅，以求锦上添花，旺上加旺，是良好家居的布局方法之一。

家居的吉利字画，是指寓意吉祥与美好祝愿的书法及象征荣华富贵的牡丹花画、象征年年有余的莲花锦鲤图、象征健康长寿的松鹤延年图、象征福分永存的流云百蝠图等。家中挂画，应以光明正大的内容为宜，避免孤儿之物。如有山水画挂在厅堂上，要观其水势向屋内流，不可向外流；船画要使船头向屋内，忌向屋外。适逢马年，许多人家喜挂奔马图，也要注意马头须向内。

○ 莲花锦鲤

1.客厅中的吉祥挂画

九鱼图："九"取其"长长久久"之意；"鱼"则寓意"万事如意"、"年年有余"。九条可爱的鱼在嬉戏玩耍，寓意"吉祥如意"。

三羊图：可曾听说过"三羊开泰"？"阳"取其音，变成了牛羊的"羊"，而"泰"则是《易经》中的一个招福卦象。三羊图即招来吉利的意思。

虎挂画：一般而言，老虎为凶猛残忍的动物，易伤人，因此在选择老虎图时应慎重。若要悬挂老虎图，应切记虎头绝不可向屋内，应向屋外或向大门外。

龙挂图：龙是吉祥物，这毋庸置疑。在道教里，龙代表人之本性。另外，龙又是帝王的象征，富贵之极。龙又分为青龙、金龙、红龙等，在悬挂龙的图画时应注意，龙头向内，不可向外，向内象征朝拜，向外象征外奔。

老鹰图：老鹰图头部应向门外，不宜挂在卧室内，不可挂在书房书桌上方，最好悬挂在客厅之白虎方。

葵花图：一梯四户或四户以上的户型结构中，极易形成暗墙。正因其在暗处，有些缺乏阳光照射的客厅，日夜皆昏暗不明，久处其中便容易情绪低落。在家中的暗墙上悬挂葵花图，则取其"向阳花木易为春"之意，可弥补采光上的缺陷。

凤凰图：凤凰，雄曰凤，雌曰凰，凤凰同飞，是夫妻和谐的象征。凤凰作为一种祥瑞之鸟，它的寓意是比较丰富的。

◎ 白鸟朝凤

柔美的风景画：日出、湖光山色、牡丹花等挂在大厅之中，当疲倦的你回到家时，它们可给你轻松、舒适的感觉。描绘了仙、佛等的图画亦可用，但切记要求神像的容颜亲切，表情祥和方为上选。

除了吉祥挂画以外，还可考虑"百鸟朝凤"、"青蛙戏水"、"猴王献瑞"等。客厅应以悬挂好意象的图画为宜。

2.客厅不宜的挂画

意境萧条的图画：所谓意境萧条的图画，大致包括惊涛骇浪、落叶萧瑟、夕阳残照、孤身上路、隆冬荒野、恶兽相搏、枯藤老树等几类题材。中国人最讲究意念，倘若把以上几类题材的图画挂在客厅，触目所及皆是不良景象、暮气沉沉、孤高怪僻。以此为客厅中心，艺术效果可能不错，但整屋显得无精打采，暮气沉沉，因此客厅还是应以悬挂好寓意的图画为宜。

红色太多的图画：红色的图画会令人容易受伤或者脾气暴躁，客厅忌挂。

3.挂画的悬挂方式

挂画的悬挂方式很讲究，恰到好处的字画悬挂方式可以弥补房间的不足。

横向悬挂：几幅比例均衡的字画挂在一起，可使房间显得视野开阔。

垂直悬挂：几幅小型图画垂直悬挂，会使室内墙面显得高些。

对称悬挂：与室内家具陈设对称悬挂，如在茶几旁边两张沙发的后上方各挂一幅字画，可增添气派。

高度合适：根据居室的高度而定，书画的中心一般离地面160厘米为宜，横幅字画可略高，但最高不宜超过室内家具的最高处。

客厅鱼缸的选择和布置

1.鱼缸的大小

太大的鱼缸会储存太多的水，水太多便会有决堤泛滥之险。从风水学的角度来说，水固然重要，但太多太深则不宜。而如果鱼缸高于成人站立的高度，眼睛看鱼缸就会累，因此，客厅中的鱼缸不宜过大过高，尤其是对面积较小的客厅更为不宜。当然，鱼缸的大小还是要结合方位和面积的大小来确定，如果客厅较大，而鱼缸过小也不合适。

2.鱼缸的形状

据五行分析，最吉利的鱼缸形状有长方形、圆形和六角形，大家在选择鱼缸时，要多加注意。

3.鱼缸的位置

风水学理论认为，如果住房是东四宅，鱼缸应该摆放在客厅的西南、西北、

○ 长方形的鱼缸是很好的选择。

东北及西方；而如果是西四宅，鱼缸则应该摆放在客厅的东、东南、南及北方。

鱼种类的选择

风水学理论认为，如果养的生物死去的话，会给人心理上留下阴影，给人带来一些负面的精神影响。咸水鱼要用近似海水的环境来饲养，虽然其颜色会比淡水鱼更鲜艳，但如果照料得不好就会死亡。同时，热带鱼也比较难以饲养。所以在选择养鱼种类时，也要考虑到鱼的生命力和日后的照顾。鲨

鱼、斗鱼等则不宜室内饲养。

以下是一些常见的适合室内饲养的鱼：

金鱼：金鱼是宋朝时由鲤鱼改良而来的观赏鱼，当时被誉为中国的国宝鱼。今天金鱼的种类极其繁多，最为常见的主要有水泡眼、红牡丹、黑珍珠等。金鱼有招财进宝、福禄双全的象征意味。饲养金鱼最忌用手捞鱼，这样容易患鱼鳞方面的疾病，要特别注意。

◯ 选择金鱼种类的时候应考虑鱼的生命力及日后的照顾。

锦鲤鱼：锦鲤鱼在中国民间被家庭饲养的历史比金鱼长久，是有灵性的鱼类。但碍于家庭空间的限制，饲养锦鲤鱼的人不是很多，主要以企业界人士为主。

红龙：红龙鱼原产于印尼，风水学理论认为其具有消灾解厄、趋吉避凶的好处。

银带：银带鱼的全身披着银色，被视为财富的象征，它的泳姿与红龙具有同样的霸气，深受企业界人士的喜爱。

鲶鱼：鲶鱼外观有豹皮鸭嘴、红尾鸭嘴、铁甲武士等形状。这类鱼的攻击性强，吞噬其他的小鱼往往一口解决，打击对手时毫不留情，象征强攻市场的好兆头。

七彩神仙鱼：七彩神仙鱼色彩斑斓，鱼性温和，能旺正财。

养鱼的水

房子就像人一样，少不了水，因为水可以轻而易举地将气场调顺，让人保持健康的身体。所以不妨放个水族箱在家里，养几只可爱的鱼，赏心悦目的同时，又可以让你事事顺心。但是水族箱不要放太高，而且养鱼的水应该是流动的。

客厅的植物花卉装饰

今天，在家居内摆设植物已成为一种时尚风气。客厅是家庭中最常放置室内植物的空间。在休息之时看到绿意盎然、生机勃勃的植物花卉，顿时会觉得生命的张力油然而生，心情也会随之美好起来，生活和工作的种种压力也消失于无形之中。

实际上，植物、花卉不只有观赏的价值，它们还象征着生命和心灵的成长与健康。从科学的角度来分析，植物能够降低人们的压力，能提供自然的屏障，让人们免受空气与噪音的污染。在特殊的情况下，植物会产生特殊的能量来与当时的环境状况相配合或相抗衡。

风水学理论认为，植物是可以提升能量的。例如，它们能刺激停滞在角落静止不动的气，使气流活络起来；可以软化因锐、尖、有角度的物品而产生的阳气。此外，将植物放置在缺乏足够能量的地区可使该方位活跃起来，空间也会显得更为宽敞。因此植物花卉在客厅的布置十分考究。

1.客厅植物种类的选择

客厅可选用的植物花卉品种有富贵竹、蓬莱松、罗汉松、七叶莲、棕竹、发财树、君子兰、球兰、兰花、仙客来、柑橘巢蕨、龙血树等，喻吉祥如意、聚财发福。谨慎选择植物类型就可使室内改观，如利用吊兰与蔓垂性植物，可以使过高的房间显得低些；较低矮的房间则可利用形态整齐、笔直的植物，使室内看起来高些；叶小、枝条呈拱形伸展的植物，可使窄小的房间显得比实际面积更宽。

2.客厅植物的搭配及摆放

最有视觉效果、最昂贵的植物都应该放置于客厅，客厅植物主要用来装饰家具，以高低错落的自然状态来协调家具单调的直线状态。而配置植物，首先应着眼于装饰美，数量不宜多，太多不仅杂乱，而且生长不好。植物的选择须注意中、小搭配。

植物应靠角放置，不妨碍人们的走动。除此之外还要讲究植物自身的排列组合，如前低后高，前叶小、色明，后叶大、浓、绿等，这样一来，展示在我们眼前的是一道兼具层次美、节奏美、和谐美的迷人风景。植物比例的平衡极为重要，而对比的应用也不容忽视，客厅富丽堂皇的装潢可以用叶形大而简单的植物增强，而形态复杂、色彩多变的观叶植物可以使单调的房间变得丰富，给客厅赋予宽阔、舒畅的感觉。

3.客厅植物的高度

一般来说，最佳的视线水平是在离地面2.1～2.3米的位置，摆放在此水平高度的植物花卉最容易被看到，人

○ 植物是客厅的一道亮丽风景线，比例宜平衡协调。

们观看时，眼睛也处于最自然、最舒适的状态。要注意的是室内的植物不可顶到天花板，这样会使人有头部涨痛的感觉。

不适合在客厅摆放的植物

1.枯萎、凋谢之花

居家中养的鲜花能给家里营造美好、温馨的氛围，如果插花枯萎或凋谢，就要及时清理。把盛水的花瓶插上花也可，但是要保持花的新鲜度，枯萎即换。植物最好选用圆形的阔叶常绿植物，诸如海芋、富贵竹、黄金葛等，增添福气。当然植物都需要细心养护，要经常擦拭叶面保持干净。

2.假花

家里多半会有花瓶，建议放入真花，而且常常换水保持新鲜。以科学

○ 客厅最好摆放真花装饰，且宜常换水保持新鲜。

上的观点来看，常换水比较不容易滋生细菌，而香味也能带给人们愉悦。但若是为了不枯萎或懒得照顾，而干脆放假花的话，以科学上的观点来看，假花长期摆放容易因塑胶或铁线产生氧化，释放出有毒物质使人的健康受到影响，故不建议使用。

3.针叶形的植物

像松树或是扁柏，因为叶子太过尖细，容易伤人。但是若想取其"长青"之意，则建议种在阳台或阳光照得到的地方，这类植物不宜放在客厅。

4.杜鹃、芭蕉、桑树与柳树等植物

杜鹃不宜种在家里，因为民俗上认为"杜鹃泣血"，会带给人不好的感觉，但如果非常喜爱，建议放在阳台可以晒得到太阳的地方。

而芭蕉之类的植物以供休息，但风水学理论认为它容易"招阴"，所以不适合种在家里。桑树与柳树在民俗上也容易"招阴"。

5.发财树

发财树姿态优美，叶冠雄伟，叶色翠绿，将其摆放在客厅，既典雅大方，又招人喜爱。除此，它还有吉祥如意、招财进宝的美好寓意。

客厅的装修污染

许多人家里装修后，会出现一些非常特别的症状，如眼、鼻、咽喉干燥，全身无力，疲劳不适，记忆力减退等，这些症状大都与房屋装修有关。客厅是家庭居住环境中最大的生活空间，也是家庭成员的活动中心，所以在装修时一定不能为了省钱而选用粗糙、劣质的材料。这样虽然可以节省一点点费用，但是会给日常生活带来诸多不舒适，也会影响居家心情。另外，房间的装饰设计不要为片面追求色彩而大量使用颜色漆，以防止造成室内铅污染。铅中毒主要损害造血、神经系统和肾脏等，血液中的红细胞和血红蛋白减少引起的贫血是急、慢性铅中毒的早期表现。

因此，在客厅装饰后，一定要做好环保和卫生工作，避免出现以下

情况：

1.室内甲醛污染

甲醛对人体的影响主要表现为嗅觉异常、刺激、过敏，肺功能、肝功能、免疫功能异常等，个体差异很大。甲醛对皮肤和黏膜有强烈的刺激作用，可使细胞中的蛋白质凝固变性，抑制细胞功能。甲醛在体内生成的甲醇，对人的视力也有害。

2.室内有氨

现在许多建筑材料中加入了一定的氨水，以提高其抗冰冻能力。如果氨水的加入过多，就会有大量的氨气释放到室内，使空气中的氨含量增多。另外，装修涂料中也含有氨。氨对呼吸道有刺激和腐蚀作用，中度中毒会令人出现呼吸困难的症状。

客厅不利布局的改善之道

1.客厅隐于屋后

○ 客厅正确的规划应该是一入大门即可到达。若需先经卧室或厨房才能进到客厅，不宜。改进之法：应重新规划，使客厅位于入门显要之处。

2.客厅镜子正对大门

○ 镜子不宜正对大门。镜子亦不可太大。改进之法：将镜子移位。若镜子固定嵌在壁上，无法立刻取走，则可贴上海报或壁纸遮掩。

3.客厅沙发背对大门

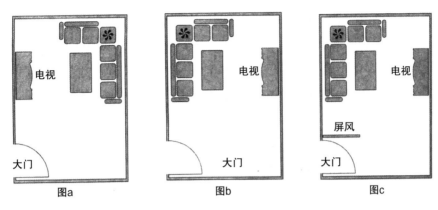

图a 图b 图c

○ 客厅内的主要家具有二，一为沙发家具，二为电视及音响。其摆放以沙发向门为准。如图a；不可背门，如图b。改进之法：移动沙发、电视至正确位置。若背门时，加屏风或设玄关阻隔，如图c。

客厅尖角的化解

由于建筑设计方面的原因，许多现代住宅的客厅存在着尖角，不但观感不佳，而且对居者构成压力。即使从住宅美学的角度来看，亦要多费心思，否则便会令客厅失去和谐统一，因此必须设法加以化解。化解尖角有以下几种办法：

①用木柜把尖角填平，高柜或地柜均可。

②把一盆高大而浓密的常绿植物摆放在尖角位。

③在客厅的尖角位摆放鱼缸，可以美化家居景观。

④采用木板反尖角填平的方法，例如以木墙将尖角完全遮掩起来，然后在这堵新建的木板墙上悬挂一幅山水国画，最好是山水画或日出图，以高山来镇压尖角位。

⑤把尖角中间的一截掏空，设置一个弧形的多层木制花台，放几盆鲜润的植物、小饰品并用射灯照明。这样，既避免了以尖锐示人，也能使家中生趣盎然，由此化弊为利，成为家中的一个观景亮点。

客厅梁柱的化解

　　客厅中若有梁柱出现，在家居设计方面是需要解决的难题。

　　直者为柱，横者为梁，梁柱均是用来承托房屋的重量，因此均不可或缺，差别只在是否出现于显眼的位置而已。倘若出现在显眼的地方，便需要设法遮掩。客厅的柱主要分为两种，一种是与墙相连的柱，称为墙柱，而另一种是孤立的柱，称为独立柱，均与建筑设计有关。在目前的建筑设计中，柱位已成为一个很受关注的问题，所以独立柱已经较少见到。

　　因为墙柱较易处理，但独立柱处理稍微失当，便会令客厅黯然失色。一般来说，柱愈大便愈难处理，所以在选择居所时，要看清楚屋内是否有独立柱，倘若独立柱大而多，便应割爱另择佳处置业为宜。

　　柱的上面大多会有梁，因此坐近柱边，往往会受横梁压顶，所以应尽量避免坐近柱边。有些人喜欢在两柱之间摆放沙发，以为这是善于利用空间，其实这是错误的，原因在柱上大多有横梁，若贴柱而坐，则很可能有横梁压顶之感。如果把柜子摆放在两个柱子之间则无大碍。连墙的墙柱通常用书柜、酒柜、陈列柜等便可将它遮掩得天衣无缝，与客厅的其他部分浑然一体。与墙柱相比，独立柱难处理得多，因为有独立柱存在，会令人视野受阻，而活动空间又遇到障碍，要巧妙布局才可化腐朽为神奇。

　　如果独立柱距离墙壁不远，可用木板或矮柜把它与墙壁连成一体。柱壁板可以挂画或花草来做装饰，而矮柜则可令视野通透，增加景致，没有沉闷闭塞之感。倘若不用矮柜，选用高柜亦可，但视野自然会打折扣。此外，若用高身木板来做间墙，则墙上宜加装饰照明，以免太过单调。

　　独立柱如距离墙壁太远，不能以柜或板把它与墙壁相连，则必须以其作为中心来布置，以下是两个十分适宜的解决方案：

　　柱位作为分隔线：因为客厅中的独立柱很显眼，因此可以把它当成分界线，一边铺地毯，而一边则铺石材。此外亦可做成台阶，一边高一边低。这样看起来，仿佛原先的设计便是以独立柱作为高低的分界线，观感便会自然得多。

　　花槽绕柱：宽大的客厅中，可在独立柱的四边围上薄薄的木槽，槽里可放些易于生长的室内植物。为了节省空间，独立柱的下半部不宜设花槽，花

○ 客厅中若有梁柱出现，在家居设计方面是需要解决的难题，要对梁柱进行合理地化解。

槽应在柱的中部开始，则既美观又不累赘，并且达到了客厅立体绿化的效果。

因为柱位遮挡了部分阳光，故此在柱壁上应该装置灯光来做辅助照明，既可解决客厅中光线不均的弊病，又可增加美感。

客厅吉祥物

客厅是住宅的中心，在此中心位置适当地摆放吉祥物能够起到纳福保平安的作用。但客厅的吉祥物的摆放有诸多讲究，宜慎重。

1.虎

虎是四灵之一，象征二十八星宿中的西方七宿奎、娄、胃、昴、毕、觜、参，所以虎是西方的代表。因为西方在五行中属金，代表颜色是白色，所以管它叫白虎。在中国，白虎是战神、杀伐之神。

宜：在家族群体里，虎是重情重义的动物。在家庭中的大门、客厅等公共场所放置此物，寓意家庭和睦。

忌：客厅虎饰物忌虎头朝屋内。客厅如果摆放虎饰物，虎头切忌朝向屋内。因为老虎凶猛，虎头向内则易使人产生恐惧的感觉。

2.如意吉祥

如意是我国传统的吉祥物，有木质、玉质等不同材质，可以用作居家摆设、礼品或者收藏之用，取其"吉祥如意"和"祈福纳祥"的意思。如意吉祥为凤凰立于如意玉上，凤凰代表吉祥和太平。

宜：居家空间宜置"如意吉祥"。"如意吉祥"吉祥物一般摆放在客厅，祝福人们如愿以偿。

○ 如意吉祥

忌：风水学理论认为，"如意吉祥"摆放方位忌与材质属性相冲。一般木制的"如意吉祥"不要摆放在客厅的正西、西北方位；金属类的不要摆放在客厅的正东、东南方位；玉制的不要摆放在客厅的正北、正东方、东南方位。

3.龟形饰品

龟是四灵中唯一存在于现实的动物，也是所有动物中寿命最长的。人们不仅把龟当作健康长寿的象征，也认为它具有预知未来的灵性。古代的府第、庙宇、宫殿等建筑物前常设有石龟，作为祈求长寿的象征。

宜：化解客厅倾斜天花板宜用龟形饰品。风水学认为客厅倾斜的天花板会打乱空间环境，不宜居住。如果在这样的天花板下生活，不仅空气不流通，也易使人生活不舒适不愉快。现今非常流行的有高台斜面（复式）的房屋，非常有必要使用它。可在客厅的天花板上摆放龟形饰品，或直接在客厅的地板上放置几只。

忌：肖狗、兔、龙者忌在客厅摆放龟形饰品。生肖为狗、兔、龙的人，摆放龟形饰品不适合。这三个生肖的人也不宜在家养龟。

解读非常住宅

旺宅开运改运首看之书
居家设计布局最佳指导

4.玉佛——弥勒佛

弥勒佛在佛教中被称为未来世佛，有着最慈悲的胸怀，最无边的法力，能帮助世人渡过苦难。弥勒佛以大肚、大笑为典型特征，有"大肚能容天下难容之事，笑天下可笑之人"之说，代表了人们向往宽容、和善、幸福的愿望。

宜：增添吉祥宜置玉佛。玉佛是和阗玉摆件、把件、挂件常用的传统题材，一般将其摆放在大堂或客厅等公共区域，象征吉祥、觉悟。

忌：玉佛忌置污秽之地。玉佛乃洁净神圣之物，摆放在客厅时要注意不可将其放置于污秽的角落。玉佛摆放的地方应该定期清洁，且不宜堆放杂物，因杂物气场不洁，易亵渎圣物。

○ 玉佛——弥勒佛

5.龙凤呈祥

"龙凤呈祥"象征高贵、华丽、祥瑞、喜庆。在中国传统的吉祥图案中，"龙凤呈祥"是最好看的。画面上，龙、凤各居一半，龙是升龙，张口旋身，回首望凤；凤是翔凤，展翅翘尾，举目眺龙，周围瑞云朵朵，一派祥和之气。龙有喜水、好飞、通天、善变、灵异、征瑞、兆祸、示威等神性，凤有喜火、向阳、秉德、兆瑞、崇高、尚洁、示美、喻情等神性。神性的互补和对应，使龙和凤走到了一起。两者之间美好的互助合作关系一建立起来，便"龙飞凤舞""龙凤呈祥"了。

宜：增强祥瑞宜在客厅置"龙凤呈祥"。龙和凤都是传说、想象中的动物，不仅形象生动、优美，而且被赋予了许多神奇的色彩。龙能降雨，寓意丰收，凤凰风姿绰约形象高贵，是人们心目中吉祥幸福的化身。

忌："龙凤呈祥"忌置客厅的右方。龙凤呈祥在摆放上要注意，不要放在客厅的右边。右白虎左青龙，左边是最理想的放置方位。

◎ 优雅质感的古典空间　以木构架形式为主轴，以显示成熟稳重的中式风格，表达了主人返璞归真的生活追求。古典家具的韵味在家居中氤氲着，或妩媚或清新，别有一番风情，让人入迷。

○ 矜持的尊贵　整体空间暖色调充满着温馨与时尚，简洁的家具，宽大的落地窗，深蓝色的窗帘多了层神秘的味道，光影背景墙错落有致，纵横条格的墙体相互对话，整体表现气度不凡。

○ 丰富光源的交融　为了不让狭小空间看起来更拥挤，设计师运用墙壁投射灯、台灯等展现光影变化，再纳入充沛的自然光，强调景深效果，借此塑造空间的立体层次。白色的窗帘透进明媚的晨光和隐约的室外景观，更加扩充了空间，并带给人振奋的精神和充沛的精力。

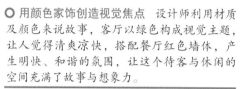

○ **用颜色家饰创造视觉焦点** 设计师利用材质及颜色来说故事，客厅以绿色构成视觉主题，让人觉得清爽凉快，搭配餐厅红色墙体，产生明快、和谐的氛围，让这个待客与休闲的空间充满了故事与想象力。

○ **真实得不加修饰的会客厅** 空间界面选材粗犷、造型简练，体现强烈的时尚感，大量选用灰色调，产生静谧和稳重的感觉，墙上矩形条格造型与古朴典雅的家具形成时空对话，沙发背景墙的灯光与主体气氛相协调。

旺宅开运改运首看之书

居家设计布局最佳指导

9

162

○ **印度风彰显恒河河畔古老文化底蕴** 绚烂和华丽的软装饰比朴实的家具更出彩，灯光像个调色盘，把奢华和颓废，绚烂和低调等情绪调成一种沉醉色，让人无法自拔。总体效果层次分明，亮丽的色彩和灵动的线条，造就了华丽的气质，这与时尚的诉求不谋而合。

○ **颜色对比法制造主墙错位的美** 利用与众不同的墙面错落设计手法打破主墙的单调，金色灯带打出内凹天花面绚丽无比，提亮了空间色调，无论是和谐统一还是强烈反差都能带来很好的艺术感觉，把略显简单的家具衬托得贵气逼人。

○ 丰富光源的互动对话　客厅的窗景是得天独厚的自然恩赐。大片玻璃窗，不仅框住风景，也让室内的光线充足。室内植物与户外的一片绿意相呼应。

○ 皮质沙发营造客厅奢华环境　客厅散发出华贵的味道，大红皮质沙发，表达一股新潮时尚风，简单的玻璃台面茶几，银灰色和金黄色的结合增添了客厅的超现代感，大理石材的地面增强了奢华感。

○ 宽敞空间与灯光表现　开放式空间内，不同高度的空间各自具有不同的功能，在木质天花的铺陈下，透过光线的依托，表现出客厅的宽敞与气势。转角处雕塑的摆放，加强空间感，与整体风格和谐统一。

○ 典雅与浪漫的精彩演绎　新古典主义的欧式家居，让回家的人们沉浸在家的舒适怀抱中，营造一个与自然环境、建筑主体风格相和谐，富有异域情趣的居住空间，使主人可以尽情享受雅致的新古典主义欧式家居生活。

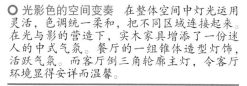

○ 光影色的空间变奏　在整体空间中灯光运用灵活，色调统一柔和，把不同区域连接起来。在光与影的营造下，实木家具增添了一份迷人的中式气氛。餐厅的一组锥体造型灯饰，活跃气氛。而客厅倒三角轮廓主灯，令客厅环境显得安详而温馨。

○ 穿越时空，领略远古风情　中式的木箱茶几渲染出大户人家的风范，屏风的木雕镂花透出隐约的剪影。中式风格尽管在遵循现代使用功能的设计后，仍能使人感受到浓浓的远古风情。

○ 利用灯光改变空间视觉　落地窗的大面积采光，吧台区分客厅与餐厅区域，为稳定双面透空的视觉，向外的门厅处以推拉门处理，呼应室内氛围，丰富了空间，再配以简洁的家具，使客厅显得融洽和自然。

○ 中西结合，高贵典雅　客厅以中式为主，西式做点缀，柔和古典的欧式沙发与中式饰品找到了契合点。顶灯、瓷器、木花架、木花格，随处弥漫着浓浓的中国风，西式的沙发流淌着高贵典雅的欧洲贵族气息，但整体组合显露的却是中式风格。

◎ 让智慧驰骋于空间　通过木材的天然肌理、仿古砖与灯光自然搭配，营造出一种流光溢彩的效果，令人大为惊叹。这一切，都是源自设计师的智慧。

◎ 家具流露时尚成熟表情　客厅石质茶几纹理美观，在石面上自然生成的花纹，传递出自然、朴实的感觉。摆放在宽敞明亮的客厅空间中，与奢华的真皮沙发搭配，更彰显成熟魅力。

◎ 家饰串联展现舒适生活　讲究生活品质的快活族，强调温馨舒适的客厅，以温暖的色调，不同材质以及特色家具等元素，成功打造现代悠然自在的生活品质。

◎ 沉淀生活　本客厅所选家具朴实之中见奢华，尤其是闪亮的水晶吊灯，正是这种返璞归真，彰显了主人的生活品位，墙上的几幅画也显露着主人的高素质和涵养，生活就是如此真实。

◎ **若有若无的玻璃墙** 客厅与餐厅的公共空间，以一面玻璃墙进行功能区分，仿佛将次空间也一并纳入主空间，在不需穿透感时也可拉下卷帘，做出遮蔽效果。而明亮色彩的运用，使空间更时尚。

◎ **自然含蓄又不失现代感** 方形的吊顶通过灯光的勾勒，使层次感更为强烈。简洁的装饰诠释了中式风格的自然与含蓄。设计师不拘泥于传统设计，现代沙发的融入更加入时尚的概念。整个空间干净利落，点到即止，令人意犹未尽。

◎ **家具引领混搭风潮** 所谓"混搭"者，即模糊各种风格界限，将其融合为一体，形成一种特有的风格，特有的品位。真皮沙发，墙壁的设计与灯光非常好地形成这个独特的混搭风潮。

○ **紫色的玻璃珠灯饰串联起浪漫情调** 空间的整体设计元素简单，却有着"小资"的时尚感。紫色的玻璃珠串联的造型灯美轮美奂，显示主人生活的品位与精致，更突显出浪漫情调。

○ **楼梯点缀空间** 在复式客厅里，最惹人注目的就是摆脱单调乏味、传统造型的楼梯。别致动感的楼梯设计，灵动优美的线条感不仅给人舒畅的视觉感受，更能带动客厅空气的流动，带来变化的活力。

○ **镂刻而出的居家风景** 此空间以简洁的现代风格融合中式建筑语录作为设计主题，中式茶几结合纯白简约沙发营造出典雅的中式风格。厨房在镂空背景墙里若隐若现，成功抢占人们的眼球，为空间增添趣味性。

○ **明快简约透露主人生活喜好** 宽大的收藏架镶嵌于墙壁里，既满足了主人的收藏爱好，又不占用太多的空间。整个空间的装饰包括灯光，都显得轻快明亮，沙发与木质茶几都透露着主人成熟稳重的生活态度，堪称舒适的居家之作。

○ **创意家具活跃空间** 沙发扶手的变化突出了设计感，皮革材质细腻的触感，沉稳统一的色彩，独具匠心，茶几的造型应和着扶手的线条。背景墙上高脚杯的摆放，既增添了空间的艺术感，又增添了活跃气氛。

○ **青青世界** 客厅以绿色为主色调，绿色的窗纱，绿色的墙柜，绿色的天花拉线，绿色的电视机柜面板，衬以深绿色的茶几，蓝紫色的沙发和碎花抱枕打破绿色的单调感，让这青青世界更显凉快和宁静。

○ **随性的仓库风居家** 全挑高的客厅建立空间大气感，透过雕塑、灯饰等的搭配使用，展现出具有时尚感的特性，营造出客厅的现代感与摩登气味。在中性柔和的基础色调中，着重壁面处理，线条柔和的树纹与墙面的红木融合，东方的雅致感觉轻巧而出。

◉ **家具色调与空间呼应** 以天然质感的木材作为整个空间点缀的主要材质，在茶几、屏风、墙饰、壁画上均使用木质材料，烘托出古色古香的天然韵味，同时也不失现代感，显得有个性与大气，布艺沙发采用了简约的土黄色，整体环境优雅舒适，天然而不失美感。

◉ **浓郁的热带风情** 墙上的芭蕉叶和热带兰花装饰画是客厅的视觉中心，再配以洁白的布艺沙发和实木家具，绣花地毯与装饰画呼应，整个空间充满着迷人的热带风情。

◉ **格子情调** 禅的清，禅的雅，在中式风格中显得格外雅致。在这里，灰、黄、红成为空间的主宰色调。沙发背景的竹子画则将这份禅意演化得淡然、流畅。暖灰色沙发成为客厅的主体，与格子桌布交相呼应，大气而不失高雅。

◉ **拷贝不走样，打造山寨版电影家居** 那些沉浮在电影中的怀旧气息，潜藏暧昧意味的布局，冷色调的经典搭配，在简约低调的"气质"中渗透着与众不同的品位，让居家的意境显得更加趣味。别透的暗藏灯带，又营造了一个另类的奢靡剧场。

全面揭示风水发家密码
精心打造顺风顺水旺宅

旺宅开运改运首看之书

居家设计布局最佳指导

○ **活泼自然风** 鱼缸筑墙，不仅让人眼前一亮，而且能让客厅享有更多私密。把嗜好融入家居布置中，配合空间开放式的格局，家居生活"如鱼得水"。整体色彩清新亮丽，将人带入一种轻松自然的空间之中，与内外空间相融。

○ **都市里的"室内桃源"** 布艺柔化了室内空间生硬的线条，赋予居室新的感觉和色彩。两面宽幅窗户，将窗外景致尽收眼底，借用室外的自然景色，为室内带来无限生机。在装饰材料的选用上也特别注重自然的质感。

○ **层次表现让空间不单调** 沙发背景墙的精心装饰很轻易就成为客厅的焦点，它打破了以前四白落地的单调，利用玻璃及格栅等作为墙面材料，在色彩上与家具协调统一，共同营造出现代时尚的视觉盛宴。

○ **居家的浮雕艺术** 电视主墙以浮雕感为主题，辅以光影作烘托，尽管以白色为基调，却因为阴影的表现而有着十分立体的变化。同时，光的存在也将大片墙面做分化，把实体墙隐藏起来，使墙体在空间中脱开，解构意味浓重。

○ **写意自然的生活美景** 乡村气息的主墙背景和现代简约的装饰，每个角落都能享受着乡村的朴实和都市的现代。小巧的格布茶几，伴着绽放的鲜花，捧一杯幽香下午茶，看着窗外倾泻一地的阳光，一个闲散的午后就这样被消磨。

○ **光影轮转的魅惑** 优雅的造型，细致的线条和高档的细节处理，散发着从容淡雅的生活气息，又婉若青年女子清纯脱俗的气质，无不让人心潮澎湃，浮想联翩。

旺宅开运改运首看之书

居家设计布局最佳指导

◎ 光与影的华丽亮相 光与影的错落，明暗色调的参差，构成了一幅既奢华又梦幻的画面。宽大的沙发给人以豪气、优雅和奢华的效果。天花的线条感与地板抽象的几何图案及变换的色彩，亦延续了华贵这一主题。

◎ 转化的中式风格营造个性语录 为了让空间具有分隔又保持轻快感，使用带镂空图案的柱子做出屏隔效果。怀旧而具个性的古钟、条格天花灯、游走于空间的实木家具以及餐厅的现代餐桌椅，营造出个性而时尚的人文氛围。

◎ 视觉感官的完美世界 古典画装饰背景墙，洋溢着典雅精致的气息和韵味，金色为主调与白色搭配和谐统一，整面落地窗帘，视觉穿透性强，饰以雍容华贵的豪华吊灯，奢华感无与伦比。

○ 低调的高雅　客厅讲究空间的流动与分隔，明晰的线条，总能让人静静地思考，禅意无穷。点缀的鲜花为室内带来无限生机。

○ 打造朦胧新概念客厅　宽大的落地窗无形中将客厅的空间延伸，不加修饰的墙面让家看起来简单利落。家具选择与整体相统一的深色系，用跳跃的紫色点亮客厅，富有层次感的色彩设计让空间看起来更加宽阔。

○ 缔造低调的高贵与优雅　客厅敞朗开阔，考究的布置，光与影美妙的艺术组合，以及各种材质表面上的反光效果，深咖啡色强化视觉感受，粗线条勾勒使空间层次分明，整体呈现低调而高贵的优雅环境。

○ **粗犷风格展现假日情调** 整个客厅的颜色设计以乳白色和棕色为主调，墨西哥陶砖地面与天花板材质呼应，以表现厚实与不规则的自然朴素感。

○ **特色豹纹家具的现代展演** 类似于土著的复古设计别有一番风味，地毯和墙纸的豹纹与沙发、抱枕的颜色花纹搭配得非常和谐统一。浓浓的非洲土著风情，带来不一样的野性美。

○ **格栅天花成为客厅瞩目亮点** 灰白色天花板在大小相同的方块和高低错落的格栅造型中，透出淡淡的光泽，使之趣味横生。

○ **以色彩进行空间整合** 红绿是最难搭配的两种颜色，然而设计师在这里却用这两种色彩营造出如阳光沙滩般爽朗的感觉，再加上不规则的玻璃茶几，与绿色热带植物，让你忘记是在家里还是在度假。

○ **装修点评** 咖啡色的柔和的典雅空间，现代感的时尚家具却不失古典韵味，搭配透明的水晶吊顶干净而明亮。个性的电视背景墙和抽象挂画是客厅的一抹亮色，搭配着窗外景致，有如嵌在壁上的风景，令人神往。

○ **现代设计手法展现古典奢华** 电视主墙利用木质的色彩变化，产生编织交错的效果，给人沉稳的感受，时尚简约的家具在灯光与自然光的交汇下，现代时尚的人文典雅氛围油然而生。

○ 灯光闪现曼妙情调　曼妙的情调光源，造型精致的灯具，配上闪动的灯光，是营造温馨氛围的有力武器。灯光射过主墙背景玻璃，折射出美妙的光泽，释放出青春活力的色彩，为客厅增添不少生气，彰显独特的生活品位。

○ 圆满客厅　曲线天花造型给人一种动感，使室内空间显得活泼。从中点缀造型活泼的圆形桌椅让房间充满生趣。圆形物品空间适应性强，使空间更加宽敞，印象简明，给人一种大气圆通的感觉。

○ 有限空间尽展无限魅力　为了让空间看起来更宽敞明亮，客厅采用挑空的方式处理，由上而下，加强空间的纵深感，并以温馨的橘黄色贯穿整个客厅，呈现空间和谐之美。

○ 简约风格的热烈奔放　极简主义的装修风格，麻布的沙发，玻璃材质的现代造型茶几，配以精美的吊灯，生活就是如此的简单，轻松、自如。

○ **转化的中式语录营造东方魅力** 中式家具与现代简洁白色沙发，混搭出独特的设计感。利用典雅大气的圆形背景墙凸显居住者内敛的人文特质。

○ **活力客厅洒进的欢乐色彩** 走进客厅，迎面最抢眼的是一面大红墙，温暖的质感，热情洋溢。栏杆简洁优雅，仿佛不经意踏入了一条阳光野道，抑或辗转闯入一探古的幽室。客厅的用色大胆且鲜明，充分体现了设计者的优雅与品位。

○ **镜面设计创造视觉背景墙** 透过沙发背景墙的若干块镜面使视觉空间更丰富多彩，简洁天花与点缀的花饰，既是浓墨重彩的一笔，又烘托出家人互动的亲密情景。

○ **中式元素展现人文气质** 居住者偏爱中式设计风格，带有中国字的红枕，置身于典雅的太师椅中，营造出个性时尚的客厅空间。古色古香的背景墙，更添空间的趣味性。

○ 落地窗将景色纳入客厅　在客厅里可以看到大面积户外景观，设计师采用大面积的落地窗，将这片绿意纳入室内，如此一来阳光可以轻易地进入家中拜访，也顺势将户外的景色纳为客厅的一部分。

○ 中性色彩丰富空间层次　木质雕花楼梯盘旋而上，石柱及绿色植物为居室引入了大自然的气息。明澈清新的玻璃茶几流露出轻盈优雅之感。大面积的中性色彩搭配，使客厅的感觉变得层次丰富。

○ 大宅里的惬意生活　主墙面造型丰富，特别突出现代的层次感，既是背景也是空间亮点。设计风格典雅大气，整面红色墙体带来活力奔放的视觉冲击力，鲜明而巧妙的搭配让置身其中的人倍感舒适。

○ **秀逸的静谧华庭** 将儒雅迷人的传统中式设计元素融于全新的现代设计之中，简约时尚的家具在中国红的吊灯映照下，感觉贵气优雅。实木屏风映衬主墙背景，更凸显空间内的中式意韵，尽展主人超然品位。

○ **运用灯光变化情境** 客厅拥有大面积的窗户，此处刻意以灯光变化凸显空间层次。吊灯打出的灯光提亮了整体空间色彩，呼应主题，并且增添了空间温度，提升整体的舒适度。

○ **善用天花为空间提味** 本案利用天花的菱形设计，传达出房子的结构特点，天花与简约灯饰的完美结合，将空间感界定出来，欧式元素的大量运用让居家多了些异域的风情。

○ 深蓝魅惑 深蓝色的布艺沙发、玻璃茶几、门框，让空间充满了现代华贵气息。宽大的银色幕帘隔断，从天花顶倾泻而下，在浅黄色灯光的映照下，显得闪烁迷离。

○ 浓情在这里悠闲靠岸 没有太多造作的修饰与约束，不经意间成就了一种休闲式的浪漫，幽暗灯光照耀下的客厅流露出低调的贵族气派。沙发背景墙与装饰画展现古典而纯净的美。

◎ 质感风潮 蓝、灰主导着整个居室的色调格局。背景墙延伸至天花板的线条灯光显得时尚前卫；简约素雅的沙发奇特而新潮，深蓝色窗帘给家的空间增添一缕浪漫的神秘。

◎ 浪漫的想象充斥空间 银色的弧线护栏传承着古老而神奇的韵味。当夜色降临之时，依托于旧枯木墙壁上，让那抹淡淡的银色光芒照亮整个客厅，静谧而温暖的感觉笼罩周围，精致中散发着婉约的气息。

第五章 卧房设计

温暖与爱共徜徉

在传统风水文化中，卧房设计是居家设计的第一大要素。卧房是人们休息的场所，卧房布局得当，可使人感觉生活和谐甜蜜，享乐又健康。

最理想的卧房形状

　　卧房的形状至关重要，风水学理论认为，正方形的卧房是最理想的卧房，不仅有利于家居的摆放，而且看上去也美观大方。而狭长或多边形的房子则不宜作为卧房，因为不方正的形状本是一种动态的能量，与卧房要求稳定、静谧、安详的主旨相冲突。从科学上说，是因为狭长卧房不易通风，容易生潮，影响主人的健康。而多边形则易加重主人的精神负担，使神经有些敏感的人产生很多幻觉。

　　此外，有些人为了追求视觉上的新奇，把卧房装修成斜边，凸角的形式。这些也都是不宜的布局，因为奇形怪状和损位缺角的住宅，其内部之气便会停滞或流动无规律，能量场的分布也很不均衡，且会对人的身心健康及日常生活造成影响。如斜边容易造成视线上的错觉，多角容易造成压迫，因而增加人的精神负担。通过适当的调整可以让卧房变得理想，如将卧床的方向调整到顺着卧房长度的方向，然后在卧房的中间用矮柜隔断，使卧房分成大致

○ 卧房形状应方正，方适合中国人讲求安定的心理，才能聚纳福气，有益夫妻运程。

呈正方形的两个区域。简洁、方正、平稳、安静才是理想适宜的卧房。

卧房的大小

现代社会物质丰富，越来越多的人选择大开间的卧房。但大未必是好事，俗话说："室雅何须大，花喷鼻不须多"，通常卧房面积为15平方米即可，最大不要超过20平方米。北京故宫中雍正皇帝的寝宫也不过10平方米。人在休息睡眠时，各项生理指标都降到了最低点，自我保护能力也降到最低点。当房子太大，外界气体容易进入房内侵袭人体，人的心灵精神便得不到很好的滋养，进而保证不了睡眠质量，影响人体健康。

◎ 卧室面积不宜太大，夫妻两人的卧室以15平方米大小为佳，否则不利于"养气"。

此外，居室中卧房有大有小，那么大间的卧房宜做主卧房，相对小一点的作客卧或儿童房。如果将小面积卧房做主卧房的话，就很不方便主人的生活，而且有主次不分、喧宾夺主之嫌。

卧房的方位

风水学理论认为，卧房方位适宜的话，疲劳就能够充分地消除，很轻易就能够恢复活力。

1.东方位

这个方位能使年轻人具有活泼、健康的身体，且能消除疲劳，它能使人运动神经发达，肝脏机能健康、精力充沛。

2.东南位

这个方位也是能促进健康的部位。

3.西北方位

这个方位和西方位都是阳光照射不到的地方，也是养精蓄锐和产生健康心态的地方。

4.东北方位

这个方位，是一般人不喜欢的地方。可是，作为寝室却很好。

此外，规划卧房方位时需注意，卧房方位忌主次颠倒。如孩子睡于西北方，主人夫妇睡于东房，这种情形则不太好，会给人感觉家庭成员主次不分。

◯ 主卧方位的选择极为重要。

卧房颜色的选择

卧房的装饰很大程度上取决于色彩的搭配，一般居室大致可分为5大色彩块：窗帘、墙面、地板、家具与床上用品。若将软、硬板块的色彩有机地结合，便能取得相应的装饰效果。

卧房颜色的选择应以柔和为主，具有温馨感，使人感觉平静，有助于休息。卧房的墙壁选用暖色调有助姻缘和增进夫妻感情。卧房的墙面尽量不要用玻璃、金属等会产生反射的材料，这样容易干扰睡眠。油漆有利于墙体呼吸，还能避免睡觉时能量被反

◯ 卧房的颜色关系着卧室风格的营造，温馨淡雅的主色调，让人感觉恬静。

射，最适宜作为卧房颜色的涂料。未婚女性的卧房，以清爽的暖色系（粉红、鹅黄、橙、浅咖啡）为佳。

另外，卧房整体色彩的选择还要以卧房门的方位而定。根据五行的原理，卧房颜色与卧房门方位有以下对应关系，可根据方位来选择适宜的颜色：

东与东南：绿色、蓝色；

南：淡紫色、黄色、黑色；

西：粉红色、白色、米色、灰色；

北：灰白色、米色、粉红色与红色；

西北：灰色、白色、粉红色、黄色、棕色、黑色；

东北：淡黄色、铁锈色；

西南：黄色、棕色。

卧房家具的选择

卧房的家具种类繁多，从大的分类看，一般有单件家具、折叠式家具、组合式家具、多功能家具等。单件家具虽有很大的灵活性，但不利于室内空间的利用，放在一起也很难协调，所以，近年来有很多的人采用折叠式、组合式、多功能式家具。

风水学理论认为，卧房家具以方正的造型为佳，不宜选用太多的圆形。这是因为，风水上"方"代表稳定，能让家庭保持安稳平和的氛围；而圆形主"动"，卧房若以圆形为主，给人不稳定、不安宁的感觉，对心理健康尤为不利。从心理角度看，方比圆要稳重。

卧房家具的摆放

现代生活处处以方便为原则，为了争取时效，现代住宅大部分把衣柜、化妆台、婴儿摇篮等放在同一室内。但放置时要尽可能将衣柜、化妆台等排成一列，可有效利用空间，因为从东边或南边常有日晒，将家具排成一列就可充分吸收阳光，让人保持好心情和活力。

而衣柜等家具最好靠西边或北边的墙壁，让门扇或抽屉朝东或南开。床

○ 家具摆放，除了要注意一些摆放禁忌外，通常情况下个人感觉舒适、便利，有利日常生活的，就是好的摆放方案。

头柜要定期打开透透气，因为墙壁在夏天会吸收水气，冬天则会放出寒气。可以用床头板或抱枕来隔离水气和寒气。床头柜虽然兼具隔离与收纳的功能，但如果长期不打开透气，空气得不到流通，就会有一股怪味，久而久之反而对身体不好。

卧房家具色彩的选择

　　家具的色彩在整个卧房色调中的地位很重要，对卧房内的装饰效果起着决定性作用，因此不能忽视。家具色彩一般既要符合个人爱好，又要注意与房间的大小、室内光线的明暗结合，并且要与墙、地面的色彩协调，但又不能太相近，否则不但不能相互衬托，还可能产生单调乏味的效果。对于较小的、光线差的房间，不宜选择太冷的色调；大房间和朝阳的房间，可以有比较多的选择。

　　另外，应考虑到不同面积、不同功能的房间色彩可有不同，因而所产生的效果也不同。如浅色家具（包括浅灰、浅米黄、浅褐色等）可使房间产生宁静、典雅、清幽的气氛，且能扩大空间感，使房间明亮爽洁；而中等深色家具（包括中黄色、橙色等）色彩较鲜艳，可使房间显得活泼明快。

卧房中床的选择

床是卧房内最重要的家具，是人们休息睡眠的场所，而且又与子孙繁衍生育息息相关。李笠翁在《闲情偶寄》里说过一段很精辟的话："人生百年所历之时，日居其半，夜居其半。日间所处之地，或堂或庑，舟或车，总无一定所在，而夜间所处，则止有一床。是床也者，乃我半生相共之物，较之结发糟糠犹分先后者也，人之待物其最厚者莫过此。"现代床的种类很多，有沙发床、弹簧床、绷子床、竹床、木板床，近年来还出现了水床、消声床、气垫床、音乐床、按摩保健床、风调环境床等。床作为传统的单一型休息工具，现在已向着集休息、享受与理疗保健于一体的多功能卧具方向发展。

对于床本身，要考虑的是其长度、宽度是否足够，床体是否平整，并且是否具有良好的支撑性和舒适性。至于床的高低，一般以略高于就寝者的膝盖为宜。太高则上下吃力；太低则总是弯腰不方便。切记床不可贴地，床底宜空，勿堆放杂物，否则不通风，易藏湿气，会导致腰酸背痛。

卧房中床位的选择

床位最好选择南北朝向，顺和地磁引力。头朝南或北睡眠，有益于健康，因为人体的血液循环系统中，主动脉和大静脉最重要，其走向与人体的头脚方向一致。人体处于南北睡向时，主动脉与大静脉朝向、人体睡向和地球南北的磁力线方向三者一致，这时人最容易入睡，睡眠质量也最高，因此南北睡向具有一定的防病和保健

○ 卧房中床位宜与地球南北磁力方向一致，有益身体健康。

功能。床头不可朝西，因为地球由东向西自转，头若朝西，血液经常向头顶直冲、睡眠较不安稳；如果头朝东睡，就会有一种安宁的感觉。

卧房中物品的收纳

　　许多家庭的卧房都设有壁柜或衣柜，以便于物品的收纳。

　　在收纳衣服时，套装或夹克等挂入衣橱时，基本上是色彩较淡的挂在右边，颜色由右向左渐深。当然，也可以按衣服的价格来收纳衣服。衬衫类等则可收入抽屉，面对抽屉的右边或上层放白色衬衫，左侧或下层收入有色彩花纹的衬衫。这个方法同样也

○ 物品收纳最好分门别类。

可应用在领带或是手帕上。依季节分类时，夏天衣物如T恤等放在上层，冬天的毛衣等放在下层。当然，最好将衬衫类挂起来，这样会比较容易拿取。还有，即使是不会皱的衬衫，也应挂起来。

　　而棉被等大件物件则适合收纳在橱柜里，收纳前最好利用阳光充分晒干。最好用一个专用的柜子收纳棉被，这样通风条件会好一些，以免受潮影响使用。鞋子的收纳也一样，在收纳前先洗净晒干，而不是在使用前才做这些事情。现在还有很多家庭喜欢用真空袋收棉被，但要知道，越蓬松的棉被越容易吸收幸运，塑胶袋只会将幸运关在外面。用真空袋收棉被的确是个储存物品的好点子，但是从风水学的角度来看却是必须避免的行为。

梳妆台的摆设

　　梳妆台是卧房中的一个重要家具，其风格应与卧房整体家具风格相一致。在人们的印象里，梳妆台一直都是女性专用的，其实从功能上来讲，梳妆台本身并没有性别的差异，也没有刻板的造型，只要是个人整理仪容，摆放化妆品、保养品、刮胡刀、护发造型摩丝、梳子等私人用

品的柜子就是梳妆台。

风水学理论认为，首先，梳妆镜不宜冲门，因为在进入睡房时容易被镜子的反影吓坏。

其次，梳妆镜不要正对床头。不过，像某些梳妆台在镜子部分有两扇门作装饰，在不需要使用镜子时，可将其关闭，使用时才打开。这类梳妆台无论怎样安放，都不怕冲门或照在床头了。

再次，需要注意的是，梳妆台最好设在卧房内，以保持其隐秘性。

○ 要梳妆台最好设在卧房内。

衣帽间的设置

衣帽间是指在住宅居所当中，供家庭成员存储、收放、更衣和梳妆的专用空间。对不同房型、不同居室面积而言，设置衣帽间有不同的讲究，需要居住者根据住宅空间和生活需求进行适当的选择。不论是何种衣帽间，都要求有良好的照明和通风，最好配置通风换气设备，以保持清洁卫生，否则杂乱的衣帽间会给居住者在心理、生理健康上都会产生极大的负面影响，而且会影响居住者的日常生活。合理的设置衣帽间，却能给家人一个合理的储衣安排和宽敞的更衣空间，为生活提供更多便利，提升家人的外在形象与自信。

1.嵌入式衣帽间

时下很多卧房会有若干凹进、凸出，甚至三角形的不规则角落，可以"以形就形"好好设计，将这些困难区域改置成一个简单的衣帽间。如果这块地方超过4平方米，就可以考虑请专业家具厂依据这个空间形状，制作几组衣柜门和内部间隔，定做一个嵌入式衣帽间。这样的嵌入式衣帽间即节省了房间面积，空间利用率高，也容易打理，保持物品的清洁。

2.开放式衣帽间

如果住宅内没有这些边边角角可以利用，但又非常需要衣帽间解决衣物存放的烦恼，可以试着设置一个开放式的衣帽间，即是把一面墙给封闭起来，设置衣柜存放衣物，而不与其卧室隔断。这样的衣帽间方便、简单、宽敞、通风，就是防尘差点，如果家在风尘比较大的北方，可采用防尘罩悬挂衣服，用盒子来叠放衣物，若多设一些抽屉、小柜，则更为实用。

3.夹层式衣帽间

如果住宅内恰好有夹层布局，则可利用夹层中的走廊梯位做一个简单的衣帽间，内部设间隔，使空间每个角落都得到充分利用，还可将其外门设计成推拉式，最大程度节省空间。衣帽间内部还需再根据衣物的品类分区，一般分挂放区、叠放区、内衣区、鞋袜区和被褥区。

面积较大的居室，主卧室与卫浴室之间以衣帽间相连较佳。可以让衣帽间功能性极大释放。

4.独立式衣帽间

独立式衣帽间通常又称为步入式衣帽间，是用于储存衣物和更衣的独立空间，通常适合面积较大的居室，通常设置在主卧室与卫浴室之间。除储物柜外，独立式衣帽间一般还包含梳妆台、更衣镜、取物梯子、烫衣板、衣被架、座椅等设施，里面按功能还分为挂放区、叠放区、内衣区、鞋袜区和被褥区等专用储藏空间，可供家人舒适地更衣。

卧房的采光照明

卧房内的光线必须适中和谐，因为床是静息之所，强光会使人心境不宁，弱光则不利于眼睛的健康。柔和的光线才能使居住者的身体和精神均保持良好的状态。在日间，不能长时间照射室内，否则会令室内温度上升。但也不能长期不见阳光，否则会使人意志消沉，也会影响身体的健康。

晚间，最好用柔和的白炽灯来照明，而少用日光灯。卧房照明最好采用

○○卧房内良好的采光有益健康。

○ 卧房内窗户过多，光线太强时，可加上窗帘遮挡。

天花板半间接或间接照明，这种装饰在天花板上的照明灯，其背面的上方会有一圈较明亮的地方，愈往下愈暗，这种照明非常柔和，有利于休息，同时也比较省电。

　　虽然在睡觉时会将灯熄灭，但床头要保证能随时提供照明。这样不仅能满足阅读等的需求，还能营造卧房的氛围。一点局部的光照往往能产生温馨的氛围。

　　此外，卧房的装饰要避免悬挂能反射光线的东西，如刀剑、神像、神位等。床头所挂书画，以山水花草为佳，忌以老虎、虫兽为背景。床的上方忌吊兰花、缎带花及大吊灯，否则会影响居住者的健康。

卧房的植物

　　卧房追求雅洁、宁静、舒适的气氛，内部放置植物，有助于提高睡眠的质量。由于卧房中摆放了床铺，余下的面积往往有限，所以植物摆设应以中小盆或吊盆植物为主。在宽敞的卧房里，可选用站立式的大型盆栽；小一点的卧房，则可选择吊挂式的盆栽，或将植物套上精美的套盆后摆放在窗台或化妆台上。

○ 卧房植物的摆放应与其大小相适应，房间小不宜摆过多植物，以免聚集过多阴气。

茉莉花、风信子等能散发香甜气味的植物，可令人在自然的芬芳气息中醺然入睡；而君子兰、黄金葛、文竹等植物具有柔软感，能松弛神经。卧房植物的培养可用水苔取代土壤，以保持室内清洁。但要注意，卧房不宜摆放有刺的植物，如仙人掌、玫瑰等。

卧房的窗户与阳台

卧室带阳台及低飘窗是时下十分流行的建筑形式，设计者觉得这样的建筑结构能让光线充足，通风透气，为住户带来健康，而购买者也趋之若鹜。谁知这样的设计，事实上是适得其反，会对人体带来种种危害。

人体是一个充满着各种能量的躯体，在中国医学里被称为"气"。 如果窗户过大在朝东或朝西的房间，早上或下午强烈的阳光透过窗户照射到室内，会导致卧房内光线过强而影响休息；还会极大耗散人体能量，极易造成睡眠不足、疲惫、赖床等现象。窗口太小又会影响采光和空气的流通。建议选择窗口大小适中的房间作为卧房。如果窗口过大无法改变，最好是采用较厚的

旺宅开运改运首看之书
居家设计布局最佳指导

落地窗帘进行遮挡。

曾有科学家通过特殊的摄影方法拍下人体的能量场光谱，发现睡在带有阳台的卧房里的能量场要弱一些，而睡在不带阳台的卧房里的能量场要强一些。原因在于，带有阳台或落地窗的卧房聚集能量的能力弱，在此种卧房中睡觉的人就会消耗掉更多的能量，因此，早晨醒来会觉得很累，失眠的原因也是如此，并且这样的房间隔音的效果相对差一些。

卧房窗帘的选择

窗帘，特别是卧房中的窗帘，和床一样皆对开运有十足影响。卧室是主人的休息场所，所以卧室窗帘一般以温馨宜人为格调，以整面墙、落地式、双开型等款式的布帘为主，颜色、花样要与床上用品相协调。通常，大窗应使用二层制的窗帘，小窗亦同样地应使用有内里的窗帘。且应养成每年换洗，每2~3年更新一次的良好习惯。

带卫生间的主卧房布局

现代家庭设计中经常将卫浴空间安排在主卧房内，这样虽然方便、时尚，但从生活环境学的角度讲，并不一定是好设计。现在的卫生间大多具有两种功能：洗浴和排泄。即使卫生间中有高质量的抽水马桶和完善的洗浴设施，卫生间的功能也并没有改变。卫生间里常常会使用到水，会产生很多湿气。我们有这样的经验，在冬天洗浴的时候，会发现卫生间里雾气腾腾。这里的湿气很容易进入到卧房中，会使床褥变得潮湿。长时间睡在潮湿的床褥上，会使人容易疲倦，腰背酸疼，严重的还会引发疾病。

因此，在这种情况下一定要注意采用各种设计手段做好卫生间的防水和干湿分离处理。将床远离卫生间摆放，不宜正对着卫生间的门口，如果主卧房有足够的空间，就可在卫生间的门口摆放屏风，并且尽可能在不使用卫生间时关上门。还可以在卫生间里放上两盆泥栽的观叶植物，它们能吸收一部分湿气，使卫生间干爽一些。这些方法的目标都是尽量减少卫生间里的湿气进入到卧房中，保持卫生间的干爽，有利于这个目标的方法都可以尝试一下。

婚房或洞房的方位布局

"有情人终成眷属"，婚房是天地人间之大喜事的场所。而当男人与女人共同走向红地毯，建立一个温暖的新家之时，经过精心设计的洞房，是每一对伴侣心灵的归宿。好的洞房风水能让新婚夫妇生活得幸福、甜蜜，为以后的婚姻生活打下坚实的基础。洞房不仅是睡眠、休息的私密空间，更是新人培养感情的场所，所以一定要精心布置。

由于新婚，夫妇均会尽情享受鱼水之欢，那么在床位上的讲究可以参考《洞玄子》的意见：交接所向，时日吉利，益损顺时，效此大吉，春首向东，夏首向南，秋首向西，冬首向北。简单来说就是，洞房的位置最好在阳光充足的地方，并且空气要畅通。洞房墙壁及家具、窗帘尽可能不要用粉红色，会使人神经衰弱、心绪不宁。洞房色调如果太阴暗，如深蓝、深绿、深红、深灰色等，容易使人心情不佳。洞房地板颜色不

○ 风水学理论认为，东方象征年轻及勇于冒险的精神，将婚房设置在东方，摆放一些红色的家具及装饰品，可使夫妻充满干劲，有利事业与感情。

要太黑暗，大红、特红、粉红色易使人脾气暴躁。

婚房或洞房中的家具选择与摆设

　　作为别具内涵的卧房，婚房或洞房的布置除了要注意卧房的相关事项之外，还要特别注意家具选择问题。在选择家具时，首先以中性色或浅色为宜，避免深色调家具进入新房，这样可增加室内亮度，给人以明快、欢乐、温暖感。

　　洞房的床前不可被电视机正冲，谨防脑神经衰弱，洞房的床头上方，最好不要悬挂新婚大照片，避免压迫感过重。洞房的床位脚部侧面，不宜对厕所门。

○ 家具直接影响着生活质量和身体健康，婚房家具选择更要倍加用心。

洞房的装饰布置

　　结婚，是人生中的一件大喜事，新房自然要能够充分体现这种喜庆，中国民间传统是很讲究洞房的布置的。现代人的生活与以往相比，虽然有了很大的改变，但在新婚之喜上，依然不离传统。

　　可剪一个大红的"喜"字贴在窗户或墙上，表示喜庆、象征幸福美满。这种美好而纯朴的古老形式并无损于新居淡雅高洁的格调，反而在反差中可以取得突出的效果，给人造成强烈印象。

　　简单的可在新房拉起五颜六色的纸制花环，有条件的还可充分利用现代灯具的装饰效果，挂五彩缤纷的彩灯，烘托室内的热烈气氛和喜庆之情。床上用品及其他室内装饰物特别选用暖色调的、艳丽的，比如可以放置大红玫瑰等，也能衬托出新婚美景。还可以预备两座烛台和大红蜡烛，于夜深入散时点燃于卧房中，体味一下"银镜台前人似玉，金莺枕侧语如花"的美妙感受，特别能渲染新婚之气氛。

在新房的装饰中，蜡烛的巧妙点缀往往能取得意想不到的效果。玫瑰花朵形的高脚杯，红蜡烛的热烈瑰丽，置于床前，充满温情、神秘与唯美；精致可人、晶莹剔透的心形花烛，有着水果颜色的果形花烛，或温暖亲切，或清凉宜人。

要想现代风情浓一点，洞房布置可以花篮、花瓶为主，选择款型美丽的花篮和花瓶，插上象征爱情、婚姻美满的百合、玫瑰、红掌、蝴蝶兰等鲜花，会使洞房内充满甜蜜和温馨。还可以挂一些千纸鹤，渲染一股浪漫的情调，再在醒目的地方放上一对玩具新郎和新娘，并在一些器物上贴上小小的"喜"字，此时，结婚的喜气就无处不在了。

床上用品的选购

床上用品最基本的就是我们常说的"四件套"：床单或床罩、被套和两个枕套。选购床单床罩时应结合床的款式，席梦思床可选大尺寸的西式床单；如果两边有床头的，还是应选中式床单。床单的质地以纯棉最好，柔软舒适，吸湿性强。不宜用太粗厚的布料，睡时既有粗糙感，洗涤也比较困难；太疏松的布料也不宜选用，尘土会通过织眼沉积在褥垫上。床单和枕头套应避免使用三角形或箭头图案。因为三角形和箭头的图案阳气过盛，会给视觉上带来不舒适的感觉，破坏祥和的气氛，令居住者缺乏安全感。

婚房床上用品的选购还应考虑它的装饰效果，并和居室的整体布置、色调一致，尽可能与家具、帐幔、窗帘、桌布等的色彩和风格相协调，在和谐中体现美。被子，民间称"喜被"，一般都是购买好被面、被套和被

◎ 中国人结婚一般都偏爱红色，选用红色的床上用品可倍增喜庆气氛。

里自行缝制，但现代人大多喜欢购买现成的羽绒被和踏花被。既是新婚用的，被面自然以绸缎为好，显得富贵华丽，也更喜庆。绸缎被面品种很多，主要有提花、印花、绣花三大类，花色图案也很丰富，像"二龙戏珠"、"喜鹊登梅"、"龙凤朝阳"，以及一些大花和带有"喜"字的，喜庆气氛都很浓郁。而被里应以吸湿性好的棉织品为首选。

枕头一般由枕芯和枕套组成，过去用的枕芯多是谷壳、荞麦皮、芦花芯，现在多为泡沫塑料、木棉、羽绒等。枕套的种类很多，质料上可分为的确良枕套、尼龙纱枕套、绸缎枕套、棉布枕套等，式样和花色也很多，可根据自己的喜好结合其他物品选择。不过枕套以及枕巾均以棉制品为好，这样使用起来枕巾不至于老是滑落。富有传统意味的一对红色丝绸抱枕，也可以为婚房起到点睛的作用。

婚房饰物的选购

卧房是家中最重要的房间之一，承载了主人最隐私的部分，在这里可以享受最放松的个人时光。在婚房里摆放一些饰物，既可增加舒适感，更多了几许情趣。

例如在床头柜上可放置音乐盒，有助于夫妻感情融洽。在洞房中放置成双成对的图画、蜡烛与柜灯，象征亲密；帐内悬挂葫芦、连心结等饰品，象征夫妻同心，早得贵子。在床上放置两个温馨典雅的靠垫，或放上一只玩具毛绒狗，都会使房间生动活泼起来，并且产生浓郁的新婚生活气氛。

良好的卧房风水可带来健康的身心和美满的婚姻，但维持其赏心悦目与整洁干净也是非常必要的。在婚房摆放饰物时需注意东西的归纳，面对卧房里繁多的小东西，必须做好分类，再利用空间分割，将大盒收小盒、大箱藏小箱，大的收纳空间里再分成小格利用，如此才能让卧房给人有条不紊的感觉。

老人卧房的方位选择

老人房宜设于住宅南方或东南方，这个方位容易受到太阳光的照射，而

解读非常住宅

全面揭示风水发家密码
精心打造顺风顺水旺宅

199

且太阳光对老年人的健康有很好的作用，甚至比许多医药效果都好。此外，老人在家里的时间最多，要特别注意防寒、防暑、通风，这样，老人长期留在家里就不会因为空气流通不好而中暑或受风寒而伤及身体。

目前有一些新式的套宅，卧房的窗户开得很大，而且很低，如果把卧床靠近窗户的话，床面和窗台几乎是平行的，也就是说，躺在床上可以眺望窗外的风景。如果选择了这样的套宅，建议最好将老人的床放置得离窗户远一点，以免分散老人的注意力，

○ 老人房最好不要有低矮的大窗户，并且床要离窗户远点。

引起失眠或心悸多梦。另外，即便卧房中没有低矮的大窗户，但如果这面墙恰好是大楼的外墙的话，也请不要将老人的卧床靠在这堵墙下，这同样也是失眠等症的诱发因素之一。

此外，在选择老人房位置的时候，要注意不可离其他家庭成员的卧房太远，否则不方便照顾老人；也不可太吵闹，以免影响老人休息。如果是别墅或者复式楼，最好是将老人房安置于楼下，以免老人上下楼不方便。

老人宜选择较小的卧房

现在一些新兴的公寓住宅，尤其是三室一厅以上的套宅，往往把老人房设计得比较大，有些还配有非常宽大的玻璃窗，使之成为一间宽敞亮堂的豪华大卧房，殊不知这样对老人身体健康可能造成不良影响。根据中医和气功理论，白天人体体内能量和外部空间能量是一个内外交换的过程，人体通过呼吸、吸收阳光、摄入食物等等，随时补充运动、用脑所消耗的能量，而一旦当人体进入睡眠状态，则只有通过呼吸摄入能量，人体能量付出得多，吸收得少，如果房间过大很容易引起精气的耗费，引发疾病。在睡眠过程中，建议最好给老人选择较小的次卧房作为睡眠的安乐窝，减少精气的耗费。

老人卧房窗户的选择

　　老人卧房窗户的位置、开的大小，以及地板材质的选用均会影响室内气流的速度，与老人的健康密切相关。空气流动速度过快对人也不好，如一个人睡觉休息时，血液流速很慢，汗毛孔张开，过快的空气流动会使人中风、感冒。当空气不流动时，外面新鲜的空气进不来，长时间的空气淤积，会使空气变污浊，也会影响人的健康。但是，老人房也不宜有落地窗的卧房，老人较年轻人体质会差一些，卧房如果带有落地窗，就会增加睡眠过程中的能量消耗，容易使人疲劳、失眠。因为玻璃结构无法保存人体能量，这和露天睡觉易生病是一样的道理。如果老人房设有落地窗，就要挂深色的厚窗帘遮挡。

　　此外，窗户的位置和开闭还应考虑住宅的位置和角度等外部环境的影响，外部环境的变化与开窗不同，户外风进入室内便会形成旋转气流或分流，因此都要列入老人房选用的考虑因素。

老人卧房的色彩选择

　　老年人最大的特点是喜欢回忆过去的事情，所以在居室色彩的选择上，应偏重于古朴、平和、淡雅，以契合他们的怀旧心理，同时平静老人的心神，有助于老人休息。而过于鲜艳的颜色则会刺激老人的神经，使他们在自己的房间中享受不到安静，引起神经衰弱。过于阴冷的颜色也不适合老人房，因为在阴冷色调的房间中生活，会加深老人心中的孤独感，长时间在这种孤独抑郁的心理状态中生活，会严重影响老人的健康。

　　老人的眼睛对颜色的敏感性减弱，

○ 老人房的色彩宜素雅、古朴，但不能太过阴冷。

如果色彩太轻，就容易产生轻飘的感觉，所以老人房宜选择稳重、沉着、典雅的深咖啡色、深橄榄色，以及让人感觉单纯平和的茶色系。另一方面，如果老人的心情有些郁闷，则可考虑用少量橘黄色作为点缀，帮助老人调节心情。

老人卧房的采光照明

老人卧房照明要营造出宁静、温馨的气氛，使人有一种安全感。白天最好能有充足的阳光，保持白天采光的充足。夜晚时，老人房应像主卧房一样，采用柔和光线的照明灯具。由于老人的视力一般不是很好，最好能有明亮的日光灯与柔和光线的灯具相互补充，这样搭配比较理想。

老人房的主体照明可选用乳白色白炽吊灯，安装在卧房的中央。另在床头距地约1.8米的墙上安装一盏壁灯，如果不装壁灯，利用床头柜灯照明也可以。灯具的金属部分不宜有太强的反光，灯光也不需太强，以创造一种平和

○ 随着年龄的增长，老年人的视力会逐渐衰退，因此室内采光一定要好，照明应充足。特别是老年人夜间入厕的次数会有所增加，如果照明不好，就极容易引发一些意外。

的气氛。

另外，最好在床头柜上或者写字台上摆放一盏能调节亮度的台灯。当老人在夜晚阅读时，可以用它来提供明亮的灯光；当躺在床上休息时，将台灯的灯光调暗些，柔美昏暗的灯光将有助于老人安稳地入睡。

老人卧房温度的保持

老人房的温度对健康作用非常明显，在寒冷的冬天和炎热的夏天，人体会消耗大量的能量用来弥补温度带来的消耗。为了避免身体能量的过度消耗，老人房的温度应尽量达到冬暖夏凉，冬天时，老人房的温度应在16～20℃；夏天时，老人房的温度在22～28℃，这个温度范围比较合适。当太阳出来后，浑浊的空气消散了，此时很适合打开窗户，使新鲜空气流进房间，调节室内的温度。

○ 人的温度调节能力会随着年龄的增长而降低，因此老人房一定要做好控温措施。

老人卧房的植物选择

老人居室以栽培观叶植物为佳，这些植物不必吸收大量水分，可省却不少劳力。如可放些万年青、蜘蛛叶兰、宝珠百合等常青植物，象征老人长寿。

桌上可放置季节性的球类及适宜于水栽培的植物，容易观察其发根生长，可使老人在关心植株生长中打发空闲时间。还可从医药卫生和心理学角度出发，恰当摆放有益于人体身心健康的花卉。如仙人球、令箭荷花和兰科花卉等，在夜间能吸收二氧化碳，释放出大量氧气；米兰、茉莉、月季等则有净化空气的功效；秋海棠能除去家具和绝缘物品散发的挥发油和甲醛；兰花的香气沁人心脾，能迅速消除疲劳；茉莉和菊花的香气可使人头晕、感冒、鼻塞等症状减轻。

老人卧房的家具选择

在挑选老人房家具时，要注意环保、安全、轻便，并且要符合老年人的身体特点。因为老人房装修除了要制造安全的家居环境以外，最主要的是要方便老人的起居住行。除了体质下降，老年人身体的协调能力也会下降，因此在为老年人选择家具时，要尽量避免年轻人喜欢的抽象等几何造型。要多选用一些圆形、椭圆形家具，减少屋中菱形、三角形等带有尖角形体的家具，以减少磕碰、擦伤等意外情况的发生，在心理上给老年人以安全感。

此外，老人房家居的选择还要考虑到老人的生理和心理需求，尽量满足老人的个人喜好。如，返璞归真的藤制家具深得老年人的喜爱，特别是一些藤制摇椅、藤制沙发、藤制休闲桌等，都可以为家中的老年人配备一两件，让他们更充分地接近自然，尽享愉悦的晚年生活。

◎ 古朴韵味十足的藤艺家具，营造出一种禅意、静谧的效果。在这样的房间里休息，老人的身心能得到完全地放松与恢复。

解读非常住宅

旺宅开运改运首看之书
居家设计布局最佳指导

204

老人卧房的家具摆放

老年人的睡眠质量一般不太高，为了能使他们有高质量的睡眠，家具应尽量以最佳的方式来摆设。首先，床位应按照卧房床位的法则摆放正确。另外应根据老人的需要，增添家具，并合理摆放。衣柜不适合摆在床头，尤其是紧挨床头，那样会给老人造成压迫感，影响高质量的睡眠。

此外，写字台在老人房中也是很重要的家具。有阅读、学习习惯的老人常会把卧房当作书房使用，因此需要一张大小适中的写字台。在房间面积有限的情况下，写字台的摆放不容易达到理想的状态，但应在有限的空间里，符合实际生活中的使用。很多老人并不会整天坐在写字台前阅读书写，所以，可以将写字台与床头摆放在同一方向。写字台上不应摆放超过两层高的小书架，如果有很多书需要摆放，可以在写字台的侧面设置一个书架。如果这些书并不是阅读的，最好选择一款带有轮子的小型书柜，将它们收藏起来，放

○ 老人房的家居摆放要以提高老人睡眠质量为目的。

在床下或者写字台下，既节约空间又使房间看起来简洁整齐。

老人卧房的装饰布置

　　健康长寿，能享清福，是每一位老人的心愿。所以，老人房的装饰布置，最适宜选用"平安益寿类"和"招福纳祥类"的装饰画。

　　老人房不宜挂镶嵌画、丙烯画、玻璃画，因这些画颜色鲜艳而刺激，对于老人的视觉系统是一种负担，会造成一种紧张情绪，不利于休息调养。

卧房吉祥物

　　正确认识卧房吉祥物的摆放，不仅能提高你的生活品质，还能增加好运，让你的家庭生活和谐美满。以下是最能增加好运的卧室吉祥物。

1.紫檀骆驼

　　骆驼背上有驼峰，似笔架，内藏养分和水分。骆驼可以多天不吃不喝，仍然精力充沛，能经受艰苦环境的考验。紫檀骆驼象征精力充沛、不怕困难、拼搏向上、走向成功。

○ 紫檀骆驼

　　宜：创业阶段的公司和学生宜置紫檀骆驼。紫檀骆驼最宜处在创业阶段的企业和学生使用，一般摆放在书房、卧室、办公室内。

　　忌：年长者忌使用紫檀骆驼。专业人士建议年长者不要使用紫檀骆驼，因为骆驼会令老人感到心力疲惫。

2.长寿桃木剑

　　长寿桃木剑最长约为88厘米，使用纯桃木，人工加工而成。

　　宜：长寿桃木剑宜挂老人卧室。长寿桃木剑是一款专门为老人设计的桃木剑，天然桃木加上长寿花纹，有延年益寿之功效。一般可将其挂在老人卧室，对着床位挂在墙上最好。

忌： 长寿桃木剑忌正对人的头部。天然雕刻的桃木剑不要放到金属器具里保存，也不要将剑正对人的头部摆放。还要注意，剑身不要挂得超过人头高，或挂在床的正上方。

3.寿桃

寿桃象征延年益寿、保健长寿、年年有今日，常被作为贺寿佳礼。传说天上王母娘娘的桃园里种的仙桃，三千年开一次花，三千年结一次果，吃一枚就可延年益寿，因此，人们称此桃为寿桃。

宜： 寿桃宜置年长者的居室。寿桃一般摆放在年长者的居室，有添寿、增福之功效。

忌： 寿桃忌放在儿童房。儿童天真无邪，将寿桃放在儿童房，会让孩子对成长产生恐惧感。

4.福袋

福袋长约4厘米，为信用卡的二分之一大小，福袋内装有经文、宝石、檀香粒、古钱、粗盐等，象征智慧，结缘等。

宜： 保健康、平安宜使用福袋。福袋可随身携带，也可放置于车内。将其挂在床头，寓意健康、平安。如果小孩使用，寓意小孩健康成长。

○ 福袋

忌： 风水学理论认为，肖鼠者忌使用福袋。福袋的使用禁忌主要表现在生肖上，因福袋与鼠相克，所以属鼠者不宜使用。

解读非常住宅

旺宅开运改运首看之书

居家设计布局最佳指导

208

◎ 罗曼蒂克风尚　用现代的手法来诠释浪漫的卧室空间，将帷幔融合在天花板的设计中，营造浪漫氛围，展现了卧室空间独特的小资情调。休闲的沙发更令整个空间产生了舒适惬意之感。

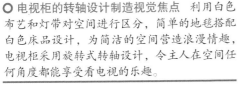

○ **电视柜的转轴设计制造视觉焦点** 利用白色布艺和灯带对空间进行区分，简单的地毯搭配白色床品设计，为简洁的空间营造浪漫情趣，电视柜采用旋转式转轴设计，令主人在空间任何角度都能享受看电视的乐趣。

○ **利用材质变化区隔空间** 整体背景以错落而凹凸有致的方形块面作为装饰，在梳妆台部分，镜子的使用既满足了功能需求，同时也利用材质的变化，改变了空间内容。整体墙面以红色为底，显示了主人热情奔放的性格特征。

○ **居室设计充满感情色彩** 设计创作是充满激情的过程，这种激情的产生因素很多，可能是一杯茶，抑或一段音乐。本案设计师怀着轻松愉悦的心情，将心灵深处的情感融入到空间塑造中去，打造了一个淡雅清丽、温馨舒适的居室空间。

○ **镜面增加空间宽敞的视觉效果** 简洁、时尚、大气是现今流行的大趋势。为了充分利用自然采光的优势，在空间以大面积镜面对光进行折射，增加空间宽敞的视觉效果，同时也为居室采光起到了良好的辅助作用。

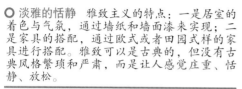

◎ 淡雅的恬静　雅致主义的特点：一是居室的着色与气氛，通过墙纸和墙面漆来实现；二是家具的搭配，通过欧式或者田园式样的家具进行搭配。雅致可以是古典的，但没有古典风格繁琐和严肃，而是让人感觉庄重、恬静、放松。

◎ 别样内卫打造雅致生活　该空间简单而宽敞，内卫采用钢化玻璃的隔断达到采光的目的，使整个空间显得更加明亮。木质浴缸体现主人对生活的热爱及享受。灿烂的阳光、浮动的玫瑰花瓣、馨香的精油……雅致生活就从这里开始。

◎ 影影绰绰的壁灯营造浪漫感　欧式花纹墙纸，简洁的吊顶造型饰以金漆，彰显尊贵不凡，以对称美、平衡美营造严谨的居室氛围。灯具造型具有西方风情，壁灯投射出影影绰绰的灯光，使空间具有朦胧、浪漫之感。

◎ 回归自然　不同风格中的元素在乡村风格中汇集融合，充分显现出自然质朴的特性，并以舒适功能为导向，强调"回归自然"，让乡村风格变得更加轻松、舒适，吊顶以杉木板作为材质，更具乡村风。

○ **细节打造精致与温馨** 本案以素雅的格子墙纸、白色的欧式家具打造出简约欧式的居住空间。墙面上的腰线犹如少女裙子上的腰带，成为细腻、精致、温馨空间里的点睛之笔。

○ **和谐雅致、别有韵味** 通过墙纸和墙面漆的颜色，打破现代主义的造型形式和装饰手法，注重线型的搭配和颜色的协调，令空间看起来和谐雅致、简洁却别有韵味，带弧度的床头造型，给整个居室空间增添了几许灵动感。

○ **现代的居家装饰** 现代风格家居装修，外形简洁，极力主张从实用性出发，着重发挥形式美，强调室内空间形态和物品的单一性、抽象性，多采用最新工艺与科技生产的材料与家具。其突出的特点是简洁、实用、美观，兼具个性化的展现。

○ **通透设计提升生活品质** 该空间通透明亮，玻璃材质隔墙的卫生间更具现代感。床背景采用软包处理，很舒适且更富有品位，令空间显得大气。地毯给人一种稳重踏实的感觉，在这样的空间里面你可以没有烦恼，尽情地享受生活。

◎ 在简洁中寻求艺术情趣　直挂的床幔云淡风轻，给人以舒适自然感。简洁的线条和方格图案就是这里最多的装饰了，干净、率直，井字格的线条，也为空间营造出淡雅、朴素的中式韵味，在简洁中寻求艺术情趣。

◎ 时尚的韵味　本案床背景利用软包的装饰给人无限的雅致舒适感。镜面的装饰给了空间明亮的氛围。简单大方的床品也给了空间时尚的韵味。

◎ 弧形窗构造一室浪漫　以简洁的手法，通过材质与色彩的变化，加上灯光效果的处理，营造现代居室空间。弧形的落地凸窗是本案结构上的特色，设计师将特色加以运用延伸，构造出休闲浪漫的空间。

◎ 鲜艳的颜色给空间以动感跳跃的心情　蓝绿色的空间基调，如幽深的湖水般，为主人营造出一个幽静、安宁的居住空间。简洁的家具，色彩艳丽的红、黄等装饰品，给空间以动感跳跃的心情。

○ 光晕营造温馨雅致的氛围 简洁的背景造型设计，通过材质的演变塑造完美。悬挂式的床头柜满足了功能需求的同时，又赋予空间现代感。灯光的光晕为空间营造了温馨雅致的氛围。

○ 灯光设计丰富空间层次感 白色波纹造型背景，让原本单调的空间显得生动有趣。通过灯光的设计，丰富了空间的层次感，整个空间简洁又蕴含着精致。

○ 黄金分割完美家具 意大利家具最显著的特点就是巧妙运用黄金分割，使家具呈现一种恰到好处的比例之美。该空间的床背景就能体现出意大利巴洛克的感觉。

○ 简洁中打造精致的居住享受 背景以古朴的柚木材质拼搭而成，看似简洁，却也极为精致、素雅。深色背景搭配浅色家具，以色彩的变幻凸显空间层次感，同时也为空间营造出一份深沉的稳重感。

◎ **大气婉约之灵秀空间** 如果说欧式风格的家居空间好比是公主的话，那本案就是大家闺秀。粉色的墙纸搭配镜面和家具，给人以大气、婉约之灵秀感。在浅色的空间里，偶有鲜亮的红色作为点缀，增添热情活跃的气息。

◎ **喜庆装饰带来浓浓的浪漫情调** 此婚房是为新婚夫妇量身打造的，大红色的布艺装饰给人带来大喜之期的喜庆激动心情，玫瑰花组合成的心形挂件为沐浴在爱河中的新人营造浓浓的浪漫情调。

◎ **大片颜色凸显喜悦气氛** 床上大片的红色，传递喜庆的消息，大方地接受众人的祝福。墙上的红色花纹减缓了红、白两色相撞的冲击，整体设计更加暖人心扉。床头上方的灯饰与挂帘为婚房增添一抹浪漫情调。

○ 迟暮之年充分享受美好生活　整体空间线条流畅，红木线条结合百叶状背景造型，朴素而深沉，高雅而宁静，令老人在迟暮之年充分享受美好的生活。

○ 黄色为基调使空间更明快　壁纸、家具、布艺等最好能够统一，选择同一色系的物品，局部用不同颜色或不同材质稍加点缀，如墙面是麦色的软包，家具是红木的，地板也是红木的，床品采用浅色系物品，这样看起来舒服。

○ 富有韵味的家具展现主人的品位　用深沉色调的实木地板与大量木质材料，凸显主人的高贵品位。材质的合理选用，配上极富韵味的家具，情调与性格随即展现。

○ 欧式卧室的浪漫情怀　描金细绣的欧式线条，古铜架的欧式床艺，帷幔窗帘，都以欧式为主题搭配在一起。素雅的墙纸营造出舒适、休闲的居住空间。

○ 简约时尚风　时尚不但是一种流行，更是一种传承。本案设计无论是从造型还是色彩，抑或是装饰及家具的搭配，都秉承了现代风格的流行元素，背景以不同大小的矩形组合装饰，另类而时尚。

○ 局部装饰彰显整个空间的大气　本案设计将中式家具的原始功能由形式化向舒适化转变，对空间进行了合理重组，局部装饰做得比较精致，使整个空间显得整齐、大气。

○ 新古典主义雅居　以简洁明快但绝不单调的设计，结合优质材料的运用，营造出温馨、舒适、典雅的居室环境。墙纸的运用在整个空间中起到了关键性的作用，灯光的点缀性设计，更增添了空间的层次感。

○ 异域风格显著的空间　厚重阔大的器物、镶金镀银的繁复花纹、造型严整的壁柜……这是美式古典风格的体现。背景墙采用线条加壁纸的设计，营造出一种立体感，使家具更显奢华。

○ 恣意地表达自己的品位　刻意地模仿不如恣意地表达自己的品位。白色为底，通过木饰面自然质感的塑造，成就简约、大气，又彰显现代都市居住空间的气质。浅色与深色巧妙搭配，将心情转换表露无遗。

○ 现代装饰编织美丽梦想　家居设计简单、抽象、明快，家具的颜色选用白色或流行色，配上合适的灯光就能为主人打造了一个瑰丽的梦想国度。

○ 精简的时尚风韵　黑色软包造型结合木质壁龛设计，简洁中透露着时尚，装饰品虽不多，但却蕴藏着深厚的内涵，陈设品精简，却表达了现代美的特色，展现了独立、自我的个性，让各种材料演绎出各自的风韵。

○ 惬意的后现代板式卧室　好一个惬意的后现代板式氛围。躺在地台上感受着阳光的洗礼，享受SPA带给人的舒适感。床背景上硬朗的木线条能带来安全感，柔软舒适的床让辛苦一天的主人们好好地休憩一番。

旺宅开运改运首看之书
居家设计布局最佳指导
218

◎ **以现代的美打造传统韵味** 家具上做出镂空效果，线条简单的柜体配以金属的拉手，简约之风便扑面而来。简洁的灯，古典元素的装饰墙面，以现代的美打造富有传统韵味的雅致生活，将传统中式底蕴和谐地渗入到现代居室中。

◎ **现代和古典相互交融** 镜面、实木、墙纸再加上灯光效果的设计，简洁不失大气，一切尽在不言中，不虚伪、不掩饰，只求实实在在的真切感受，无欲的清心确实可贵。

◎ **装饰画透露着古典气息** 要打造新古典主义装修风格，就要打破古典主义的框架，使居室设计简约而充满激情，清新而不失厚重。简约造型的深色家具是新古典主义家居的主调，饰品的选择则极其精致考究，连墙壁上面的装饰画都散发着古典气息。

◎ **原生态空间** 以浅浅的绿色为基调，原木家具的配置使空间充满清新自然之感。背景为中式花格点缀的古代宫廷工笔画，加上光带的运用，为主人带来一份舒适清爽的别致体验。

○ **现代中式之风的卧室设计** 设计简洁大气，摆脱了传统中式风格的束缚，以明快的色彩、简洁的造型营造现代中式居室氛围，打破传统中式的凝重感，令居室自然、舒适又不失温馨和谐，将卧室休闲休憩的功能展现得淋漓尽致。

○ **中国元素增添韵味** 在充满现代感的视觉形象中，添加中国元素的木制格栅使整个空间更富有韵味，层次让空间更生动。在以白色为主调的空间里，床背景用跳跃的颜色来吸引眼球，使空间更有律动感。

○ **简洁时尚的英伦风** 设计结合居室的功能，由内及外，注重局部与整体、内容与形式的协调统一，创造出意境深邃、格调流畅的设计方案。简洁、时尚、大气且带着浓浓的英伦风情，给人以不同的舒适体验。

○ **奢华空间的享受** 实木线框圈边，与暗红的墙纸相搭配的窗帘、素色的地毯，为屋主打造出集华丽、奢华、高贵于一身的古典主义风格居室，令人充分感受到贵族般的气息。

○ **统一格调塑造和谐氛围** 以温馨古典风格为主题，结合此风格的设计特征简化空间造型，通过古典风格元素的融合搭配塑造和谐氛围。

○ **低调的奢华感** 在卧室的设计上，设计师追求的是功能与形式完美统一、优雅独特、简洁明快的设计风格，时尚而不浮躁、庄重典雅而不乏轻松浪漫。天花的独特设计，使卧室看似简单，实则韵味无穷。

○ **亲近自然** 空间要以居住等实用功能为基础，环境要尽可能地与自然亲近。本案床背景采用木纹壁纸，床和床头柜都采用木纹表面。在这样的空间里面，能静下心来凝神思索……

○ **精心雕琢，追求完美** 设计，就是在精雕细琢中为空间注入心血和生命。设计师所诠释的正是一种品质，一份厚重的承载。在本案中，从吊顶到家具，对细节处完美的追求让人不得不为之心动。

○ 雅致主义卧室设计　灯光照明温馨柔和，使室内更具浪漫舒适的温情。在局部点缀其他颜色，使整体画面体现有主有次的层次感。地板采用浅木纹色，打破了整个空间的沉闷气氛。

○ 富丽而不庸俗，简洁而蕴含深意　对家具及饰物的倚重越来越成为当今设计潮流。设计师采用质感强烈但舒适度极高的装饰材料和家具，加入中式元素的配饰与家具，营造出一个整体格调富丽而不庸俗，简洁而蕴含深意的视觉中心。

○ 简约风格体现精致生活　简洁和实用是现代简约风格的基本特点。经济、实用、舒适的同时，体现一定的文化品位。而简约风格不仅注重居室的实用性，而且还体现出了工业化社会生活的精致与个性，符合现代人的生活品位。

○ 简洁装饰勾勒舒适居家环境　本案以利落大方的手笔勾勒舒适居家空间，素雅的色调融合简洁的装饰，令整个氛围温馨祥和。镜面的使用不光起到了点缀作用，更有延伸空间之妙用。

第六章

设计

儿童房与婴儿房的

快乐成长从美好家居开始

儿童房最重要的功能，是满足孩子有一个自由安全的小天地。对他们来说，这里是沉睡时静静的港湾，是嬉笑玩耍的快乐天地，又是静心阅读和思考的世界。布置儿童房的时候不妨让孩子们参与进来，根据他们的需求来营造一个适合他们的睡眠空间，以此打造最舒适的儿童房。

儿童房的位置

在中国，孩子被称作是早晨七八点钟的太阳，在黎明时能最早接受阳光能量的房间是最理想的儿童房。风水学理论认为，儿童房首选设在住宅的东部或东南部，选择这两个方向能刺激孩子的健康发展，能预示着儿童天天向上、活泼可爱、稳步成长；而住宅的西部五行属金，下午会接收阳光，也可以用作儿童房，但是此方位更适合于儿童睡眠，不利于儿童房的游戏功能。

其次，可根据家里孩子的性别和年龄来选择不同的房间位置。如东方为震卦，代表长男；东南为巽卦，代表长女，然后据此来安排房间的位置。安排儿童房时，还要注意远离厨房和卫生间，以免受油烟、污秽之气的干扰，更不应有穿堂风使孩子易着凉感冒。

此外，将孩子的房间设于何处，应该按照其年龄做决定。在孩子年纪尚小时，儿童房应紧邻父母的房间；等到孩子10岁以后，房间最好与父母的卧房保持一定的距离，以便各自拥有独立的生活空间。另外，儿童房不宜设在房屋中心，因为房屋中心是住宅的重点所在，倘若将一屋的重点用作儿童房，便有轻重失调之弊。

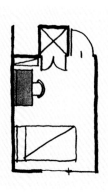
◎ 儿童房的桌子最好面对墙壁。

◎ 儿童房的下方不宜设置车库。

◎ 儿童房天花板的颜色最好采用素色。

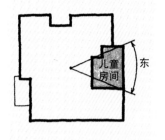

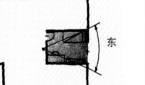

○ 位于南方位的儿童房，门扉上方应加设气窗。

○ 儿童房的吉相方位是东方。

○ 为了使子女学业成绩进步，最好让他朝东睡觉。

儿童房的空间布置

　　儿童房是孩子童年的一个独立小天地，其重要功能是能够满足孩子在自己的小天地里自由地学习、玩乐、睡眠，家长在为孩子选择和装修房间时，除了要避免成人卧室所遇到的问题，还必须充分考虑儿童房的独特功能。比如，儿童房需要空间，不可装潢得太复杂，家具也不宜太庞大，使房间无阻塞与局促之感。

　　儿童房是儿童私有的空间，要令儿童健康成长且能够独立，减少依赖性。可在房间里设置充足的储物柜或箱子，地面的箱子最理想，以便让他们自由组织内部的物品，培养他们的动手能力，而做家长的不要去干预。充足的储物柜还有助于使房间保持整洁，适合玩耍。但要切记家具尽量多用圆形，忌用玻璃制品，避免尖角和降低磕碰的危险。并且教导他们玩耍后要立即将玩具等物品收拾好，培养有始有终的习惯。

　　此外，对于儿童的空间要适当留

○ 儿童房应满足孩子学习、玩耍、休息等要求。其中，书桌是必不可少的。

全面揭示风水发家密码
精心打造顺风顺水旺宅

白。随着孩子年龄的增长，接受越来越多的新东西，他喜欢的东西会随之变化，儿童房也要实现从游乐场到良好读书环境的转变。给空间适当留白，即给孩子留下活动的空间，也方便改动，为孩子的成长增添新的设置。

儿童房的形状

儿童房的形状宜方正。方正的儿童房，象征孩子堂堂正正、规规矩矩做人。儿童房的形状忌讳奇形怪状，如呈三角形或菱形等不规则形状会影响到儿童的人格发展，长期居住在这样的房间，容易使孩子脾气暴躁、性格偏激。如果已经选用了不规则形状的房间做儿童房，化解的方法就是将房间改作其他功能区域，或者采用装修的办法，将其改成方正的空间。

◎ 不规则的房间设计容易使孩子的个性变得暴躁、偏激。

儿童房的床位

儿童房内床的摆放位置很重要，除了要参考成人房的相关忌讳外，还要注意其他一些特有事项。风水学理论认为，儿童床的床头朝向以东及东南位较好，但如果小孩夜间难以入眠，则可选较为平静的西部及北部。

孩子如果是家中的独生子女，儿童床的床位应与父母的床位放于同一方向，这会有助于父母与孩子感情的融洽。如果家中有两个或以上的小孩合用一个房间，宜将他们的床放于同一方向。

此外还应注意：床位面向窗户的，阳光不宜太强（易心烦）；床位不可在阳台上（即私自扩建后，小孩床位全部或一部分位于阳台上），更不宜靠近阳台的落地窗；床位也不可在厨房灶台上下、厕所上下（易患皮肤病、心烦）；床头不可以放录音机（会导致脑神经衰弱）；床头乃至床位、书桌右方均不可有马达转动；床位脚部不可正对门和马桶；头部不可正对房门，头

解读非常住宅

上不可有冷气机、抽风机转动。

儿童房的颜色

儿童房的最大特色是拥有艳丽多变的色彩和生动活泼的造型。儿童有丰富的想象力，各种不同的颜色能吸引儿童的目光，还能刺激儿童的视觉神经，训练儿童对于色彩的敏锐度，并提高儿童的创造力。

环境的颜色对于孩子成长具有深远的影响，可从颜色的作用影响出发，选择适宜的颜色。如蓝色、紫色可塑造孩子安静的性格；粉色、淡黄色可以塑造女孩温柔、乖巧的性格；橙色及黄色带来欢乐和谐；而粉红色则带来安静；绿色与海蓝系列最为接近大自然，能让人拥有自由、开阔的心灵空间，且绿色对儿童的视力有益；红、棕等暖色调能让人变得热情、时尚、有效率，而单调的灰色、蓝色、黑色、深咖啡色等，均不适宜用做儿童房的主色。

此外，在选择儿童房色彩时，还要切合孩子的性格。家长平时可多留心孩子对色彩的不同反应，选择孩子感到平静、舒适的色彩。如单调深沉的色彩易让孩子变得孤僻、反应迟钝。对于性格软弱、内向的儿童，就应采用对比强烈的颜色，刺激神经的发育。对于好动的孩子，就应选用浅淡的蓝色或紫色，这样能使孩子变得安静些。而性格暴躁的儿童则宜选用淡雅的色调，这样有助于塑造孩子健康的心态。

儿童房色彩还应符合孩子的性别，如男孩儿房的色彩要男子气，女孩儿的色彩要淑女化。一般男孩子的色彩是青色系列（青绿、青、青紫），女孩子喜欢的色彩是红色系列（红、紫红、橙），无色、黄色系列的色彩则不拘性别，男孩和女孩都能接受。

○ 居住环境的颜色对孩子的个性、心态等有深远的影响。

儿童房的采光与照明

在儿童房设计的各种因素中，"光"的作用可不小，用好了，对孩子的视力、情绪都有好处；用得不好，就变成了光污染。对儿童来说，自然光最健康自然，合适且充足的光照能让房间温暖、有安全感，有利于孩子的健康成长。因此，设计儿童房室最好选择采光好、向阳、通风的房间，白天应打开窗户、窗帘，尽可能让阳光进入室内。

○ 在布置儿童房时，要考虑阳光是否充足，空气是否流畅等问题。

直射照明容易刺激孩子的眼睛，影响视力。因此，儿童房的灯光照明最好采用漫射照明。漫射照明是一种将光源安装在壁橱或天花板上，使灯光朝上照到天花板，再利用天花板反射光的照明方法。这种光给人温暖、欢乐、祥和的感觉，同时亮度适中，比较柔和，适宜儿童使用。还可以在书桌上放置不闪烁的护眼台灯，这样，不仅可以减小视力变弱的可能性，更能让孩子集中精力学习，达到事半功倍的效果。

此外，儿童房的灯光要与房间的整体风格相协调，同一房间的多种灯具，其色彩和款式应保持一致。儿童房是一个丰富多彩的空间，宜选用色彩艳丽、款式富于变化的灯具，才能与整体风格相协调。

需要注意的是，长期使用人造光照明会扰乱人体的生物钟和生理模式，不但使眼睛疲劳，还会降低儿童对钙质的吸收能力。长时间灯光照射，还容易使孩子变得精神萎靡，注意力不集中。因此，白天儿童房的采光建议多利用自然光，夜间照明也要科学合理安排，培养孩子早睡早起的好习惯。

儿童房的天花板

儿童房是个孕育孩子梦想的地方，造型有趣的天花板，既能充分体现功能性和美感，协调儿童房的整体美观；还能引发联想，激起孩子变化多端的想象力。比如把天花做成蓝天白云或者璀璨星空，激发孩子的想象力。因此，装修儿童房时，天花顶面一定不能忽视。

而且适当的天花板造型还有助于做出柔和光线，从而保证儿童房的光线充足又不太刺眼，给孩子营造一种安全、温馨的感觉。风水学理论认为，天花板上有大的横梁穿过时，如果孩

○ 有趣的天花能激发儿童的想象力。

子的床位与横梁形成"十"字形，就可能影响孩子思考和决断力，时间长了还会压抑孩子的个性，不利于感性思维的正常发育。如果巧妙地对天花加以造型，不仅能轻松避免这一问题，还可启发孩子的灵感，促进儿童大脑发育。

儿童房的地板

儿童最喜欢在地板上摸、爬、躺、滚、打，地板可以说是孩子接触最多的地方，也是他们最喜欢的地方。要杜绝地板材料可能对孩子造成的伤害，选用何种地面材料，如何对地面进行装饰，都是父母在装修时需要着重考虑的问题。

根据地面装饰材料的安全性和孩子成长阶段的不同，对于儿童房中地面材料的选择给出以下建议：

① 0~2岁时以确保孩子健康最重要，这个年龄段的儿童身体与心理都处于急速生长发育期，少量的污染物对他们而言，都会造成严重的影响。因此地板材料以实木地板最佳，既安全又方便清洁。

②2~6岁时以降低地面对孩子的伤害最为重要，这个年龄段的孩子喜欢四处探索，容易发生意外。因此，地面材料能够为孩子活动提供保护成为最高原则，柔柔的地毯最能在孩子摔倒时提供直接的保护。不过，父母应对地毯定时进行清洗，因为地毯容易滋生各类细菌及螨虫，如果卫生工作做得不到位，反而会给孩子造成意想不到的危害。

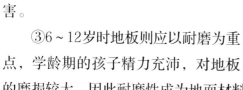
○ 儿童房的地板选择的材质是以孩子的年龄段为依据的。

③6~12岁时地板则应以耐磨为重点，学龄期的孩子精力充沛，对地板的磨损较大，因此耐磨性成为地面材料选择的重要考虑因素。耐磨好打理的强化地板，环保性能仍然较佳，比其他的材质更安全。

此外，儿童房的地板忌有凹凸不平的花纹、接缝等容易磕绊孩子的东西，任何掉入接缝中的小东西还可能成为对孩子潜在的威胁。儿童房也不宜有过多的阶梯或高低起伏的坡度，这种装修无形中都会造成儿童活动的不便，甚至会发生意外。

儿童房的墙壁装修

孩子是家里的小主人，随着环境教育研究的深入，儿童房的装修也越来越受到家长的重视。其中，儿童房墙壁的装修对儿童房的环保与否影响深远，尤其需要注意。

1.儿童房的墙壁装修材料须用合格产品

儿童房的装修推崇简单，不需进行过于复杂的硬装修，以减少装修材料叠加造成的污染。像木器漆、墙面漆、胶水、天然石材等墙面装修材料都不同程度地含有苯、甲醛、辐射等一些对健康不利的因素。

○ 孩子的成长速度常常让父母措手不及。预留展示空间，其实就是为孩子的成长留出空间，让孩子自由发挥，快乐成长。

因此，在儿童房的墙壁装修上，一定要选择合乎安全标准的产品，比如儿童房专用的艺术涂料或者液体壁纸。艺术涂料可以做出比墙面漆更丰富的效果，也比较环保。而专门供儿童房使用的环保壁纸，有害物质较少，脏了也很容易擦洗。但即便使用的是非常环保的材料，在装修后2个月仍需大开门窗，每天通风四个小时以上，从而让污染物尽快扩散。

因为所有的孩子都喜欢在墙面随便涂鸦，父母可以在房内挂一块白板，或者留白一块墙面，让孩子有一处可任意描绘、自由张贴的天地，这样既能丰富整体空间，还能激发孩子的创造力。

2.儿童房的墙壁可用挂画装饰

儿童的房间一般会挂几幅画，所挂的图画内容一定要谨慎选择。儿童的心志还未成熟，不会辨别善恶美丑。而他们天生的模仿能力就很强，长时间在这些图画的耳濡目染下，必定会形成与图画所传达的意境相似的性格。因此，所挂的图画的寓意应积极向上、颜色柔美、风格欢快活泼。比较容易的选择是一些显示旺盛生命力的植物或圆润饱满的水果，这种题材的挂画给人勃勃生机，让人联想到积极健康的生活，并且此类挂画颜色柔美，画面生动逼真，能给儿童一些积极有益的熏陶。孩子卧室墙壁不可张贴太花哨的壁纸，

以免让孩子心乱、烦躁；不可贴奇形怪状的动物画像，以免孩子行为怪异，因有形必有灵，物以类聚；不可贴武士战斗之图，以免孩子产生好勇斗狠之心态。

儿童房宜挂小幅画，画框也宜轻巧可爱，不宜用太粗的框。因为太大的画或太粗的画框，会失去小巧可爱的特性，而破坏童真的趣味。

儿童画的图案宜选用卡通类、儿童人物类等的主题。这些图案轻松明快、纯真可爱，符合儿童的心理，能够给孩子们带来艺术的启蒙及感性的培养。

几幅儿童画的排列宜按儿童的想象，采取非对称形式布局，几幅小画可高低错落、三角形或菱形排列，使空间活泼起来。

孩子的美术作品或手工作品，也可利用展示板或在空间的一隅加设层板摆放，既满足孩子的成就感，也达到了趣味展示的作用。

3.儿童房的墙壁可用墙绘装饰

墙绘是现代住宅比较流行的一种装饰手段，美好的生活环境具有陶冶人的情操的作用。千变万化的图案还可激发儿童对整个世界的想象。美国儿童心理学家詹姆斯·米勒经过多年研究发现，在儿童房间内根据孩子的个性需求绘制壁画，有助于孩子的思维发展,有助于培养他们的创造能力和想象力。

儿童房由于其群体的特殊性，在绘制时要求要比一般的手绘墙更严格，在绘画的色调、图案搭配上需切合孩子的个性需求。

首先，在色调的选择上要与儿童房的整体色调统一，颜色搭配则要合理。不合理的色彩搭配会对孩子的心理产生一定的影响。因此，在设计配色方案时，一是要根据儿童的喜好，画师也应当有一定的取舍，以保证色调的最好效果。

其次，儿童房的图案一般以卡通为主，具体可根据儿童对卡通图案的

○ 儿童房的墙绘不应以追求潮流为目的，其要与孩子的个性需求相契合。

解读非常住宅

旺宅开运改运首看之书

居家设计布局最佳指导

232

喜好要求来绘制。也有很多孩子并没有特别喜欢的图案，这时墙绘的图案就应尽量多元化，多给孩子留下想象空间。

此外，要注意色调与图案的协调统一。由于卡通图案颜色大多都比较丰富，这就需要画师在绘制之前做好效果图，以保证画上墙以后能达到比较好的效果。

儿童房的窗帘选择

窗帘对于儿童房的作用可不一般，它不仅为家居装饰起到画龙点睛的作用，更重要的是它还会影响到孩子的生理与心理健康。在挑选儿童房窗帘时，以下几点必须要注意：

①注意窗户的朝向。朝向不同屋内的光照强度也不相同，要根据阳光的强度选择窗帘。东边的房间早晨阳光最充足，但不刺眼，可通过丝柔百叶帘和垂直帘来调节光线强度，让宝宝在醒来的第一眼，就有一个好心情。南窗是向阳的窗口，光线含有大量的热量和紫外线，应该选择防晒、防紫外线的功效较强的双层窗帘，它能将强烈的日光散发变成柔和的光线，给孩子带来舒适的生活环境。西窗光照最强，百叶帘、百褶帘、木帘和经过特殊处理的布艺窗帘都是不错的选择，它们都能有效减弱光照强度，给宝宝提供保护。北窗光线温和均匀，适合选择一些蛋黄色或者是半透明的素色窗帘，给人以生机盎然的感觉。

②注意窗帘的色彩。儿童房的装饰要力求明快、活泼，古旧成熟、深沉色调的窗帘，是不适用于儿童房的，它容易使孩子变得忧郁、深沉。因此，儿童房最好选择色彩柔和、充满童趣的窗帘。此外，窗帘色彩的选择还可根据季节的变换而有所区别，夏天色宜淡，冬天色宜深，以便调整心理上

○ 儿童房不宜过暗，也不宜过亮，要根据阳光的强度来选择窗帘。

的"热"与"冷"的感觉。

③注意窗帘的图案。窗帘的图案，要从儿童的心理出发，比如选择星星和月亮图案，能让孩子情绪安静。还可以从孩子的喜好出发，选择各种卡通图案，如喜羊羊、米老鼠等。此外，在同一房间内，最好选用同一色彩和图案的窗帘，以保持整体美，预防杂乱之感。

④注意窗帘的材质。常见的窗帘材质有棉质、麻质、纱质、绸缎、植绒、竹质、人造纤维等，其中棉、麻柔软舒适，易于洗涤和更换；纱质窗帘透光性好，装饰性较强；绸缎、植绒窗帘遮光隔音效果好，质地细腻；竹帘采光效果好，纹理清晰，且耐磨、防潮、防霉，最适合南方的潮湿环境；百叶窗调整方便，在选择时应检查叶片是否平滑、翻转是否自如。

儿童房的床和床垫

很多家长为了让孩子睡得舒服，选择床时认为越大越好；选择床垫时，认为越软越好，其实这都是错误的。因为孩子正处在成长发育的好动时期，骨骼和脊椎都没有完全发育成熟，床过大过小孩子都容易翻出窗外，床垫过软则容易造成孩子的骨骼变形。而且这还会让孩子养成爱享受、缺乏斗志的坏习惯。

因此，在选择儿童床时以带有护栏的为佳，而且护栏的每个柱间隙最好控制在7厘米，这是经过国际安全测试出来的安全标准。因为，床栏间隙

○ 要根据实际情况来选择儿童床床垫的大小、硬度和是否装护栏。

过大，容易卡住头；床栏间隙过小，容易卡住手和脚，造成不必要的伤害，7厘米的间距最佳。

选择床垫时，太硬的床垫固然不可取，但太软的床垫也不利于儿童健康。具体来说，选择儿童床以木板床和较硬的弹簧床为宜，不宜选择过于松软的

弹性垫。此外，建议不要选用50毫米至100毫米厚的海绵垫，孩子新陈代谢旺盛，汗水容易累积在海绵垫内无法挥发，而导致儿童生痱子、皮炎等。

儿童房的书桌

适宜的书桌应是能带给儿童一种浓郁的学习氛围。学习区域的书桌摆放应该注意下面几个方面。书桌大小要合适，书桌过大会使儿童感到学习有压力，甚至会觉得学习是一种负担，即使对成人来讲也会如此。书桌过小，容易使儿童产生学习不重要的心理暗示，轻视学习或忽视学习的重要作用。通常书桌以长方形为首选，正方形和圆形也可，但其他的多角形状的书桌不宜选用。书桌上不宜放过高的书架，如果摆放了书架，最好不要超过三本书的高度，否则会给使用书桌学习的儿童一种压抑的感觉。

○ 儿童房摆放书桌，满足孩子的求知欲，能极大地开拓儿童的智力和创造力。

书桌最适合摆放在前面空旷而侧面靠墙的位置。前面是一处空白，可以给人遐想的空间，激发人的创造力，而侧面靠墙则给人安稳的感觉，很适合专心读书。书桌不宜面向卫浴间、厨房的灶台，这两处都是不利于专心学习的方位。窗口冲着巷口、路口时，书桌不宜摆在窗口下。从窗口看到路人频繁走动，看到车水马龙，这些运动的景物会使在窗口学习的儿童分散注意力，不利于培养儿童专心致志学习的习惯。

儿童房的绿化

儿童房的绿化要有新颖的布局，除通常摆设的盆栽花草外，还可采用悬挂、壁插、瓶花等多种园艺布置手法。儿童房的绿化还要符合孩子快乐的审美情趣，如用椰壳、竹筒、金鱼缸等作为器皿来种植各种瓶景、缸景。在家里养上一缸金鱼或几只鸣虫，也会为这绿色世界增添几分乐趣。

在儿童房适量摆放一两盆花卉，可以使空间充满生机，增添自然、亲切的氛围，还可以在一定程度上净化空气、美化居室。但也有些人就喜欢在儿童房内摆放过多的植物，这反而可能给孩子带来危害。原因有两点：一是风水学理论认为，儿童是成长中的幼苗，如果把过多植物放在他们的房内，植物会跟儿童争抢空气，不利儿童成长；二是从生理卫生方面来说，植物的花粉可能会刺激儿童稚嫩的皮肤以及呼吸系统的器官，从而产生过敏反应。另外，植物的泥土及枝叶容

◎ 儿童房的植物不宜过多，花卉气味不能太浓。

易滋生蚊虫，对儿童的健康也不适宜。而带刺的植物如仙人掌、玫瑰等，绝不适宜摆放在儿童房中。

适合摆放在儿童房的植物主要有：芦荟、吊兰、虎尾兰、非洲菊、金绿萝、紫菀属、鸡冠花、常青藤、蔷薇、万年青、铁树、菊花、龙舌兰、桉树、天门冬、无花果、蓬莱蕉、龟背竹等。不适宜摆放在儿童房中的植物主要有：兰花、紫荆花、含羞草、月季花、百合花、夜来香、松柏、仙人掌、仙人球、洋绣球花、郁金香、黄花杜鹃等。

儿童房玩具的收纳

现代的玩具五花八门，玩具最安全的摆法是，将所有玩具用储物柜或储物箱摆放好。若将玩具散满全屋，一来不美观；二来会造成危险，使小孩子容易绊倒。因此，玩具要经常收拾好，千万不要堆置在小孩子的书桌及睡床上，这样会使小孩子读书时不专心，也会影响睡眠健康，这是很多家庭经常犯的毛病。

儿童房应注意储藏空间的预留

孩子慢慢长大进入青少年时期，就会开始产生空间领域的意识，不再像学龄时期那样愿意大人随意进出他们的房间，就连平常在房里也爱关上房门，好像有许多秘密。其实，他们只是想做自己想做的事，想保留自己的秘密。这时，他们也希望能由自己来安排房间里的陈设细节。装修儿童房应该给她们准备足够的储藏空间，重要的是告诉他们如何收拾自己的东西。做父母不能再因为看不惯他们房间的凌乱，就随意进去整理、打扫，否则容易使孩子感到"领域被侵犯"，给孩子造成不必要的伤害并使家庭关系紧张。

○ 进入青春期的儿童物品开始增多，装修时就应该为他们准备足够的收纳储藏空间。

儿童房的装饰

一般家长都喜欢在儿童房摆设类似于孔雀、骏马等饰物，寓意"孔雀开屏"和"马到功成"。这类造型以栩栩如生、充满活力、富于积极向上的精神主题为首选。反之，如敛屏孔雀，低头马儿等意志消沉的则不宜选用。此外，悲伤的字句或萧条的图画也不宜悬挂，而牛角、兽头、龟壳、巨型折扇、刀剑等装饰品也不适合在儿童房陈设。

深沉凝重的油画容易让孩子心情

○ 儿童房的墙壁装饰以悬挂色彩鲜艳的画作为佳，有利于促进孩子的视力发展。

忧郁，影响整个空间的气氛。并且油画都极具艺术性，不适宜孩子欣赏。对他们来说，鲜艳的色彩最能吸引眼球，从而刺激他们对色彩的辨认。同时，儿童房的墙壁不可张贴奇形怪状的动物画像，也不宜张贴武士、战士一类的图片。

婴儿房的位置

由于婴儿一出生后几乎都在睡觉，并且婴儿的身体机能均很稚嫩，因此绝对不能让婴儿住在刚刚装修好的房子里。婴儿房应尽量避免外人来往，更不要在屋里吸烟，以减少空气污染。还要避免噪音和油烟，绝不能与厨房相对。

婴儿的居室及周围应避免噪音，因为婴儿的耳膜十分脆弱，持续的噪音会破坏婴儿的听力，而且严重的还会影响婴儿的智力发育。

婴儿房内必须保持良好的光线与通风，而房间的方位在东方为好，因为光的能量能够充分进入室内，白昼与黑夜的体现较为完善。婴儿的房间宜向阳，阳光中的紫外线可以促进维生素D的形成，防止婴儿患小儿佝偻病，但应注意避免阳光直接照射婴儿脸面。

另外，在室内不要直接隔着玻璃晒太阳，因为玻璃能够阻挡紫外线，起不到促进钙质吸收的作用。婴儿和母亲的被褥要经常在阳光下翻晒，这样可以杀菌，防止婴儿皮肤和呼吸道发炎。

婴儿房的床位

婴儿床应该是独立的，放置在房间的中央，体现以其为尊的思想，也利于大人周围呵护，这样有利于婴儿的成长与自我意识的树立，其中头北脚南的位置特别适合初生婴儿。

婴儿居住环境的要求不一定是高级住宅，只要用心布置，因陋就简，同样会使小宝宝有一个良好的环境。但是，婴儿房内最好保持适宜的温度和湿度，夏季室温在24~28℃为宜，冬季在18~22℃为宜，湿度在40%~50%最佳。冬天可用暖气、红外线炉取暖，但一定要经常通风，保持室内空

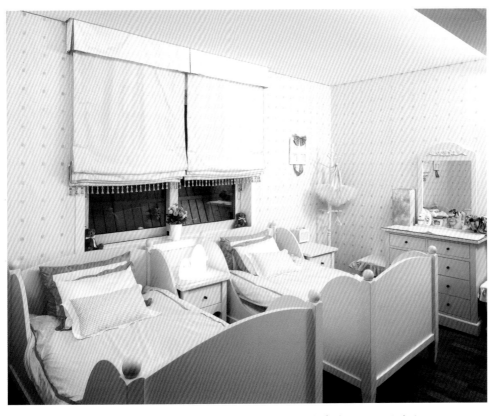

○ 婴儿房的床最好摆放在房子的中间，促进婴儿发展自我意识，快快成长。

气新鲜，通风时注意风不要直接吹着婴儿，外面风太大时应暂不开窗。
为了保持居室空气新鲜，还可用湿布擦桌面，用拖把拖地，不要干扫，
以免尘土飞扬。

婴儿房的颜色

　　婴儿房间的装饰色彩以清爽、明朗、欢快、柔和为宜，不宜用深色。研
究证明婴儿喜欢自然的颜色，如淡蓝色、粉红、柠檬黄、明亮的苹果色或是
草绿色，用原色喷出的图画也会使房间显得明亮、活泼，同时对婴儿的中枢
神经系统有良好的镇定作用。建议婴儿房间的墙面使用柔和清爽的浅色，家
具选用乳白色或原木色，同时根据宝宝的年龄增长和喜好变换不同色彩的装
饰画或墙绘，给宝宝一个多姿多彩的环境。

　　婴儿视力还没发育完全，大的彩色几何图形比较容易吸引婴儿的注意，

◎ 婴儿房的色彩宜明亮柔和，以选择对婴儿视力有益的色彩为佳。

促进宝宝的视力发展。因此，可在婴儿房或婴儿床上挂些彩色气球、彩色吹塑玩具等，让宝宝感受并学习不同的色彩。

儿童房与婴儿房的安全事项

　　大部分家庭在装潢、设计房子时，都是以大人的需求进行。因此当宝宝降临时，很多家庭的环境不一定能为孩子的成长提供足够的安全性能。而孩子还没有足够的自我保护能力，因此大人在对住宅进行设计调整时，一定要从安全方面来考虑装潢设计的方方面面。

　　①地板不要打蜡，以免引发宝宝意外跌伤。地板上最好铺设安全地垫(JPVC材质)，这样即使孩子们不小心跌倒，也不会受伤。

　　②将高桌子、高椅子收到孩子们不会去的地方，无法避免时，也不要让孩子有机会单独爬到高桌子、高椅子上。

解读非常住宅

旺宅开运改运首看之书
居家设计布局最佳指导

③将家具的边缘、尖角等处加装防护设施（圆弧角防护棉垫），以免孩子们跌倒时受伤。

④收拾好布料、衣物、玩具等软装饰物品，以免孩子绊倒。

⑤处理好插座和灯具设计，避免发生电击。2～3岁的儿童对钥匙孔、螺丝、纽扣等小突起或小凹陷表现出强烈的兴趣，电路插板就在其中，而且小孩的小指头也刚好能够伸进去，所以采用安全插座是非常必要的。房间中最好不要有裸露的电线，以防孩子绊倒和触电。裸露在外的电线，如电视和电脑等的电源线要尽量收短，并将其隐蔽或设在孩子碰不到的地方，以免孩子接触到电线。

○ 小孩子都是非常好动的，必须注意儿童房内可能给孩子带来的种种危险。合理归纳，铺设防滑垫，为宝宝玩耍打造一个安全活动空间，玩得开心，更玩得安全。

○ 打造整洁美观的儿童房 利用飘窗下面的空间作为储藏间,与学习区域的书桌连为一体,这样就充分利用了更多的空间来学习休闲。床的下面更是利用了储物功能,设计得既美观又实用。

○ 简洁层板设计，增添生活趣味　考虑到孩子的个性和喜好，为孩子营造舒适快乐的小小世界。简洁的层板设计既起到了装饰作用，又满足了置物的功能，为孩子的个人世界增添了更多趣味。

○ 红白蓝经典搭配　红色、蓝色、白色的经典搭配，也给孩子创造了热情、动感的生活空间。同时，摆设可爱的玩具，这也是孩子最喜欢的。

○ 给孩子营造一个想象的空间　蓝色的墙纸搭配点点星星，影影绰绰。精致的儿童家具，柔软的床品，为孩子打造了舒适整洁的居室环境。画板的布置，给小孩大展身手、发挥想象的空间。

○ 用颜色呼应整体感 用色彩的呼应来装饰空间，营造出强烈的视觉冲击。房间玲珑小巧，同时满足了孩子对采光、空间的需求，层板的制作又解决了收纳图书的问题。

○ 装修点评 造型可爱的小动物和毛绒玩具是孩子少年时代的最好伴侣。卡通造型的熊，卡通造型的狮子，卡通造型的老虎，都能够让孩子爱不释手。简洁的家具搭配给孩子创造了舒适的起居空间。

○ 蓝色调的空间营造利落感 看似简单，却是经父母巧思构造出来的。蓝白色调的空间，营造清新利落的感觉，波浪造型的背景，令空间灵动、活泼，充满趣味性。

○ 装修点评 设计者用心打造了一个舒适的成长和活动空间，可以使孩子们尽情地展现自己。

○ 动感而温馨 当孩子们迷恋娃娃、动物或者足球、汽车的时候，这些玩具成了装饰品的一部分。充满动感的摩托车墙纸、卡通玩偶，都是孩子所钟爱的。吊顶的设计，给空间增添了朦胧感，给居室营造了温馨氛围。

○ 简单实用，清清爽爽 该空间巧妙利用窗台的高度打造了一系列家具。书桌放置在窗边，很好地利用了采光的元素。床单用蓝白相间的颜色，给空间增加了跳跃感。

○ 营造欧式氛围 本案以浅蓝色为底，再以象牙白的欧式家具搭配，营造出浓浓的具有欧式氛围的儿童居室空间。书桌与层板的设计，在满足使用需求的同时也给孩子创造出趣味十足的居住空间。

○ 享受阳光的抚摸 本案墙面以不同造型的书桌以及层板提供了学习区域所需要具备的元素，大大的飘窗很好地满足了采光需求。

旺宅开运改运首看之书
居家设计布局最佳指导

◎ **装修点评** 粉绿色调的空间内，以鲜亮的红色、蓝色加以搭配组合，加上自然的原木家具配置，为孩子营造了充满童趣的居住娱乐空间。另外，别致的吊灯也给空间增添了丰富的趣味性。

◎ **巧妙合理利用空间，发挥多重功能** 组合式的床既合理利用了空间也拉近了两个孩子的心。一张书桌两把椅子，两个孩子可以在一起学习、交流。组合式的床也发挥着它的优点，休息跟储物两不误。

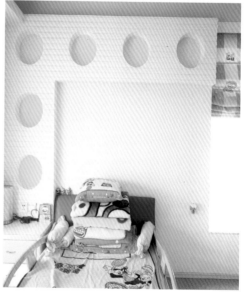

◎ **颜色巧妙搭配，提升空间层次感** 几个黄色小圆圈的出现美化了空间，提升了空间的层次感。连床头柜、床的框架也是用这种色系来表现。此外，床被由黄、绿、蓝三种颜色组合，也是一个很好的搭配。

○ **卡通元素，营造童趣世界** 软包的运用，既考虑到孩子睡眠时的舒适度，又起到了一定的装饰作用，充分显示了设计者细腻的心思。卡通图案的点缀，营造了充满童趣的儿童世界。

○ **自然纯真，充满个性** 本案以粉蓝色为主色调。原木色家具的搭配，为孩子营造了一个充满个性而又自然纯真的居室空间。此外，挂画与小饰品的点缀也是本案的亮点，与整体环境巧妙地融为一体。

○ **光的采用要与孩子性格相符** 在整体设计上采用明亮度较高，饱和、纯正的颜色，太深的色彩不宜大面积使用，否则会产生沉闷、压抑的感觉，这与孩子活泼、乐观的性格是不相符的。波纹状的设计，给空间增添了童趣。

○ **简洁而又时尚** 本案的设计妙趣横生，错落的空间构造，令孩子留恋不舍。简洁的设计元素，打造时尚的儿童居住空间。原木基调为空间带来无限的自然气息，让孩子在舒适的空间中尽情玩耍。

○ **原木质感家具，自然舒适** 原木质感的儿童组合家具，给孩子提供了自然舒适的居住空间。背景墙以米色为底，搭配原木置物格，温馨、自然。

○ **柔软而充满趣味** 利用软包的柔软性设计而成的储物柜，既有储物功能，更有装饰效果，同时也摒弃了木质材质的冷硬感，给孩子柔软的居住环境。卡通墙纸的装饰，给空间增添了无限趣味。

○ **装修点评** 原木色的桌椅给人温暖舒适的感觉，让孩子在学习的过程中也享受着这个气息。运用铅笔造型的灯来美化整个空间，使空间更有灵动感，更有学习的气氛。

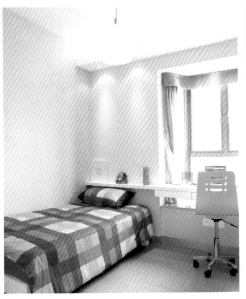

○ 休息、玩乐、学习　儿童房间是家庭中比较特殊的空间，它是集儿童睡眠、玩耍、学习于一体的小型综合空间。所以墙面色彩设计与其他空间有很大的不同，它必须以儿童的行为和心理为依据，亮丽的色彩能给孩子带来无限趣味。

○ 温馨整洁，身心俱佳　该空间是为年龄稍大的女孩设计的，粉色的壁纸、白色的家具，给孩子塑造了温馨整洁的居室空间。让孩子在结束一天忙碌的学习后，身心能得到完全的放松。

○ 巧妙布置空间，寄予款款深情　以树叶为主要表现手法的壁纸颇具特色。本案利用转角的空间制作了书桌及层板作为孩子学习的区域，从而给孩子腾出更大的休闲空间。本案的空间利用相当巧妙。

○ 蓝白色的空间，简洁大气　本空间以白色为主调，其间点缀淡雅的蓝色，使整个空间简洁大气。此外，整个空间同时能满足休息、学习、游戏、展示等多种需求。

○ **简单而丰富，视野开阔** 大面积的飘窗更能使孩子的视野开阔，有利孩子的身心健康。组合的一套家具给空间增添了绚美的色彩。此外，窗台上的彩色抱枕也诠释着整个空间的主题。

○ **井然有序，富有立体感** 米黄色的墙面壁纸配上腰线增加了立体的视觉感。素色的床单点缀着抱枕和孩子喜欢的唐老鸭、米老鼠等玩偶，让孩子在睡梦中也有它们陪伴。

○ **尽享清新自然的田园风格** 这是一个田园风格的卧室，清新自然。小碎花式的床上用品、灯饰、家具正体现出了田园的风格。而以米色的墙纸搭配线条，则使整个空间具有立体感。此外，飘窗使居室的光线充足。

○ **多样的陈设品，跳跃的音符** 摆设几件自己钟爱的玩具，是孩子们非常喜欢的事情。带有卡通图案的装饰布以及几件小工艺品，无不为房间添上跳跃的音符。

○ **缤纷绚烂，热情奔放** 在为孩子营造舒适居住空间的同时，也不忘给孩子塑造良好的性格，以粉色为主题的空间氛围，搭配缤纷绚烂的多彩装饰与玩具，给孩子一个灿烂的童年生活。

○ **装修点评** 本案以白色为设计主题，白色的墙面，白色的家具，搭配黄绿色床品，整个空间清新亮丽。家具的设计也十分讲究，尤其是书桌与床头柜的组合，整体统一的同时，又起到了装饰作用。

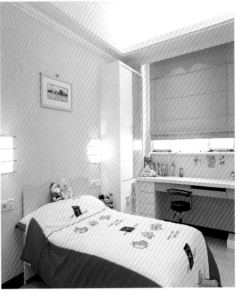

○ **强烈的色彩与线条展现纯现代风格** 该空间的纯现代风格被展现得淋漓尽致，整个空间线条感鲜明。强烈的红渐变色和白色使空间的色彩对比强烈。吊顶用石膏板叠加造型，产生出来的粗线条使空间更宽敞。

○ **生机勃勃，充满童趣** 一个多姿多彩的生活空间既能加深孩子们对外部世界的认识，又能给予孩子自由嬉戏的宽敞空间。家具搭配得舒适、充满童趣，同时，局部绿色的点缀，带来生机勃勃的气息。

◯ 简洁而具现代气息 具有强大储藏功能的书架书桌，满足了孩子求知的欲望；另一方面，家具的简洁造型给空间带来了装饰效果。灯具的造型给空间增添了现代气息。

◯ 简洁而充满童趣 粉色的墙面、白色的家具、彩色格子的床品，令孩子在干净利落的空间中快乐成长。摆放孩子钟爱的玩具，整个空间显得妙趣横生、充满童趣。

◯ 游乐园尽在小小天地中 玩具架上挂满了孩子所喜爱的玩具，不锈钢挂板的设计，既是装饰，又可储物，尤为独特。室内游戏桌的摆设，给孩子腾出充足的玩乐空间。

◯ 清新整洁，不失雅致 本案主要以精心设计的家具来打造孩子的生活空间。临窗的小床，舒适精致；小书柜更丰富了空间的内容，为孩子打造出一个清新整洁而又不失雅致的居室环境。

○ **创意大胆，极具人性化** 用机械的齿轮来作为楼梯的扶手，太有创意了。楼梯下面的储物功能非常人性化。依据户型而设计的吊顶给了空间更好的扩展力。

○ **多彩变幻，童趣十足** 多元的几何造型设计，给孩子营造趣味空间。以白色为底，点缀鲜亮的黄色，给空间以明亮阳光感。充分考虑孩子对新鲜事物好奇的天性，在墙面造型设计上多彩变幻，充满童趣。

○ **休闲与休息合二为一，其乐无穷** 本案空间集休闲与休息为一体，加上材质的变化运用，黄色的墙面软包、饰面板加玻璃的运用，给空间增添了通透感及舒适感。

○ **甜美安心的粉红空间** 女孩子大多会对粉色和红色有着特殊的偏爱，因为在她们心目中，粉色是最纯洁，也最能体现她们少女身份的颜色，红色则代表其开朗的性格。

○ **小夜灯的巧妙运用** 儿童房是孩子的独立空间，除了家具的设计有讲究外，房间的整体布局也应是关注的重点。本案在设计上巧妙地将孩子常用的小夜灯融入造型中，美观实用。粉色家具的布置，给孩子温馨舒适的居住空间。

○ **漂亮活泼的女孩房** 在儿童房设计中参考孩子的意见尤为重要。这是一个小女孩的房间，首先，女孩的房间一定要给人漂亮、活泼的感觉，这对于性格的塑造很有帮助；其次，根据家长的要求，在有限的面积里尽可能增加收纳空间。

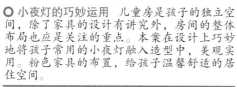

○ **纯美而温馨** 白色的墙壁、白色的家具，本空间大面积采用白色，是为了衬托床上黄色卡通图案的床单被罩。床后面一大排展示柜提供了储物空间。底部镂空造型的书桌是孩子的学习空间。空间利用得非常好，区域也划分得很清楚。

○ **浪漫而温馨，流露出小女孩的矜持** 粉色的墙面是这个空间的主角，灯和玩具都充满童趣。粉色最适合小女孩，粉色墙面搭配粉色的家具和软饰，打造出一个浪漫而温馨的童话世界。

○ **绚丽色彩舞动童趣**　用白色作为婴儿房的主要色泽，同时以鹅黄、浅蓝等色彩激活童趣，营造出婴儿房清新淡雅的主风格，绚烂的色彩同时可以有效刺激婴儿的视觉神经，从而促进宝宝的大脑发育。

第七章

书房和家居办公的

设计

运筹帷幄的智慧空间

现代书房作为一个独立的空间，功能越来越丰富，兼有工作与生活的双重性，既有家庭办公的严肃一面，也有浓浓的生活气息，一个人和一个家庭的文化素养都在这个空间里做出了充分的展示。书房一定要好好设计，仔细考量。

书房的位置

　　书房在住宅的总体格局中归属于工作区域，但与普通的办公室相比，更具私密性，是学习思考、运筹帷幄的场所。独立的书房可以是父亲拥有的独立的领域或疆土，同时也可以是孩子们做功课玩游戏的重要场所。非独立的书房可以是起居室或卧室的一个角落，以写字台及书架简单构成。因此，在设定书房的位置时应该注意以下几点。

1.书房宜选择宁静之处

　　书房是陶冶情操的地方，为了创造出静心阅读和学习的空间，书房要尽可能远离客厅、厨房、餐厅、卫浴间，最好选择一个较为宁静的房间作为书房。宁静的环境可以增强学习效率，使人能够保持清醒的头脑。

2.书房不宜过大或形状不规则

　　风水学理论认为，任何房间宁可小而雅致，忌大而无当。有些家居比较

○ 书房在住宅的总体格局中归属于工作区域，但与普通的办公室比，更具私密性，是学习思考、运筹帷幄的场所。图中的开放式书房并不利于办公和学习。

宽敞的住家，将书房设置得很大，其实在这样的书房里看书或者写作，容易让书房中的人精神分散，注意力落在房间中的其他地方。而且，如果房间主人本身处在管理者的位置上，在过于空荡的书房里运筹帷幄，无法很快地理清思绪。一般来说，住宅中的书房宜在10～20平方米，依据住宅整体和房间内部进行选择，不宜过大。还有，一些不规则的房间也不适宜做书房，因为不规则的环境会使人产生不稳定的感觉，容易使人分散注意力。

3.书房不可以设置于主卧室内部

将书房设置于主卧室内，会造成看书和休息睡眠错位，职能的区分不明显将使书房不能很好地发挥作用。另外，如果有深夜看书工作的情况，也会影响别人的睡眠。

家居办公的装修

家居办公应该创造繁忙、生气勃勃并且愉快的气氛，因此要具备以下三个要素：

①照明尽量采取天然光线，能具备开大窗的房间较好。

②电器应该慎加选择，以减弱辐射的影响。并且房间里应有足够的阔叶植物，特别是百合，可有效抵消电子辐射。

③办公室的工作会导致纸张、文件夹、书本等办公用品杂乱无章，因此必须要有足够的储物空间，可以使各类用品保持整齐。

书房方位的优劣辨析

书房设置在东南方能令人集中精神，读书、工作的效率高，吸取丰富知识，并能学以致用，充分发挥聪明才智。若这个方位的阳光过于充足，可用树木遮挡，让视野变得略狭小。

西北方最适合设置为书房，因为阳光照射的时间短，能使人心情稳定、头脑清晰。

北方也是设置书房的有利方位，适合阅读有一定深度的、哲学等方面的

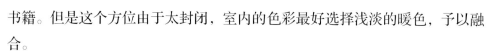

书籍。但是这个方位由于太封闭，室内的色彩最好选择浅淡的暖色，予以融合。

南方不适宜作为书房的首选方位。南方位有强烈的阳光照射，长时间待在这个方位的书房中，容易引起神经系统过敏，使人心绪不宁，容易产生疲劳感。

书房的颜色

在家居环境里，书房颜色的运用也会对工作和学习的效率产生很大的影响，应好好设计主色。在工作比较紧张的环境里，书房宜采用浅色调来缓和压力；而在工作比较平淡的环境里，书房宜采用强烈的色彩以振奋精神。

书房在住宅东部，宜用绿色与蓝色作为主色调，南部的书房宜用紫色，西北方位宜用灰色或浅咖啡色。

○ 书房天花板的色彩选择，应考虑室内的照明效果，一般以白色为佳，通过反光使四壁变得明亮。

风水学理论认为，书房属木，墙壁颜色以绿色、蓝色为佳。浅绿色给人清爽、开阔的感觉。而且绿色也有助于缓解视力疲劳，可以有效防止近视和其他的眼部疾病。蓝色具有调节神经的作用，利于人安心学习、工作，在某种程度上还可以隐藏其他色彩的不足之处，是一种容易搭配的颜色，但患有忧郁症的人不宜接触蓝色。

在进行书房装饰时，切忌大面积使用粉红色。粉红色是红与白混合的色彩，非常明朗而亮丽，孤独症、精神压抑者可以试着多接触粉红色。但书房是个让人看书思考问题的特殊场所，粉红色的优点在书房就成了缺点。粉红色使人的肾上腺激素分泌减少，产生脑神经衰弱、惶恐、不安、易发脾气等症状，影响在书房中看书学习的状态，因此不宜在书房中大面积地使用粉红色。

书房是长时间使用的场所，应避免大红、大绿或是五颜六色带来强烈的色彩刺激，宜多用灰棕色等中性色。为了达到统一，家具和摆设的颜色可以与墙壁的颜色使用同一个色调，并在其中点缀一些色彩。各种色调不可过多，以恰到好处为原则。一般来说，书房的地面颜色较深，所以，地毯也应选择一些亮度较低、彩度较高的色彩。天花的处理应考虑室内的照明效果，一般用白色，以便通过反光使四壁明亮。门窗的色彩要在室内整体色彩的基础上稍加突出，让其成为室内的"重点"。书房中的家具宜用深色，如栗色、深褐色、铁红色等端庄、凝练、厚重、质朴的颜色，有利于思考而不流于世俗花哨。

书房的装修

书房天花板的装潢线条宜简洁明朗，不宜有较多的弧线，最好不用吊灯，并避免对天花板进行过多的装饰，否则会给人意乱神离的感觉。

书房要避免横梁压顶。如果将书桌摆放在横梁底下，或者是人坐在横梁下，会使人感到压抑。为了避免横梁产生的不利影响，要尽量避免在横梁下安放书桌和座椅。或者，在进行书房装修时，采用吊顶的方式将横梁挡住，减少横梁带给人们视觉和心理上的压迫感。

作为阅读和学习的场所，安静的环境对于书房来说十分重要。在装修书

○ 书房的装修追求的是实用、简洁，营造安静、雅致的感觉。

房时要选用那些隔音、吸音效果好的装饰材料。天棚可采用吸音石膏板吊顶，墙壁可采用JPVC吸音板或软包装饰布等装饰，地面可采用吸音效果佳的地毯，窗帘要选择较厚的材料，以阻隔窗外的噪音。

书房的灯光照明

书房照明主要满足阅读、写作和学习之用，以明亮、均匀、自然、柔和为原则，不加任何色彩，可以减少疲劳。

台灯要光线均匀地照射在读书写字的地方，可以选择落地式或是桌式，但不能离人太近，也不能直照后脑勺，最好与人的视线有一定角度，避免强烈的灯光对人眼造成伤害。长臂台灯

○ 书房的照明以明亮、均匀、自然、柔和为原则，忌花哨。

特别适合书房照明。

书柜可以用书柜的专用射灯，便于阅读和查找书籍。

壁灯和吸顶灯最好使用乳白色或是淡黄色的，可以营造出温馨的氛围。

由于日光灯明亮、价格便宜、用电节省，因此办公室内多半使用日光灯照明。但日光灯光源不稳定，有肉眼看不见的闪烁，会造成慢性视力损伤，而且日光灯横跨书房时，容易使房间里的人分心。所以，如果使用日光灯作为主灯，最好多盏日光灯同时使用，以减少对眼睛的伤害。

为了便于阅读、学习和查阅书籍，除了必备的吊灯、壁灯以外，台灯、床头灯和书柜用的射灯也是书房的必备灯具。

总而言之，书房的灯光照明以日光灯和白炽灯交织布局为佳，收动静自如之效。需注意，乱的灯光让人觉得疲惫，书房的灯光不宜过于花哨。

书房的通风

长时间读书需要很好地保持头脑的清醒、清晰，新鲜的空气十分重要，所以书房要选择通风良好的房间，而且要经常开门、开窗、通风换气。流动的空气也利于书籍的保存。如果通风不畅，将不利于房间内电脑、打印机等办公设备的散热，而这些办公设备所产生的热量和辐射会污染室内的空气，长时间在有辐射和空气质量不好的房间中工作和学习，对健康极为不利。

在利用窗户通风，如果窗外有巨大噪音，如楼下店铺持续、大声的叫卖声，或马路上传来尖利的汽车喇叭声等，则最好关上窗户，改用空调进行通风。

书房的采光

书房作为主人读书写字的场所，对于照明和采光的要求很高，因为在过强或过弱的光线中工作，会对视力产生很大的影响。因此，书房应有充足的照明与采光，相对于卧室，书房的自然采光更重要，最好在书房内有一扇能够让房间充满阳光的窗户。不过，西晒阳光猛烈，令人烦躁而无法潜心学习，书房中的窗户要尽量避开西晒。

○ 书房设置在走道处，容易受到干扰，书房应安静，有利于思考，同时有充足的采光。

从住宅中隔出来的书房区域，可以用玻璃来进行一个隔断，不仅通透感强，增大了采光面积，还能让主人通过玻璃与家人进行视觉交流。使用玻璃进行隔断或增加采光时，要注意最好不要大面积使用毛玻璃幕墙，因为毛玻璃不仅寒气太重，而且会令视觉模糊，使人昏沉欲睡。

书房的空间布局

一般来说，对于面积足够的书房，通常可以划分为日常使用的工作区、摆放传真机等设备的辅助区，以及用来调节神经的休闲区等三大部分。合理地安排书房的空间，不仅有利于提高学习效率，使工作处理得更加得心应手，也有助于书房气流的通畅，营造书房温馨舒适的感觉。

在居家设计中，有8平方米以上的房间单独作为书房的话，是最合适不过的。在专用书房中，除了设置写字台、书柜外，还可摆放其他家电，如休息、娱乐性的电器。一些诸如电话、电脑、传真机、打印机、扫描仪等事务性的机器的位置摆设，应根据个人的操作习惯来做平面上的安排，一些常用的物品要放在人手容易够到的地方。网络、电话以及强电插座的预留也要仔细考虑到，以免以后使用中觉得不方便。

书房的另一个墙面或角落里，则可安排一排书柜，书柜附近可放一张软椅或沙发，便于随时坐下阅读、休息。软椅或沙发边要配上光源，可用落地式柱灯，也可以用壁灯，使阅读时的光线不至于太暗。

在书房里，一定要注意建立优雅的视觉环境和听觉环境，因而有必要在书架上留出一些位置放一两盆散发着清香的花草，在写字台边上贴几张充满乡土气息的风景照片。当然，也可以根据自己的职业、兴趣爱好在墙上挂设玩具、水晶等，使学习环境显得有个性，对主人更有亲切感。但是，工艺品不要摆挂得太多，否则会分散人们在学习时的注意力。另外，巧妙精心地排列书架上的各种书籍杂志同样得到好的装饰效果。

○ 书房的墙壁也可作为书架，既能节省空间，还能起到装饰作用。

书房的窗帘

书房的窗帘也应配合采光和通风来选择。

书房的窗帘宜采用较为轻薄的浅色窗帘，既可以让充足的光线进入，又能遮住窗外的干扰，还可以减弱过分强烈的阳光带来的不利影响，有利于开展学习和工作。阳光十分强烈的书房，可以使用高级柔和的百叶帘，强烈的日照通过窗幔折射会变得温暖舒适。

书房的窗帘忌用复杂的花帘。书房的主要功能是看书，花样复杂的窗帘会分散注意力，与典雅、明净、高雅、脱俗的气氛不相宜，以素雅为佳。

办公桌的形状与质地

办公桌的形状与质地对办公工作会有深刻的影响，在通常情况下，大办公桌使用时令人极有快意，而小桌子则会令人倍感拘束和压力。

在形状上，家居办公的椭圆桌较长方形桌为佳，有利于长时间的工作，并且避免了磕磕碰碰的情况。

办公桌质地方面，如短时间的工作宜用玻璃桌，可有助于刺激工作迅速完成。如需要长时间伏案工作，则宜用木桌。

写字台的位置

书房中首先应该在采光条件较好的窗口旁确定写字台的位置。绝大多数人用右手拿笔写字，所以当人们坐在写字台边看书写字时，自然光线或人工照明光源应从左上方投来，也就是说，应使窗户在写字台的左前位置，而书写台灯也应放在写字台的左侧。书写用的灯光宜采用间接反射光，避免光源的直射造成炫目。

另一种布置方法是把写字台的前端紧挨窗下，同样能获得满意的光线。当窗口面对或斜对房间的进门时，用这种方法还可以消除门口或门外有人活动时，对写字台边人的影响，可以让他安心地集中精力学习或工作，满足对学习环境的要求。如果写字台紧靠窗布置，一定要有窗帘相配，以便在白天遮挡阳光的直射，保护视力。

书桌的摆放

1.书桌最好的摆放

风水学理论认为，书房的使用者必须"后有靠山前有水"，其中靠山是指书桌的座位应背后有靠。古代从事文书类工作的人员除了讲究靠山之外，为了避免终日案牍劳形而一无所获，还将座椅后背镶上天然呈群山状的大理石，以加强倚靠的效果，美其名曰：乐山。所以书桌的座位后背应以不靠窗、不靠门等虚空为要，除了风水学上的讲究之外，也缘于办公桌背后有人走来走去，读书的人则坐不安稳，难以集中注意力。

◎ 书桌前应尽量有空间，对面的明堂宜宽广。

书桌前面应尽量有空间，面对的明堂要宽广。有人认为，一般书房的位置本来就不太宽敞，如何能够有明堂。

在书房的案头前方可以摆上富贵竹之类的水种植物，枝数以单枝，如三、五、七枝为佳，达到生机盎然、赏心悦目的效果，利于启迪智慧。

2.书桌摆放的禁忌

首先，书桌不要正对窗户，因为这样会给人一种"望空"的感觉。书桌正对窗户，人便容易被窗外的景物吸引，或被外面的事物干扰而分神，难以专心致志地学习。因此，为了提高工作和学习的效率，摆放书桌时应该避免把书桌正对窗户，如果无法避免，就要摆放在离窗户稍偏一点的位置。书桌面对窗时，窗外不可正对旗杆或电线杆、烟囱等，如果正好面对旗杆或电线杆、烟囱等而无法避免，则可在书桌上放置一块稳稳当当的镇纸。

其次，书桌不能摆在房间正中位，会使人产生孤独感。

第三，书桌不宜正对门，如果对门，读书、学习等就易受到干扰，不易集中精神，效率降低，容易犯错。

第四，书桌不可以面对卫生间也不可以背靠卫生间的墙壁。主人办公桌或座位不可前后左右冲柜角，主人办公桌前后不可冲屋外他人之屋角。

第五，书桌的座位后背应不靠窗、不靠门、不靠玻璃幕墙。背后有人来去走动，伏案工作的人就不能聚精会神地工作。

第六，横梁压顶是一大忌。书桌和座椅也不能位于横梁或是空调、吊灯的下方，否则，会令人有被压迫的感觉，无法集中精力学习和工作。

第七，书桌紧贴着墙摆放，这样的格局容易造成人精神紧张。因为人体有很多感应磁场的部位，其中后脑的脑波放射区最为敏感，如果贴墙摆放书桌，人眼的视线所及范围就是墙壁，无法捕捉到有效的信息，人就会将注意力转移到脑后，时间长了，就会消耗掉大量的能量，从而影响工作和学习的效率。

◎ 书房不要对着窗户。

第八，从居家环境中隔离一块读书办公的地方时，书桌要避免放在床边。读书的时候最怕看见床铺，因为一见到床就会让人想睡觉，觉得疲劳，自然提不起精神专心看书学习，这点对活泼多动的小孩影响尤其大。

第九，书桌忌正对镜子。因为书桌上一般都放有台灯，如果灯与镜子太接近，会产生灯光从头顶直射下来的烦躁感，令人情绪紧张、头昏目眩。同时，镜子里照射出的影像还会分散人的注意力，影响人的工作和学习。儿童的书桌尤其要避免特别正对着镜子。

◎ 书桌的座位后背应不靠窗、不靠门、不靠玻璃幕墙。

第十，书房中大的办公桌桌角方正，就不适合在桌上安插旗子，因为这样会使人思绪杂乱无常，若一定要放旗子，应插在桌子背后左方或左右两方为佳。

3.书房的座椅最好与书桌和个人习惯相匹配

坐在书桌前学习、工作时，常常要从书柜中找一些相关书籍。使用带轮子的转椅和可移动的轻便藤椅可以节约不少时间，带来很多方便。根据人体工程学设计的转椅能有效承托背部曲线，应为首选。

椅子坐面应该高度适宜，使膝盖微微弯曲而脚很自然、舒适地放在地板上，使用键盘时，应保持手、腕和小手臂处于同一高度。椅子还应有一定的灵活性，可在一定范围内根据我们的需要调节其高度和转向，这样身体既可以前倾来取放桌面上的物品，又可以后仰让身体自由伸展放松。

靠背的高度。动态活动范围较大，可不设靠背。静态工作时，靠背以获得相应的支撑而不妨碍工作和活动为宜，高度可由较低的第一、二腰椎开始逐渐增加，最高可达到肩胛骨、颈部。而休息时则要求靠背的长度能够支撑头部。

靠背的倾斜度。靠背的倾斜度是随着休息程度的加大和靠肩长度的加长而增加的，它与坐面的高度、深度、倾斜度和靠背长度的变化是分不开的。随着各种休息功能的增加，靠背倾斜角度向后逐渐增加，支撑点逐渐向上转移，支撑点和支撑角度同时由一个增加到两个，夹角越大休息功能越好。

共享型家庭办公室的注意事项

风水学理论认为，如果家庭中的两个人都在家办公，当坐在这样一个两人的环境里办公时，务必牢记以下几点。

①侧方向上能看得到你的同伴。尽管能否看到门很重要，保证你的座位不直接面对你的同伴也同等重要。如果你坐在位子上，越过自己的桌子就能看到另外一个人，你会发现要把自己的能量和事务与那个人分离会变得十分困难，你自然而然地就被牵扯进他／她的电话交谈、翻动书页和叹息声中去。同样，如果你们背靠背而坐，你会感到没有安全感、完全被暴露在外。

②使用耳机。很少有两个人会同时被同一种音乐感动，并从中获得灵感。如果你在有音乐的情况下工作得更好，不妨戴上耳机，这样你的工作伴侣就会因你的选择而不受影响。

③压低打电话的声音。在共享一个办公室时，最难以面对的情况就是对方电话中的交谈声不断地对你造成干扰。如果可能的话，起身到屋外继续打你的电话。如果你实在走不开，转动椅子不直接面对你的工作伴侣，对着墙打电话能在一定程度上将声音削弱，不至于干扰对方集中精神工作。

④抵消中央的能量。在共享工作空间的正中央悬挂一个40～50毫米的水晶以抵消（分散）你们的能量。自主经营的业主通常是意志坚决的人，他们会在不知不觉中向外界散发出大量的能量。在室内悬挂水晶将有助于在取得个人成就的同时，不至于干扰到另外一位。

快速进入工作状态的居家窍门

谁都喜欢在家办公的自由感，但是你还是需要划清自己的公私界线来面对扩大了的自由，否则会使其很快失去平衡。

如果你有门可关，那么关上它。培养家庭成员进屋先敲门的习惯，让他们把关着的门认为这是你当前没有空的表示。如果你的孩子们直接推门而入，那么在他们的视线高度挂一块写有他们名字、色彩鲜明的标识，提醒他们进屋前要先敲门。

如果你没有实际意义上的门可关，那么也要把头脑中的门关上。关门就是一种惯用方式，它把一个空间的能量与另一个空间的相互隔开。你一定要找出一种为自己所惯用的方式，以保持自己工作的能量与起居室或者厨房的相互隔离。这可以是点燃一支蜡烛、播放CD或是喷洒水雾，关键在于让空间与你的身体产生感应，使两者都进入到工作状态中来。

如果你坐的位置正对着电冰箱，你难免会考虑餐桌上该吃些什么之类的问题。有许多方法可以用来屏蔽你的视线，但方法的选择首先取决于你待在哪一间屋子里。花草、直立隔板和滑动门帘，这些都是价廉物美简单实用的选择，可以有效地将家庭和工作状态予以区分间隔。

确定自己在什么时间段工作效率最高（比如8：00~13：00），并将这一时间段规定为自己的工作时间。然后在自己办公室外挂出牌子，提醒家庭成员什么时候是你的工作时间。此外，在电话留言中添加有关工作时间的提示，从而让客户和家庭成员都知道在什么时间段你可以接听电话，这样每个人都会尊重你所划的这条公私界线。

设立工作电话专线，只在工作时间接听工作专线上的电话。不同的电话用不同的铃声，这会让你觉得自己并没有义务在下班后还要接听工作电话。而且不同的电话能让你在工作专线上的留言更为专业化。也可以在电话上安置所谓的"特色铃音"作为工作电话的铃声，那样的话，如果有客户打进电话，电话铃声就会不同，而你也就知道此时是否该让孩子去接电话。

书桌的桌面布置

书桌用品的摆放各有讲究，一定要有山高水低的格局。书桌两边的物品不能摆放得高于头部，因为人不能够伸展出头部。

书桌宜保持整齐、清洁。每次学习或工作后要将书桌收拾干净，保持书桌整齐清洁，文具用品放置有序，这样才有利于下一次的学习与工作，有益于大脑机器及思维保持灵活清晰，体现一个人办事井井有条的风格和良好的品位。

家中的书桌若是为读书的学生准备，要选一张大一点的书桌，同时桌面要平整，不能有破损或缺角。同时，另外为小孩准备一个书架，书桌上除了该念的书本以外，其余的东西最好能放置在书架上，这样能够让孩子在念书的时候不会因为桌上的物品而分心。

电脑的摆设

首先要留意，坏掉的电脑绝不适宜放在家中，因为坏的电脑会放射辐射磁场，干扰及伤害家人健康，所以旧电脑要马上进行维修或者弃置。

还得注意的是，电脑的荧屏能产生一种叫溴化二苯并呋喃的致癌物质，所以，放置电脑的房间最好能安装换气扇，倘若没有，上网时尤其

旺宅开运改运首看之书
居家设计布局最佳指导

○ 书房电脑旁边宜干净、整洁，忌杂乱。同时，书房中不适宜摆放藤类植物，因其容易扰乱人的思绪。

要注意通风。

　　电脑承载着人们越来越多的活动，相应地，电脑桌旁也摆放了越来越多的杂物，刚刚好不容易收拾干净的电脑桌，一下子又变得凌乱不堪。乱七八糟的环境会让人思绪紊乱，如果想改变这个环境，就要善用电脑周边的小道具。在电脑桌下附带一个可以抽拉的键盘架，既可防尘，又可使桌子表面的空间更加有序。

家庭办公室的文件收纳

　　在任何家庭事业中，处理文件都是至关重要的一环，越是高效处理好家庭办公室的文件，工作才会越有效率。

　　规定每周的某一天清理文件，或许周一是你清理文件的日子，或许是周五。但无论你如何选择，在选定做清理的那一天至少拿出一个小时来整理你的收件箱，将一周以来的文件分类存放，为接下来的一周准备好发票和其他所需的文件。

文件需要被装起来。人们办公时依赖视觉，如果东西没有放在眼皮底下的话，它们可能就会被遗忘。如果是这样，与其让文件散布在你的桌面上，还不如把它们分组挂在墙上，使你能看得到每一堆文件最上面的那一页。这样一来你就会知道究竟什么才是需要去关心的，并且依然能保持工作空间整洁有序。

为你需要存储的文件制定详细的目录。使用储藏盒并以符合你个性的方式存储文件。如果挂着的军绿色文件并不能让你感到兴奋，那么你也不会愿意花费时间和精力将其整理归类，不妨试试用亮紫色或是嫩绿色来代替军绿色。

书柜的设计与摆放

书柜是书房中不可或缺的一部分，在居家办公室中，书柜更是储藏和收纳的好帮手。

1.选择合适的书柜

选择合适的书柜，与书房内的环境相互融合，才能打造良好的书房风水。书房应该给人质朴的感觉，这样才有利于静心阅读和学习。书柜在材料选择上以木质材料为佳，最好是开放式的深色橱柜。书柜是书房的主要储物空间，在设计上要保持灵活，除了有效放置书籍的柜子，还应该要设计一些带门的壁橱，可以增加藏书的空间，也能储藏其他物品。但要避免装饰得过于华丽，否则会给人浮躁感，不利于学习和工作。

书柜的高度不宜过高。对于藏

● 书柜在材料选择上以木质材料为佳，最好是开放式的深色橱柜。

全面揭示风水发家密码
精心打造顺风顺水旺宅

书较多的家庭来说，高大的书柜更有利于书籍的存放。但书柜并不是越高越好，太高的书柜不利于取书阅读，可能会导致放置书籍时发生危险。而且，书柜太高容易形成压迫书桌的格局，长期在这种氛围下学习，会导致人心神不宁、劳心头晕。

书柜的尺寸有标准，国标规定，搁板的层间高度不应小于220毫米，小于这个尺寸，就放不进32开本的普通书籍。考虑到摆放杂志、影集等规格较大的物品，搁板层间高一般选择在300～350毫米之间。

2.书柜的位置应该依据书桌和书房格局来安排

风水学理论认为，书桌应该是属阳的，而放置书籍的书柜则是静的，属阴。古人讲求阴阳平衡，并且认为阴阳是宇宙的规律所在，万事万物都可分出阴阳来。为了平衡阴阳，书柜与书桌应摆放在对应的方位，两者之间还要隔开一段距离。书柜的位置要避开阳光直射，既保持了其阴性的属性，同时也有利于书籍的收藏和保存。书柜内部的书籍要摆放整齐，尽量不要挤得太满，留下一些空间，保持书柜内部气流的畅通。

◎ 书柜应避开阳光直射，有利于书籍的保存。

房间中的书架

如今，众多的书架不仅仅只局限在书房的空间里，也不局限于大而笨重的书柜中，在没有专门书房的居室里，都可以根据个人需要与喜好，隔成读书区域的空间，放置各种书架。

书架的布置主要根据主人的职业及喜好而定。比如，在音乐家的书房中，音响设备及弹奏乐器应占据最佳位置，书架中唱片、磁带、乐谱的特点也不同于一般的书籍，应做特别设计；作家的藏书量大，书架往往会占据整面墙，显得庄重而气派；科技工作者有一些特别的设备，在布置书架时，首先要将制图案、小型工具架、简易的实验设备等安置妥当。

带滚轮活动书架：如果常用的书刊数量不多，一个方形带滚轮的多层活动小书架就可以满足需求，且能在房间内自由移动。注意，不要将这样的活动书架放在走廊和过道，最好是靠墙摆放，这样在取用时方便，在房间中也不会显得突　。

屏风式书架：对于厅房一体的屋宅，还可以利用书架代替屏风将居室一分为二，外为厅，里为房。书架上再巧妙地摆设小盆景、艺术品之类，有较好的美化效果。

床头式书架：在靠墙的床头上做一个书架，并装上带罩的灯，既可放置

○ 在设有专门书房的居室里，可以根据个人需要与喜好，隔成读书区域的空间，放置各种书架，起到装饰和收纳的双重效果。

常用书籍，又便于睡前阅读，加强与伴侣的交流。不过这种书架不宜过大过高，因为过大过高的书架容易给床上休息的人以压迫，不利于睡眠。

敞开式书架：对于房间较小而书籍又很多的情况，可充分利用墙壁配置成敞开式书架，这样会方便取、放书籍。所配置书架的色彩应同室内装饰的色调一致，以免像阅览室。

连体式书架：把两个敞开式书架叠放，背部都朝向书桌，再把一个敞开式书架放在书桌上，并使其背面与叠放的书架背部相依靠，可形成一个多用途的立体书架，既可供孩子使用，又可供大人书写使用。

书房中的空调

空调五行属金，开启冷气后，可以制造很大的风水效应，形成风水磁场。空调让人凉爽，所以有凝聚思考、提高读书专心度的功能。空调的出风口应该朝上，冷气吹出后由上到下流动，能避免冷风对人直吹引起的头痛、头晕的问题。

不过，要切记，勿将出风口朝脸或头部吹，以免发生头痛或是面部中风等疾病。

书房中的植物

1.书房中适宜摆放的植物

书房与卧房不同，一般情况下，在夜间没有人在此睡觉，因此在书房中摆放一两盆观叶的绿色植物，不会影响家人的健康。在白天时，由于这些植物进行光合作用，吸入二氧化碳释放氧气，还能令在书房中工作学习的人有充足的氧气，感到脑清目明。绿色能让眼睛得到很好的休息，对于保护视力有很大的帮助。要注意的是，书房一般都有大量的书，书架和书柜也相对较大，因此所选的植物最好是矮小、短枝的，以盆景这样的小规格形式最佳。形状上，摆放在书房的植物最好是圆形的阔叶常绿植物，诸如海芋、富贵竹、黄金葛等。

常绿的盆栽植物、观赏类植物，如万年青、橡胶树、松柏、铁树等都属

○ 在设有专门书房的居室里，可以根据个人需要与喜好，隔成读书区域的空间，放置各种书架，起到装饰和收纳的双重效果。

于旺气类的植物，不仅容易栽养，还可以增强书房中的气场。花石榴、山茶花、小桂花等属于吸纳类植物，除了可调节书房内的气氛以外，还可以将书房内的有害气体吸掉，有利于人体健康。

水种植物最适合摆放在书桌上，例如富贵竹、水仙等，可起到美化环境、启迪智慧的作用。数量上以一枝、三枝、五枝、七枝为佳。

2.书房中不适宜摆放的植物

在书房摆放的植物不宜选择那些有刺激性气味的花，虽然它们颜色艳丽，花香甜美，但长时间闻这些花的香味，会影响人的学习和工作的情绪，并能引发很多呼吸系统的疾病。

书房内不宜摆放藤类植物。藤类植物大多具有较强的生长性，其攀爬生长的习惯也会导致虫蚁的产生，还会造成书房潮湿，对书籍的保存十分不利。

书房植物忌枯萎、凋谢。枯萎、凋谢的花没有活力，会使人产生衰败的感觉。如果插花枯萎或凋谢，就要及时清理。

书房中的挂画

悬挂字画有补壁的装饰作用，应根据主人的文化修养与情趣来选择。中国画、装饰画、书法、油画、木刻以及重彩、磨漆画等作品都可用于装饰墙面，但应与家具的配置协调一致。字画不仅能显示主人的文化品位、心境和格调，还可以渲染居室内的气氛，陶冶性情，愉悦身心。如果书房中的挂画是一幅山水作品，则宜与室内盆景互相呼应，相映成趣。在字画的一侧放一株万年青，可使字画的格调更为高雅。字画挂在射灯上方，也可因灯光照射使其更具清新感。

◎ 书房中悬挂的字画有补壁的装饰作用，还能体现书房的艺术文化气息。

1.挂画的图案不仅能起装饰作用，还有不同的寓意

书房的挂画宜讲究一种平衡，也就是风水中所讲到的"阴"与"阳"的平衡。如果主人是一个积极好动的人，风水上认为这种性格属"阳"，想一进书房就获得一种安宁的气氛，可以选择一些属"阴"性的挂画。对于一个性格比较安静的人来说，就可以选择画面比较"热烈"偏阳的装饰挂画。"阴阳"平衡既能起到较好的装饰效果，又能提高人的工作、学习效率，还能给人带来好运与健康。

书房中挂"九如鱼图"，九条红鱼取"鱼"与如意的"如"字的谐音，九则是"久"谐音，是长久的意思，释为长时间的如意称心，具有很好的寓

意。还有"年年有鱼图"也是好的选择。

那些河流、湖海画，溪水曲折，弯曲有情，湖水平静，微波荡漾，是非常适合书房的吉祥图画。

2.字画选择正确的悬挂位置

风水学理论认为，水最宜在屋前，也就是要在朱雀明堂见水。如果书桌是对房门的话，房门左右的位置以及门外的走道就是明堂了，在明堂的地方挂山水画会使人心旷神怡。

字画悬挂要高度适中，不能过高或过低。人的正常视觉区域是在头不转动时与眼睛水平视线成60°的范围内，平视线为1.7～1.8米，因此挂画的高度也应在距地面1.5～2.0米处为宜。

字画悬挂位置宜选在室内与窗成90°的墙壁处，可使自然光源与画面和谐统一，真实感强。挂字画宜疏不宜密，同一室中的字画应保持在同一水平高度。画框可平贴墙，也可稍前倾，一般前倾15°～30°。

3.书房挂画的禁忌

悬挂在书房的字画不宜太多，一两幅较为适宜，摆放的字画应该与书房的氛围一致，比如雅致的字幅和文人画作。字态狂草的字幅、灰暗萧瑟或颜色鲜艳的画作，这些都会使人心情烦躁，产生或亢奋或消沉的结果，不利于人在书房学习、工作。

书房中其他用品摆放与收纳

为了创造一个舒适的有利于工作和学习的书房环境，应把情趣充分融入书房的装饰中，放置一件艺术收藏品、几幅钟爱的绘画或照片、几幅亲手写的墨宝，哪怕是几个古朴简单的工艺品，都可以为书房增添几分淡雅、几分清新。书房还可作为健身房，若是书房宽敞，女士可添置一些健康器材，男士则可配备沙袋、镖盘等富有阳刚之气的健身器材，读书之余的劳逸结合不失为一种生活享受。

同时，书房中也有不适宜摆放的装饰和用品。

安静对于书房来讲是十分必要的，因为人在嘈杂的环境中工作效率要比在安静的环境中低得多。所以，宁静的书房最好不要摆放大功率的音响设备，其产生的强磁场辐射不仅对人体健康不利，还会轻易地干扰人的阅读。另外，书房中也不宜摆放鱼缸，因为它容易引人分神。

◎ 书房用作会客厅时，也最好不要摆放沙发床等容易给人带来倦意的家具。

在书房内摆放睡床不仅会影响书房中人的工作和学习，也会影响到家人的正常作息。书房是工作和学习的地方，床则是用来休息的，在工作和学习时看到一张床摆在旁边，容易使人心生倦意，失去工作和学习的动力。在书房睡觉也不利于休息，因为书房中有电脑、书籍、文件、传真机等与学习、工作有关的设备，在这样的房间里休息会产生很大的压力，即使睡着了也会想着工作，当然休息不好。

不同职业人的书房风水

不同职业的人，书房的功能也不尽相同，所以其设计风格也应有所区别，以最符合个人的习惯和要求为最佳。

1.营销、企划人的书房

有营销、企划、规划设计方面才能的人，喜欢留驻在阳光充足之处，因此，书房最好用木制书桌、布制沙发、椅子，颜色以绿色系、茶色系或灰棕色系为佳。

书房的家具最好都靠墙摆好，其中书桌面东或面南为宜。书房内还可以摆放一些电视、音响、扬声器、书籍、陈设品等，但都应尽量避免阳光的直射。

若书房为大窗户，窗帘的色调需与地板搭配，颜色最好深些，不要过于明亮。植物摆放在窗户附近。

2.财务人员的书房

无法照到阳光或西日直射的书房，可发挥会议方面或处理电脑等方面的才能，这样朝向的书房，很适合需要参加税务考试的人。

整体采用浅色调。地面、墙壁、天花板使用褪色感的色调，地面铺地毯、墙壁、天花板贴布质壁纸。

用白色花朵、以白色为基调的图画等装饰，森林或湖的图画亦能发挥才能。

3.文艺工作者的书房

对从事美术、音乐、写作等职业的人来说，应以方便工作为出发点。所以，书房的布置要保持相对的独立性，并配以相应的工作家具设备，如电脑、绘图桌等，以满足使用要求。设计应以舒适宁静为原则，在色彩方面使用冷色调为宜，将有助于人的心境平稳、气血通畅。

日照不佳的书房会埋没音乐、绘画等艺术或运动方面的才能，因此文艺工作者的书房照明亮度要强。将书桌移到日照佳的方位，电器用品摆在北侧。书房要常保舒适宁静。报纸、杂志、衣服不宜随意散乱。窗帘可以选用简洁的纵条纹图案。用鲜艳的图画或花朵做装饰。

4.资格考试应试者的书房

家中有要参加资格考试的人，可以将书房收拾得整洁，人在里面学习时，让书房散发出沉稳的木质气味。除了电脑外，最好不要有其他的电器。最好采用木制书桌，避免使用钢铁制。书柜摆在背后。书桌摆北方位，椅子摆南侧，摆黑色座灯。椅垫或椅靠选黑或茶色，色调不可过于鲜艳，适合偏浓的蓝色系或绿色系。

5.学生的书房

学生书房装饰不宜古板，要适合青少年的特点。书架可以做成楼梯形，取民间"脚踏楼梯步步高"之意。

○ 家中为学生和儿童准备的书房，设计不宜古板，也不宜过于花哨，应符合相应年龄段的特点。

　　儿童书房最好不要摆置高大的书柜，也不宜让书架闲置，可设计成书架和衣橱两用款式，既可合理利用空间，又不会因为儿童用书少而显得室内空泛。儿童书房可以张贴一些富有生气的动物图画，不过不宜有老虎、狮子、豹子等猛兽的图案，否则会给孩子带来精神压力。

　　家中为初中生设置的书房宜清爽明朗。设计以米色为主要色彩，简洁、明朗的色彩给人温馨自在的感觉。初中生书房必须考虑安静、采光充足的因素，可用色彩、照明、饰物来营造。色彩上以白色墙面和灰棕色书柜、书桌、椅子的搭配为主，再通过少量的饰品对书房进行点缀，简单而又不会显得沉闷。避免摆放过多的装饰品，以免分散注意力。

书房中的吉祥物

在书房中放置吉祥物，具有装饰、美化书房环境的作用。在书房摆放吉祥物时，还要注意摆放的宜忌。

1.巴西水晶簇

巴西水晶簇高度约23厘米，为天然白晶簇，经开光特殊处理，是珍贵的吉祥物，适合常使用电脑者摆放。

宜：防辐射宜使用巴西水晶簇。巴西水晶簇是所有水晶能量的综合体，可向四面八方放射，可随时补充能量，自动化解负面能量，将其摆放在电脑周围，可以减少辐射。

忌：巴西水晶簇在摆放上比较讲究，一般要在专业人士的指导下摆放。

2.鲤鱼跳龙门

鲤鱼跳龙门，常作为古时平民通过科举而高升的比喻，被视为幸运的象征。跳龙门寓意事业有成，摆放这种吉祥物，有助于实现梦想。"鱼"还有吉庆有余、年年有余的寓意。

宜：象征着金榜题名的鲤鱼跳龙门，可摆放在书房或办公桌，有良好的寓意。

忌：年长者的书房不宜摆放。

3.心经

心经即刻制了佛教经文的陶板，可以将其摆放在佛坛上，代替你向佛祖念颂心经。此物需用专门的台架，以便竖立摆放。尽量将其放置在房屋的吉方，或清净的场所。

宜：镇宅宜用心经。心经有净化心灵、安神定气的作用，将其摆放在董事长等高级管理者的办公桌上，可以安定其精神状态。

忌：心经忌置卧室。心经这类佛教圣物比较忌讳的是放在卧室，因为佛像、佛经等佛用品一般都不可以放于卧室，易遭亵渎。

书房和家居办公好设计实图展示

◎ 小装饰调节书房气氛　书房是家中文化气息最浓的地方，有各类书籍和许多收藏品，如绘画、雕塑、工艺品，塑造浓郁的文化气息。在书的摆放形式上，可以活泼生动一些，书格里不一定都得放书，也可以穿插一些富有韵致的小饰品，以调节气氛。

○ **书柜成为视觉中心** 本色地板和白色书柜的组合，现代中又蕴涵古典，深沉的绛红色书柜边缘丰富空间色彩，也间接让书柜成为空间中的视觉中心。

○ **台灯是书房中必不可少的硬件** 书房整体布置高低错落、造型丰富，但也显得紧凑有序。光线的设计均匀、稳定，个性的台灯弥补了空间亮度不足的问题。

○ **收纳篮增加书房整洁度** 本案设计最大的特点在于收纳篮的运用，分门别类地摆放让书籍和物品的拿取更加方便，也增加书房的整洁度。

全面揭示风水发家密码

精心打造顺风顺水旺宅

285

◎ **个性化的异形书架** 整面墙的异形书架，胡桃木质的书桌及家具，配合了整体的色调，简单的纹路也是这沉静环境中富有灵气的点缀，仿佛沉思中蕴藏的智慧。

◎ **个性而自我的书房设计** 书房的设计是非常个人的，是依据个人喜好与需求来规划的，舒适性的掌握是重要的原则。良好的光源、愉悦的颜色、合宜舒适的家具摆设，可增加阅读的舒适性与愉快的心情。

◎ **不拘一格的设计是为了更大的舒适** 本案的设计较为随性，临窗而设的躺椅、落地灯勾勒出一个小小的休息区，倚墙而设的简洁层板发挥书柜的收纳功能，让空间简约中透着知性美。

◎ **清新的设计带来清爽的视觉效果** 橘红色的沙发打造一个舒适的阅读区，悬吊的书柜将结构的美感完美呈现，清新的色泽与简单大方的设计带来清爽的视觉效果。再摆放上一台电脑、一盏台灯，就可以坐下来写点心情日记了……

◎ 橘黄色椅子带来俏皮感　纯中式的设计，原本在颜色上会略显厚重和沉闷，但设计师巧妙地选用了一个造型别致的橘黄色椅子化解了空间的沉闷感，活泼之中还带着点点俏皮。

◎ 大面积窗户化解中式书房沉闷感　中式家具的颜色较重，虽可营造出稳重效果，但也容易陷入沉闷、阴暗，因此中式书房最好有大面积的窗户，让空气流通，并引入自然光及户外景致。

◎ 木制书架让空间更清透　使用通透的木制层架做收纳，可以依据功能要求各取所需，简洁大方而且便于使用，还让空间更清透。

◎ 色彩混和营造稳重与活跃　整个柜体的架构形式均采用厚木板，结实稳重且极具质感。在木板内增设灯光，可以衬托展示物。简洁的书桌与浅色地毯相配，让视觉上更轻盈，也为书房增加了活泼感。

◎ **大角落的大用处** 此处是利用客厅的一角建造而成的办公室，采用木材自然的颜色，更有效减轻办公带来的疲劳。多层的书架和抽屉能够更有条理地对文件及物品进行分类存放。

◎ **小巧可爱的玻璃书房** 玻璃围合的半开放式书房使整个空间重新分割，增加了活跃的气氛。精致的玻璃房让空间充满趣味感。

◎ **阳刚之气的书房设计** 直线条的设计和饰品的完美组合，处处体现了男性的阳刚之气。简约到极致的设计让空间没有一件多余的物件，却处处透着舒适感。

○ **简约与实用并存** 简约主义和实用主义提倡线条和几何形状，本案无论在书房家具的造型还是风格上都体现出时尚、现代、简约、轻便的感觉。大大的书柜一向是书房收纳的最得力帮手，白色的书柜即使塞满书，也会让整个空间不失流畅感。

○ **阳台也可改造成书房** 利用阳台改造的书房，先天的采光条件非常不错。贴着墙面设计的吊柜用于收纳文件。阳台墙面的半通透设计，清新而俏皮，浅色的空间在光影的作用下反射出多面效果，让这个小地方不会显得单调。

○ **柔和的光线能减轻视觉负担.** 书房对于照明和采光的要求很高，写字台上要有台灯，书柜里要用射灯，便于阅读和查找书籍。因此，选用色度较接近早晨柔和的太阳光、不闪烁且光源稳定的、能有效散热的灯具，以减轻视觉负担。

◎ **时尚简洁的设计让空间清凉通透** 在本案的书房中，采用高亮度的隔断墙，通过光线的折射和反射来弥补光线的不足。除了这一个巧思，设计师还选择了时尚简洁的中性色书桌，让空间看起来更清凉通透。

◎ **书架点亮空间时尚气息** 充满现代工艺感的开放式银色书架，有着其他色彩无可比拟的光泽和雅致。这款书架，有着简单的外形和时尚的质感，它既实用，又点亮了书房里的时尚气息，是不可或缺的要素。

◎ **时尚书柜装饰墙面** 小巧别致的书柜设计充满现代感，也是纯白墙面的最好装饰品，再点缀一些精巧的艺术品，整面墙壁因为这个时尚书柜而熠熠生辉。

◎ **金属与木材组合的收纳架充满现代前卫感** 从轻松、愉悦的角度入手打造这个书房，整体色彩清雅。书架选用钢管和木板组合而成，造型线条极为简洁，这样使书房既保留了应有的书卷气，又有了现代感和时尚感。

○ **充满时尚气息的小书房** 光线均匀地照射在读书写字的地方，柔和明亮，避免炫光。玻璃层板的搁架别具特色，充满现代感。白色的书桌和红色的椅子，通过色彩的强烈对比，为空间带来现代气息。

○ **超简洁的书房设计** 墙面的装饰画个性但不乏温馨，为主人营造出了舒心惬意的学习空间。此案亮点在于，空间内的个性化、简约化的书桌尽显主人快节奏的都市生活。

○ **美观与实用并重** 将古典的中式风格根据现代人的刚性需求进行了适当的变通，但依然保留了一些古典的元素来对整体风格进行渲染，是美观与实用并重的设计。

○ **光线、色彩、照明都是书房的设计要点** 书房的采光需充足，可用色彩、照明来营造，避免摆放过多的装饰品，以免分散主人注意力。墙面采用柔和的暖色壁纸，可缓解浮躁感，让人心静。

○ **书架成就书房** 书架木质肌理的自然显现和陈列的大量东南亚格调的装饰品，让这个书房充满古香古色的设计气息，别有一番情调。

○ **享受偏安一隅的宁静** 简洁的设计，简约的装饰，一桌、一椅、一电脑、一台灯、一盆栽，就构成了角落中的这个宁静书房。但是，因为家具都极具艺术感，所以尽管简单却不寒碜。

○ **小书房里的高雅情调** 一盏细脚的落地台灯，一张带着滑轮的电脑椅，一张小书桌已是书房中完美的装备。偶尔的植物点缀，偶尔的阳光倾洒，更营造了美好氛围。

○ 设计彰显人文内涵　瓷器的装饰让空间充满古典韵味，书柜中间中式窗棂的书柜门，深化了空间的中式风，整体设计全无都市浮华之气，可透出主人独特的文人气质。

○ 精致家具带来高雅气息　黄、绿、白的有机组合，让空间色调更丰富，在这样的空间中办公学习，似乎连呼吸也更顺畅。精致的家具设计，散发着高雅的人文气息。

○ 品位高雅的书房设计　精致的设计略带欧式古典气息，又融合了现代简约的风格，让整个空间在美感与实用并重的基础上呈现出一种高雅的品位。

○ **书房设计中光线尤其重要** 书桌侧对窗户，光线很好，吊灯、台灯、壁灯、立灯的运用让夜晚自然光线不足时，空间依然明亮。桌面装饰盆景选用小巧植物，不遮挡视线。

○ **节约空间的书柜设计** 陈列于隔板之上的艺术品秩序井然，小巧的椅子正好可以塞进桌面下，节约空间。更巧妙的是，整个墙面都是用镜面做装饰，既能扩大空间，也让空间借景，美化居室。

○ **小书房展现的强大收纳机能** 白色的书柜和木质的椅子搭配出小巧精致的书房环境。在这个紧凑的学习角落，利用转角书桌的布局和书柜的强大收纳功能，将所有学习用品集中到了伸手就能够到的范围内。

○ 乡村的古典和现代的简约融为一体　带有乡村气息的书房背景墙和现代简约的装饰，让人身处其中，既能享受着乡村的朴实，也能享受都市的现代。

○ 新中式设计的书房　本案例采用的是偏中式的设计手法，包括中式的镂空装饰、挂饰。房间的主光源来自书桌上方的吸顶灯，柔和的光线直接洒在桌面上，舒缓而没有阴影。

○ 书架也能衬托书籍　白色书架是衬托色彩鲜艳的书的最明智的选择，磨砂玻璃打造的书柜门隐约显露出的书籍色彩，远望之下仿佛一幅精美的挂画，又恍如空间中跳跃的音符，充满美感。

全面揭示风水发家密码
精心打造顺风顺水旺宅

295

◯ **书架设计还原简单空间**　本案属于现代简约设计风格，单纯的半开放式书架，本身就仿佛别具特色的造型墙，没有多余的装饰，完全以收纳为主，简洁中带着高雅的情调。

◯ **多功能书房区分工作与生活**　本案例的书房设计是对空间的最大化利用，不仅有书柜的多方面展示与收纳功能，更有沙发的休息与会客作用。将推拉门关闭时，工作与生活也得到清晰区分。

◯ **室内与户外的借景设计**　这个书房像个舞台，迎面的风景是这个舞台最生动的布景，随着四季的更迭而变化出不同的风景与心境。大落地窗的设计，也让室内与户外得以连成一气。

○ **木质材质营造中式的复古与简约** 木质材质的运用，让温暖的视觉感一路由木地板向壁面延伸。古典的书架上，精致的雕刻让空间更显通透，与书桌的搭配设计，更体现了中式的复古。整体营造的简约风让书房充满舒适感。

○ **流畅的整体设计让才情不断延伸** 书房的整体设计同住宅内的其他空间融合为一体，简洁优雅。在书柜里面嵌入隐藏式灯光，衬托出犹如艺术品一般的摆饰。

○ **窗帘的材质影响光线的渗透** 因为书桌设计在飘窗上，因此窗帘的材质一般选用既能遮光、又有通透感觉的浅色纱帘比较合适，高级柔和的百叶帘效果更佳，强烈的日照通过窗幔折射，会变得温婉舒适。

第八章 厨房设计

财来财稳固

很多人认为厨房设计只会影响女人，其实这是过于简单的想法。因为家庭是一个整体，无论男女老少总会有下厨的时候，厨房里做出的食物是一家人共同享用的。厨具、环境等种种情况都可能影响到烹饪的质量，从而影响到一家人的健康指数和生活质量。所以，我们每个人都应该关心厨房的环境和布局。

厨房位置的选择

从环境卫生角度而言，厨房向南食物易腐化，不宜。厨房在西南方，空气流通不顺畅，通风不良，而且靠西边的方位下午阳光太过猛烈，西晒极易使食物腐烂，不宜。而且西南面采光条件好，但夏季吹南风就会使厨房里的油烟和蒸气弥漫住宅，容易发生火灾，且使房子脏乱潮湿，不宜。将厨房设在东南方，四季都有充足的光线，冬天不会太冷，且早晨气温低，可享受阳光的照射，中午气温高，却又变成阴凉的地方，食物保持得较久，不易腐烂，对健康有利。因此，将厨房设置在住宅的东方与东南方最佳。

◎ 厨房特别适宜设置在住宅的东方或东南方，在这些方位的厨房，有温和的光线，食物新鲜不易腐烂。

最理想的厨房形状

厨房是整个住宅重要的组成部分，从它为我们提供营养和能量的角度而言，它的地位就更加重要。为烹饪者营造一个独立的、不受打扰的环境是很关键的，这就要求厨房不能成为过道，应有独立的空间。并且，厨房中的过道也应顺畅，不可弯弯曲曲，这样能使厨房在视觉感官上有流畅性，使人感到舒适。厨房一般布置成U形、L形和岛形，这几种布置方法能使厨房看起来更整齐。

○ 厨房有独立的空间，过道通畅，给人整齐舒适之感。

U形的厨房： U形的厨房适合宽度2.2米以上的、接近正方形的厨房，可以将储藏柜摆放在厨房四周，炉灶摆放在其中的一面，与它相对的另一面摆放餐具。烹饪区、配餐区、洗涤区沿U形的一边展开，注意，不应使炉灶正对着洗涤区。

L形的厨房： L形厨房的布置比较常见，并且对面积的要求也不高。这类厨房的布置是将烹饪区、配餐区、洗涤区设在L形较长的一边，而将冰箱等电器摆在L形较短的一边。

岛形厨房： 岛形厨房设计适用于面积特别大的厨房，将全家人认为比较重要的区域设在中间的一个岛上，例如，可以将配餐区设在中间位置，使之成为岛，可以为家人提供一个在厨房交流的平台。在配餐时，夫妻可以聊聊工作中的趣事，父母可以和孩子谈谈心，这样能使家庭气氛融洽，增进家人之间的感情。

厨房的大小设置

合理的厨房布置应为主人烹调创造操作方便、提高效率、节约时间的有

全面揭示风水发家密码
精心打造顺风顺水旺宅

利条件。因此，装修厨房首先要注重它的功能性，不论你的住宅是大是小，都应该因地制宜体现厨房的实用性和美观性，而不是一味追求豪华或节约。

以总面积100平方米的住宅为例，厨房的面积为4~5平方米比较合适，太大并不好用，反而浪费房屋空间和人的体力。但假如是餐厅兼厨房的话，则需要8~15平方米大小，以打造出舒适方便、清爽干净的厨房。

厨房中，通常包括三个主要设备：炉灶、电冰箱和洗涤槽。根据个人日常操作家务程序，最基本和最理想的概念是"三角形工作空间"，即将洗菜池、冰箱及灶台安放在适当位置，呈三角形，两两相隔的距离最好不超过1米，三边之和则不应超过6.7米。

◯ 炉灶、电冰箱、洗涤槽需要安置在适当的位置，最好呈三角形格局。

厨房环境空间感的营造

现代家庭，厨房因受居住空间的限制普遍偏小，但厨房里的东西却缺一不可，所以厨房产生的视觉心理很重要。狭长的空间应该寻求节奏起伏的韵律感；既方又小的空间应该谋求比例尺寸的适称感；不规则的空间应该追求形态、整齐的秩序感。通过家具、地瓷砖的横线造成室内的宽度感；竖线增加室内的高度感；通过淡色调的选用扩张室内空间；通过多光源的调配增添室内的空间层次。总之，可以通过造型、材料、色彩等不同的组合方式在视觉上所呈现的特点来弥补厨房条件的不足。

厨房的面积一般来说是有限的，不可能太大，合理安排与利用空间，能让你的厨房变"大"许多。比如，在墙上设吊柜或壁柜，以节省空间；在灶具和桌案下设一个小壁柜，上下两层，放油盐酱醋等调味品以及碗碟之类餐具；灶具上部可设挂物钩数只，挂锅铲、勺等炊具。还可采用折叠式多功能

家具，如折叠式有餐桌功能的碗橱……

充分利用厨房空间，将厨房物品安排得有条有理，从而为主人烹调时创造操作方便、提高效率、节约时间的条件。

厨房的色彩

色彩作用于视觉，直接影响着个人心理和生理，色彩的明暗、对比程度可以左右家人的食欲和情绪。选择适合家人心境色彩的厨房，让家人有一个健康快乐的生活空间，这是所有热爱生活的人对厨房空间的最大愿望。总的来说，橱柜色彩要求整洁、干净、亮丽，起到刺激食欲和使人愉悦的效果。

一般来说，浅淡而明亮的色彩会使狭小的厨房显得宽敞；纯度低的色彩使厨房温馨、亲切、和谐；色相偏暖的色彩使厨房空间气氛显得活泼、热情，可增强食欲。天花板、墙壁、护墙板的上部，可使用明亮色彩，而护墙板的下部、地面使用暗色，使人感到室内重心稳定。朝北的厨房可以采用暖色来提高室温感；朝东南的厨房阳光足，宜采用冷色达到降温凉爽的效果。

在确定厨房总体色调的基础之上，应把握厨房色调几大部分的亮度比例。顶棚、墙面宜浅而淡，地面要比顶棚和墙面深，这样有整体的协调感。家具的色泽可以比墙面稍重或等同于墙面，从而使整个空间环境产生和谐生动的气氛。

此外，还可以巧妙地利用色彩的特征，创造出空间的高、宽、深，以作为视觉上的调整。厨房空间过高，可以用凝重的深色处理，使之看起不那么高；太小的厨房，用明亮的颜色，运用淡色调，使之产生宽敞舒适感。采光充分的厨房可以用冷色调来装饰，以免在夏日阳光强烈时变得更炎热。

厨房的采光与照明

厨房应该保持明亮、清洁与干燥，如常年有天然光线最理想，有阳光入内照射，即使每天只有一段时间，也可清新空气并且有除菌的功效。如果厨房由于先天的格局问题而较为黑暗，则灶台须配备一个明火的炉具，以此来壮旺厨房的能量，而不能全用电炉、电磁炉之类。

厨房里的照明一般要尽量增强亮度，同时光线有主有次，使整体和局部的光亮协调。灯光也会影响食物的外观，左右人的食欲。若厨房的灯光设置得惬意温馨，整个厨房的空间感、烹调的愉悦感也会随之增强，这样还能提高主人制作食物的热情。

一般家庭的厨房照明，除基本照明外，还应有局部照明，即在保证对整个厨房的照明外，还要兼顾对洗涤区、炉灶、操作台面及储藏空间局部的照明。设置灯光照射时，要使每一工作程序都不受影响，特别是不能让操作者的身影遮住工作台面。最好是在吊柜的底部安装隐蔽灯具，用玻璃罩住，以便照亮工作台面。墙面应安装些插座，以便工作时点亮壁灯。厨房里的贮物柜等处可以安装小型荧光管灯或白炽灯，以便看清物件，当柜门开启时接通电源，关门时又将电源切断。

由于厨房蒸汽多，较潮湿，厨房灯具的造型应该尽量简洁，以便于擦洗。另外，为了安全起见，灯具要用瓷灯头和安全插座，开关内部要防锈，灯具的皮线也不能过长，更不应有暴露的接头。

厨房的绿化与植物

居家风水除了讲究藏风聚气之外，关键就是如何把环境调整得活起来，这时绿化就显得尤为重要。一般家庭的厨房多采用白色或淡色装潢，色彩丰富、造型生动的绿化措施可以柔化硬朗的线条，为厨房注入一股生气。在厨房的绿化过程中，实景植物要讲究阳光与水分，假景则可借用各种建材、厨具的色彩进行装饰。

在厨房内适当点缀一些绿色植物，给人带来的不仅是美的享受，更多的是生活的希望。植物出现于厨房的比率仅次于客厅，这是因为家庭中有些成员每天花很多时间在厨房里，且厨房的环境湿度也非常适合大部分的植物。

窗户较少的厨房，用些盆栽装饰可消除寒冷感。由于阳光少，应选择喜阴的植物，如广东万年青和星点木之类。厨房是操作频繁、物品零碎的工作间，烟和温度都较大，因此不宜放大型盆栽，吊挂盆栽则较为合适。其中以吊兰为佳，居室内摆上一盆吊兰，在24小时内可将室内的一氧化碳、二氧化碳、二氧化硫、氮氧化物等有害气体吸收干净，起到空气过滤器的作用，此

解读非常住宅

旺宅开运改运首看之书
居家设计布局最佳指导

○ 色彩丰富、造型生动、生命力旺盛的绿化植物可以调活厨房的环境，为厨房注入勃勃生机。

外，在疾病的防治上，吊兰具活血接骨、养阴清热、润肺止咳、消肿解毒的功能。

虽然天然气不至于伤到植物，但较娇弱的植物最好还是不要摆在厨房。厨房的门开开关关，加上厨房里到处都是散发高热的炉子、烤箱、冰箱等家电用品，容易导致植物干燥。在厨房里摆些普通而富有色彩变化的植物是最好的选择，这要比放娇柔又昂贵的植物来得实际。适合的植物有秋海棠、凤仙花、绿萝、吊竹草、天竺葵及球根花卉，这些植物虽然常见，若改用较特殊的花盆，如茶盆、赤陶坛、黄铜壶等，看起来就会很不一样。

另外，也可以种些水果蔬菜，许多色彩鲜绿的青菜亦可插水养殖，以供欣赏。为了除去阴暗、潮湿的呆板印象，还可以在厨房开扇窗，让阳光进入，然后再选一对盆栽为厨房提供持久的绿意。而插花就可为厨房增添绚丽缤纷的色彩。凡此种种，除了使用有机绿色外，还可使用其他元素，例如瓷砖的图案、漆料的颜色等，都可用来绿化厨房。

厨房设计要重视人体尺度

橱柜设计要人性化，使用起来才省心省力。若台面过低，人要一直埋着头，台面过高，手又使不上劲。因此，实用橱柜台面的高度要根据家里最常烧菜的人的身高来定。通常，橱柜台面的高宜在80~85厘米之间，台面与吊柜底的距离需50~60厘米，放炉灶的台面高度最好不超过60厘米。吊柜门的门柄以最常使用者的高度为标准，方便取存的地方最好用来放置常用品。

◎一个简洁大方、方便实用的厨房才会是一个好厨房。

此外，厨房的柜橱或其他设备相互之间的通行间距，头顶上或案台下的贮存柜高低，以及适当的光线，都是要考虑的问题。这些距离尺寸必须与人体尺寸相联系，才能保证使用时操作方便。

在设计厨房时，还有一个很重要的人体尺寸往往被忽视，那就是人的眼睛高度。关于这一点要注意的是，在确定炉灶面的排烟罩底边的高度时，要保证使用者能看到炉灶后部的火眼。

厨房死角的处理

厨房中往往有不少死角让人头痛不已，不仅没办法利用，而且很难打扫。比如，吊橱的顶部，墙的转角处，水池的下面等。由于这些是平时视力所难及的地方，在厨房装修时，常常被忽视，不仅积灰，而且容易隐藏、滋生虫类。所以，在厨房的设计中，尽可能采用封闭式柜体设计，让这些边边角角成为收纳高手，也让厨房更干净整洁。如吊橱封到顶，煤气柜、水池下部也最好落地封实。这样不但利用了空间，节省了材料，而且避免了死角，既不致藏污纳垢，同时也使厨房显得卫生又美观。

此外，还要学会分角分治对付不同类死角。例如，拐角很大、但没有烟道或管道的阻隔的死角，可利用小的旋转角来解决问题。使用时只需用手轻轻向里推，旋转角就可以转动，将拐角深处的东西带出来，同时灯光亮起来，方便取拿。较深的死角，则可利用拉伸式的器具，如拉伸式置物篮，两个篮子相连动，打开的同时，可以将里面的篮子也拉出来，方便取用物品。如果拐角很小且还有管道阻隔，则可用自动组合的置物篮轻松绕过这些管道，从而利用剩下的空间。

打造个性化的次厨房

很多家庭可能还没有打造次厨房这方面的考虑，然而，对于钟情于饮食文化的家庭来说，次厨房是很有必要的。尤其是随着中西方饮食的交流融合，在家中制作西餐已经不是件新鲜事了。由于中西方的烹饪习惯不同，使用的厨具、电器也不同，甚至是餐具的选用方面，也有很多不同。因此，在条件允许的情况下，将中西餐的制作分开，使厨房的功能更趋合理与便利，使烹制食物时更加得心应手。

西餐的制作相对中餐的制作，产生的油烟很少，并且制作西餐更讲究调配，因此不会有很多烟熏火燎的情况出现，这对房间方位的要求就低很多。在住宅中靠近餐厅的一处空置出一块地方，也许仅仅是一块面积很小的地方，还不能称其为房间，就可以打造出富有个性的开放式厨房。次厨房主要是用于制作西餐，因此可以仅设置配餐区和洗涤区。夏天时能在此为家人调制爽口的饮料，冬天时能为家人冲上一杯暖暖的咖啡，有闲情逸致时还能为家人制作别样风味的西餐，这些都将是次厨房带给您的便利。

次厨房的通风状况很重要，最好

○ 厨房将中西餐区域区分开来，呈现出现代个性化特点。

能有一扇窗户以方便通风。如果由于住宅格局的原因没有窗户，那么最好在次厨房的某处附近开个通风口，只要能起到同窗户一样的通风效果就可以。

次厨房所选用的橱柜、厨具等也应参照厨房的要求来布置，应保持厨房的卫生条件，进而有利于家人的健康。

次厨房的色调宜清新，给人舒适放松的感觉。因为现代的生活，在厨房中更多的是享受制作美食的过程，而不是感受痛苦的劳动过程。

创造诱导食欲的环境

如果厨房兼有餐厅功能，就应该创造一个整洁、优雅、能诱导食欲的环境。例如，在照明上选用造型雅致、灯光柔和的升降式餐灯；色调上选用橘黄色、乳黄色或柠檬色；织物台布之类选用条纹或活泼的富有乡土气息的图案；装饰上挂一至三幅食品、花卉静物摄影，配上吊兰、秋海棠之类的绿色植物；家具选用简洁、明快、舒适的造型，如再配上音乐，就能令人食指大动。

○ 厨房兼有餐厅的功能，灯光柔和、色调温馨，配上简单的装饰，形成整洁优雅的环境，充分地诱发人的食欲。

炉具的选择与使用

炉具是厨房里最重要的器具，因为它代表了创造和贡献的能力，最好选择产生自然明火的炉具，如煤气灶，尽量避免使用会释放出磁力的电炉和微波炉作为主炉，而炉具的表面材料是不锈钢的较好。

煤气灶是现在使用相当普遍的炉具，因为它便捷，易控制火力，能于最短时间提供最大火力。但考虑到煤气灶的危险性，为了保证其安全，使用时以下三点要注意：

①炉具须避水。勿将炉具与洗碗池紧贴而放，中间要隔切菜台等缓冲带，以避免不协调。如可能，冰箱、洗碗机与洗衣机等也不宜不紧临炉具。

②炉具也须避风。炉具不宜正对门口和窗口，如在风口上，易引起火势逆流而导致家居危险。

③炉灶不可设在下水道上方，排水系统要由住宅的前方排向后方，厕所污水不可从厨房下方流过。

灶台与炉具的位置

《解凶灶法》指出："灶乃养命之原，万病皆由饮食而得，灶宜安生气、天医、延年三吉之方，不宜凶方。"风水学理论认为，在坐北朝南的住宅中，生气即指东南方，称之为上吉；天医即指东方，称之为中吉；延年即指正南方，称之为下吉。这三个方位都是吉方，故利于安置厨灶。

橱柜的选择与规划

锅碗瓢盆、刀叉勺筷等，厨房内需要收纳的物品简直数不胜数，一不小心厨房就可能变得杂乱无章、面目全非。因此，我们需要仔细挑选收纳用的橱柜，并规划好收纳空间，让厨房变得干净整洁。

在挑选橱柜款式时，应该以确保收纳功能为前提，其次再考虑美观。如果过多考虑美观，很可能浪费空间，给今后的使用带来诸多不便。收纳柜的款式、材质有很多，有镀锌钢板烤漆的收纳柜，有三段式高度可调整的收纳柜，还有带2个小抽屉、3个大抽屉等款式的收纳柜。也可以选用抽拉式的收纳柜，附带有专门的保鲜设计，除了放厨房用具，也可以放蔬菜、水果。总之，在挑选收纳用的橱柜时，主要从自己的需要和审美出发，同时考虑厨房的整体性，使整个厨房协调一致即可。

在规划橱柜的收纳空间时，应从置放物品的使用频率出发，将较常使用的物品放置在显眼顺手的地方。拉

○ 挑选橱柜宜首先考虑其收纳功能，然后考虑其美观作用。

篮内物品的摆放也要遵循收纳的"最称手原则"——最常用的餐器、厨具、调料和原材料等，集中摆放在双眼到双膝之间的范围，很少用到的物品则可收纳在吊柜最高层和地柜最底层，这样厨房内的所有物品就可一目了然，方便易寻。

此外，可在厨房所有空白墙面和橱柜外壁装置层架、杯架或吊篮等，充分利用所有可利用的角落，提高厨房的空间利用率。例如，将电饭煲等放在固定的置物板上，就可让台面的可用"地盘"更大。自己也可以亲自动手做一个简单的置物柜架，找几块好看的小木板钉在墙上就可以。

橱柜颜色的选择

色彩是造型艺术的重要元素，厨房里的收纳柜除了考虑它的实用价值外，色彩也相当重要，因为它直接影响到人们烹调和用餐时的心情。橱柜颜色的选择定位还体现着居住者对某种生活的追求和态度。从浩瀚的色彩世界中去寻找一组让你心动的色彩配色，是装修前的一项重要功课。从现在开始，我们就带你走进装修中的色彩天地。

木本色是一种返璞归真的田园色彩。置身于纯朴的实木构建出来的空间

里，会让生活更具乡村气息，有益身心健康。

蓝色是一种梦幻般的色彩，给人清澈、浪漫的感觉。蓝色在白色的映衬之下显得更加清新淡雅，富于装饰味道。

绿色轻松舒爽、赏心悦目，淡绿与淡蓝配合，能让厨房充满盎然生机。

银灰的色彩似从太空而来，它是现代文明都市的产物，象征着效率、健康、积极。银灰在质朴中显出厚重，使人恢复平和的心态。

白色纯洁无瑕、一尘不染。以白色为主调的橱柜呈现朴素、淡雅、干净的感觉，对于喜欢洁净、安静的人，无疑是最好的选择。再者，白色与任何颜色搭配都会很和谐。

抽油烟机的安装、使用和清洁

每天下厨房都要使用抽油烟机，它是厨房设施中最重要的部件。抽油烟机关乎着屋主的健康，因此我们要对它有所了解，要知道安装、使用和清洁抽油烟机。

安装时，一般讲要注意选择适当的高度、角度及排风管走向。抽油烟机的中心应对准灶具中心，左右在同一水平线上。吸量孔以正对下方炉眼为最佳。抽油烟机的高度不宜过高，以不妨碍人活动操作为标准，一般在灶上65~75厘米即可。为使排放的污油流进集油杯中，安装时前后要有一个仰角，即面对操作者的机体前端上仰3~5°。当抽油烟机必须安装在窗户上，或其他支撑脚无法发挥作用时，尤其注意这个问题。抽油烟机的排气管道要尽量短，避免过多转弯。而且最好是将蛇形管直接拉到室外，因为对于楼房居民来说，若接到烟道中，则经常会产生别家抽出的油烟倒灌进来的现象。

合理使用抽油烟机是能否达到最佳

◎ 抽油烟机的高度不宜过高，且其中心应对准灶具。

排油烟效果的关键之一。使用抽油烟机要选择适当的转速，如烹煮油烟大的菜肴时，应选用较高的转速。烹煮完毕后，保持扇叶继续转动至少3分钟，让油烟彻底排除干净，然后再关机。

要想延长抽油烟机的使命寿命，就应定期对其进行维护和保养，其中定期清洗最为重要。以下清洁方法只适用于外部（包括叶轮）清洁，如需内部清洗，就要交给专业人员。

在清洗外部叶轮时，一定要注意卸装叶轮时不可使其变形，以免运转时平衡遭到破坏而造成抖动和噪音增大等现象。压紧固定叶轮的螺母是反螺纹，右旋为松，左旋为紧，这在装卸时一定要注意。

抽油烟机扇叶空隙小，手伸不进去，油烟污染后清洗很不方便，还往往在清洗时，把扇叶碰变形，造成重心不平衡。有一绝招不妨一试：将刷洗好的扇叶（新的效果更好）晾干后，涂上一层办公用胶水，使用数月后将风扇叶油污成片取下来，既方便又干净，若再涂上一层胶水又可以用数月。

清理抽油烟机集油盒也是一件很不容易的事情，烹饪多用动物油时更甚，为解决倒油难的问题，可在集油盒里放一层薄膜，油集多了，再换一新薄膜即可，既方便又卫生。

高压锅的摆放与使用

高压锅又叫压力锅，它以独特的高温高压功能，能大大缩短做饭的时间，节约能源。但若不恰当地摆放和使用高压锅，引发高压锅爆炸，后果就会很严重。

摆放高压锅时，要注意一些生活小细节。如不要将其随意放在地上，这样家里有小孩的话就很容易误伤；不要将其放在台面边缘，以防不小心碰倒造成伤害；不要将其放在炒锅旁，以免碰到误伤等。

为了保护您自己及家人的安全，使用高压锅时一定要注意几个安全事项，以免发生爆炸。第一，在使用前要仔细检查锅盖的阀座气孔是否畅通，安全塞是否完好；第二，锅内食物不要超过容量的五分之四；第三，加盖合拢时，必须旋入卡槽内，使上下手柄对齐；第四，烹煮时，当蒸气从气孔中开始排出后再扣上限压阀，当加温至限压阀发出较大的嘶嘶响声时，要立即调火降温；第五，烹煮时如发现安全塞排气，要及时更换新的易熔片，切不可用布条、木棍等东西堵塞。

冰箱的摆放

冰箱置于厨房内时，不能太靠近或正对炉灶，因炉灶油烟太多，容易使冰箱被污染，影响主人的健康。

为了有效延长冰箱的使用时间，提高它的使用效率，在摆放问题上，还要遵循让冰箱远离热源，充分散热的科学原则。比如，用户在摆放冰箱时，一般应该在冰箱两侧预留5~10厘米，上方预留10厘米，后侧预留10厘米的空间，以便冰箱充分散热。另外，冰箱的周围要有通风口，或者在不远处有可以与冰箱的散热通道构成回流的通风口，让冰箱的热量能够到达通

○ 冰箱置于厨房内时，不能太靠近成正对炉灶。

风口。否则的话，冰箱的热量将囤积在冰箱后方或两侧，增加冰箱的能耗，降低其使用寿命。除了保证其散热外，还要让冰箱远离其他热源，如音响、电视、微波炉等家电，炉火、太阳光等自然热源，这些热源产生的热量都会增加冰箱的负担，增加耗电量。

此外，正确的摆放还能有效降低噪音，避免影响家人的睡眠与健康。放置时，宜将冰箱放置在地面平坦牢固的地方，调整底部四角平衡，使其处在一个平面上。也可将冰箱垫高3~6厘米，并调整四角平衡，使箱体底部空气对流空间增大，减少噪音。此外还要检查各个部件是否松动，避免发生共振。

调味瓶分隔架的收纳

分类清楚的调味瓶分隔架，让种类众多的调味料都能各得其所，厨房更

加整洁干净。在收纳上，买一套图腾画案的密封罐，将易受潮的食材安放在密封罐中，既可避免食材受潮，同时，也显出自己的独特品位。

刀具的收纳

厨房里的刀，是切菜的工具，首要注意的是不能"明摆"，很多厨房就将刀挂在墙上，这是相当不妥的摆法。刀具的收纳最好是悬吊在柜子里，因为刀具平放，久而久之会产生不锐利的现象，无法发挥好的切、削的功能。如果习惯将刀具挂于墙上，除了有掉下来的危险外，如家中犯了贼盗，容易成为贼盗攻击的利器。

厨房吉祥物

在家居风水中，厨房灶台是非常重要的，直接影响到家居的财运问题。在厨房的适当位置摆设一两件吉祥物，不仅能化解煞气，还可有效增强财运。

1.水晶吊坠

水晶可缓和光线，本来水晶吊坠应该是在梁的两端各挂一个，从而在整个空间里制造出八卦的阵势，但如果受到条件限制，在梁的中央挂一个水晶吊坠也可以起到一定的化解作用。

宜：化解压梁宜用水晶吊坠。现在的住宅多见"梁"，特别是睡床、饭桌以及煤气炉上方的梁。最好的解决办法是将其从下方移开，如果实在无法移开，可使用水晶吊坠来化解。

忌：水晶吊坠忌正对床头。

○ 水晶吊坠

2.平安瓶

平安瓶直径约为28厘米，纯桃木所制，是厨房和次卧专用的吉祥物。

宜：厨房和次卧室凶位宜放平安瓶。平安瓶专为厨房和次卧而设计，平安瓶可解决大门正对厨房以及厕所正对厨房的问题。

忌：平安瓶下方忌放金属物。

○ 平安瓶

◎ **几何图案瓷砖丰富空间内涵**　厨房装修一般都会用到瓷砖，不论是小面积的点缀，还是大面积的使用地砖或者墙砖，都会决定厨房的风格走向与实用性。这个厨房正是运用条纹状的天花、交错几何图案的墙面瓷砖，让这个厨房显得多姿多彩，丰富了小空间的内涵。

○ **小空间也能表现美好的生活追求** 精致的欧式风情厨房，豪华、高雅，小空间也能表现出极致的生活追求。白色与米色的结合运用到空间中，造就现代简洁的效果，几块花纹瓷砖对空间进行了画龙点睛的点缀。

○ **浪漫文明与曼妙几何的艺术联姻** 现代厨房是浪漫文明与曼妙几何的艺术联姻，色彩是视觉中最响亮的元素。厨房里的色彩需要更多丰富的语言和想象力，缤纷色彩的玻璃门让厨房变得多姿多彩。

○ **让空间色彩跳跃** 小巧的橱柜大面积使用白色，多个柜子的设计能使厨房的杂物更好地收纳进去，使厨房整体空间看上去更整齐。暖黄色的餐台隔断使厨房空间的色彩有了变化和跳跃性。

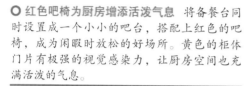

○ **红色吧椅为厨房增添活泼气息** 将备餐台同时设置成一个小小的吧台，搭配上红色的吧椅，成为闲暇时放松的好场所。黄色的柜体门片有极强的视觉感染力，让厨房空间也充满活泼的气息。

○ **绿色使整体空间透出清新的自然气息** 红色橱柜热情奔放，充满喜庆的色彩，让厨房充满活力。绿色的灯光给人一种清爽的感觉，让人忍不住联想到乡间的花草树木、青山绿水，整体空间透出清新的自然气息。

○ **岛台为空间增添了通透感** 浅色橱柜和黑色台面的搭配看起来简洁明朗，空间光线充足、视野开阔，丝毫没有拥挤之感。中间的岛台为空间增添了几分通透，这种半开放式格局的厨房，让取拿食物也变得方便起来。

○ **无论橱柜色彩还是造型都无懈可击** 古朴的木色在白色墙面的映衬下显得格外热情，即使是不锈钢的冷灰色也不能冲淡空间通过颜色表达出欢愉情绪的热切愿望。过渡台面使整个厨房从色彩到造型都更加精致。

○ **个性沉稳的设计风格** 黑色的地板，深红色的橱柜柜面，展现出主人沉稳的个性。在整体深色调的布置中，蓝色的茶具脱颖而出，为空间注入新鲜的活力。

○ **时尚吧台打造现代厨房空间** 现代简约厨房要求突显简洁，本案中简单的直线强调空间的开阔感。有质感的白色吧台隔断，时尚的造型让空间温馨中平添一分冷酷。

○ **鲜红色橱柜极其醒目** 现代装饰的厨房，柜体都采用鲜艳的红色，搭配温润的玉色台面，不但打眼而且很温暖。功能布置区完善细致，在浅米色的墙体基础上，主厨区的橱柜均采用红色柜门，鲜亮的红色让其高调出位。

○ **紫色玻璃瓶仿佛遗落的紫水晶** 符合居室格局的橱柜造型，让空间更大范围地被利用。具有金属感的橱柜让空间的温度降低。神秘色调的紫色玻璃瓶，仿佛遗落在空间的紫水晶。

全面揭示风水发家密码

精心打造顺风顺水旺宅

319

○ **利用灯光营造气氛** 五盏精致的吊灯是整个空间的点睛之笔，柔和优雅的灯光宣泄下来，为半开式厨房增添了古典的气氛。

○ **红色坐垫的点缀活跃气氛** 白色调壁柜与橱柜的搭配，使得厨房环境十分清亮。餐椅上红色坐垫的应用，活跃了气氛，洋溢着青春的活力。

○ **淡绿色充满鲜活气息** 颜色总能给人带来很强的视觉冲击力，也会影响心情。设计师选用淡绿色调来装扮厨房，让空间充满了鲜活的气息，使人感觉清新、自然。

○ **明亮清爽的厨房空间** 浅绿色与白色的结合，石材和饰面板的搭配，使得厨房空间明亮、清爽。而半开放式的厨房设计，体现了现代的人居理念，也是当今厨房设计的一种流行风尚。

○ **不锈钢橱柜带着后现代特征** 通体发亮的不锈钢橱柜透露出强烈的后现代特征，半开放式的设计形式，尽管占用厨房空间较大，却没有任何拥挤感。

○ **整齐划一的设计带来整洁的效果** 整齐划一地利用瓷砖装饰厨房的墙面和地面，自然会获得非常整洁的效果，在这个背景下，其他装饰可以尽情随自己的喜好布置。

○ **自然而净透的精致厨房** 厨房空间内原生态的青砖墙面流淌着遥远的记忆，入口的木门套再次对自然主义进行了深刻的表达。白色的地面与天花如水般清亮澄澈，缓解了小空间的拥挤感。

○ **多元素组成简约而完美的空间** 带有圆形木拉手的橱柜精致、实用，中性的乡村风格一般以奶白色为基调。空间里添加一些装饰性元素，如漂亮的灯饰及餐具，这些装饰物为厨房提供了一个简约而完美的画面。

第九章

餐厅与吧台的设计

享受美味、健康与欢乐

『民以食为天』、『食色性也』，均说明进食的重要性。进餐在中国文化是很重要的行为，全家人每天至少要共进一餐，感情才会融洽。餐厅乃一家人就餐饮食之处，是家人补充体能的所在。传统风水学理论对餐厅的格局布置十分讲究，良好的餐厅设计不但可凝聚家庭成员的向心力，对家庭生活也有良好的影响。

餐厅的方位

除了客厅或厨房兼做餐厅外，独立的就餐空间应安排在厨房与客厅之间，这样的布局可增进家庭成员关系的和谐。从实用角度来看，可以最大限度地节省上菜的时间和空间，以及人们从客厅到餐厅就餐耗费的时间，同时也可避免菜汤、食物弄脏地板。如果餐厅与客厅设在同一个房间，应当与客厅在空间上有所分隔，具体可通过矮柜、组合柜或软装饰做半开放式或封闭式的分隔。

餐厅的方位必须根据具体的情况进行选择，才能营造出良好的用餐环境。最好的餐厅位置是设在东南方，因为此方位空气足，光线好，比较容易营造出温馨的就餐氛围，有益健康。餐厅也适合设在住宅的东方，这个方向是太阳升起后最早照射的地方，能给人勃勃生机和活力。如果在此方位吃早餐，更能激发家人积极向上的进取心。

○ 餐厅有良好的光线，空气新鲜，容易营造出温馨的就餐氛围。

○ 最好的餐厅位置是东南方，此方位能营造良好的就餐环境。

餐厅方位的改进之道

1.餐桌正对大门

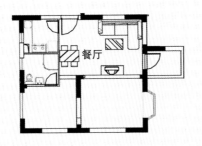

◎ 大门是纳气的地方，气流较强，所以餐桌不可正对大门。

◎ 改进之法：若真的无法避免，可利用屏风挡住，以免视觉过于通透。

2.餐厅和厨房距离过远

◎ 餐厅和厨房的位置最好设于邻近，避免距离过远，因为距离远会耗费过多的置餐时间。

◎ 改进之法：一般厨房的位置是不能改变的，所以最好重新调整餐厅位置，可将客厅与餐厅位置对调。

3.餐厅设在通道

○ 客厅与餐厅之间都有个通道，餐厅不　　○ 改进之法：改移餐厅位置。
宜设在通道上

餐厅的格局

目前，餐厅设计的形式主要有：厨房兼餐室、客厅兼餐室、独立餐室三种。风水学理论认为，客厅兼餐厅的格局，在空间上应该有所分隔，可以用

○ 餐厅的格局宜方正，不宜有尖角，方正的格局寓意做人堂堂正正，使人能在身心轻松的情况下愉快地就餐。

矮柜、组合柜或软装饰作半开放式或封闭式分隔。独立餐室应安排在厨房与客厅之间，以尽可能节省食品从厨房到餐桌，以及人们从客厅到餐厅所耗费的时间和空间。对于一些过厅较大的房间，可以将过厅划出一部分作为餐区，这主要是通过家具的摆放来区分空间。也可以利用玄关、屏风将区域划分得更明显一些，并借助顶面、地面、灯光的变化达到理想的划分效果。

　　餐厅的格局讲究方正，方方正正的空间格局寓意做人堂堂正正，如果再搭配上方形餐桌或圆椅子，这样方圆组合，就会别有韵味。方形餐桌、圆椅子不仅吃饭的时候起坐舒适，使人能在身心放松的情况下愉快地就餐。餐厅如果有尖角，则坐起来不舒服，影响就餐心情，甚至连胃口也会受到影响。

　　如果因为其他的原因，不得不选择餐厅有尖角的房子，那么可以考虑用橱柜来弥补缺憾。

餐厅的布置

　　餐厅的形，离不开室内空间的立体结构，离不开桌、椅、柜等实物，因此，空间的合理布局、家具的科学摆设、光线的相互调和等都是餐厅布置的重点。

　　厨房中的餐厅装饰，应注意与厨房内的设施相协调。设置在客厅中的餐厅装饰，应注意与客厅的功能和格调相统一。若餐厅为独立型，则可按照居室整体格局设计得轻松浪漫一些。相对来说，装饰独立型餐厅时，其自由度较大。

　　餐厅内部家具主要是餐桌、餐椅和餐饮柜等，它们的摆放与布置必须为人们在室内的活动留出合理的空间。这方面的设计要依据居室的平面特点，结合餐厅家具的形状合理安排。狭长的餐厅可以靠墙或靠窗放一张长桌，将一条长凳依靠窗边摆放，桌子另一侧则摆上椅子。这样看上去，地面空间会大一些，如有必要，还可安放抽拉式餐桌和折叠椅。

　　除此之外，还应配以酒柜用以存放部分餐具，如酒杯、起盖器等，以及酒、饮料、餐巾纸等。酒柜大多高而长，是山的象征。矮而平的餐桌则是水的象征。有些不喜欢饮酒的家庭，在餐厅中不摆放装酒的酒柜，而以装放杯碟的杯柜代替。对于这种情况，杯柜就不宜太大，如果以杯柜填满整幅墙壁，

○ 空间的合理布局、家具的科学摆放、光线的相互调和等都是餐厅布置的重点，餐厅家具的摆放必须留出合理的空间供家人活动。

全无空白的余地，就会造成视觉欠佳。如果杯柜与墙壁等长，则可以改用矮柜，这样能够改善餐厅风水。

餐厅的陈设应尽量整齐、美观、实用，因为摆设的不同会给居家带来不同的影响。

一边听音乐，一边用餐是一种享受，但如果一边看电视一边用餐的话，则为不利。如果眼睛总是盯着电视看，而不是用心地去享受美食的话，是不可取的。所以，最好不要把电视机放在餐厅，以免影响食欲和消化。

在布置餐厅时，对以上因素都应有所考虑，这样才能给你方便、惬意的生活。

餐厅的采光与照明

一个科学合理、舒适方便的餐厅应该是美观的、简洁的，而在视觉上，明亮、干净尤为重要。风水学理论认为，餐厅光线不足就是阳气不足，而充足的日照会使家道日益兴旺。因此，餐厅最好在南面开窗户，以利采光。

餐厅一般采用柔和明亮的照明。风水学理论认为，亮丽的颜色可以带来活泼的气氛，促进食欲，增添用餐的乐趣，同时还可以增强人的运气和财富。另外，淡淡的灯光静静地映照在热气腾腾的佳肴上，可以刺激人的食欲，营造温馨的氛围，也能促进身心健康。

餐厅的照明应将人们的注意力集中到餐桌上。餐桌上的照明以吊灯为佳，例如，用单灯罩直接配光型吊灯投射于餐桌，也可选择嵌于天花板上的照明灯。灯具的造型力求简洁、线条分明、美观大方。

朝天壁灯是一个相当好的光源，比起吊灯，它会为房间增添更多的戏剧性，而且光线由墙面透迤而上，再从天花板反射而下，会让一些地方产生阴影。一般而言，餐厅最常采用的应该是胶泥制的半圆形壁灯，这种壁灯能够任意上漆。因此，可以将它漆成与墙面相同的颜色，让它隐没于墙壁中；也可以漆上不同的颜色花纹，让它成为房间里的和谐缀饰之一。

此外，桌灯与立式台灯也都能创造出温馨的气氛，适合摆放在屋里的任何角落。这种照明既具有装饰性，又会使产生的光线色调柔化整个餐厅氛围。

如果餐厅设有吧台或酒柜，还可以利用轨道灯或嵌入式顶灯加以照明，以突出气氛。在用玻璃柜展示精致的餐具、茶具及艺术品时，若在柜内装小射灯或小顶灯，能使整个玻璃柜玲珑剔透，美不胜收。

○ 餐厅的照明宜将人们的注意力集中到餐桌上，光线宜柔和明亮。

餐厅的色彩

色彩在就餐时对人们的心理影响很大，餐厅环境的色彩能影响人们就餐时的情绪。因此，餐厅墙面的装饰绝不能忽略色彩的作用，在设计中可以根据个人爱好与性格不同而有所差异，但要注意，不宜选择黑色或灰色等冷色调，否则会破坏家庭用餐的气氛，降低食欲。

总的来说，餐厅色彩宜以明朗轻快的色调为主，最适合用的是橙色以及其姊妹色。这类色彩都有刺激食欲的功效，它们不仅能给人以温馨感，而且能提高进餐者的兴致。整体色彩搭配时，还应注意地面色调宜深，墙面宜用中间色调，天花板色调则宜浅，以增加稳重感。

在不同的时间、季节及心理状态下，人们对色彩的感受会有所变化，这时，就可利用灯光来调节室内的色彩气氛，以达到开心进食的目的。家具颜色较深时，可通过清新明快的淡色或蓝白、绿白、红白相间的台布来衬托，桌面再配以乳白餐具，则更具活力。一个人进餐时，往往显得乏味，可使用红色桌布以消除孤独感。灯具可选用白炽灯，经反光罩反射后，以柔和的橙光映照室内，从而形成橙黄色环境，消除沉闷。冬夜，可选用烛光色彩的光源照明，或选用橙色射灯，使光线集中在餐桌上，也会产生温暖的感觉。

餐厅的天花板

餐厅的天花设计非常重要，因为很多餐厅与客厅，或餐厅与厨房之间是连接不做任何隔断的，这就需要在天花吊板做区分，展现丰富的多层次空间变化，使住宅整体设计功能区域明显表现。

◎ 餐厅天花设计要考虑住宅整体风格和餐厅的功能特点。

而且，好的天花设计不仅能突出强调整体住宅的风格，还能增进人的食欲，有助于家人营养的吸收。很多家庭的餐厅空间面积有限，通过适当的天花设计，还有延伸空间深度的效果，避免视觉上空间不够的弱势。

在装饰餐厅天花时，很多人会在

餐厅的天花板贴镜子，这是一种错误的装饰方法。因为镜子会反射，下面是食品的实品，上面是虚的物品，这样吃的时候气容易散掉，影响食物的营养保留，所以餐厅桌子上方的天花板勿贴镜。

餐厅的窗户

独立餐厅不仅要开设窗户，窗户还一定要大，这样既有利于居室内的采光，而且主人生活起来也非常的便利。

窗户外面的风景还使餐厅空间在视觉上得到延伸，扩大餐厅的空间感和通透感，增强主人的活力。

需要注意的是，餐厅墙壁的一面设置了窗户即可，不需两面都开窗。如果餐厅两侧都开设了窗户，那么就应将两个窗户错开，不要正面相对。因为两窗相对时，气会从一面墙的窗户进入，再从另一面墙上的窗户流出，无法聚集，不利于住宅的气运。

○ 餐厅有宽大的窗户有利于居室的采光，增强主人活力。

同时，两扇窗户相对的局面，还会让风直吹到用餐者，容易给用餐者带来健康上的不利。

餐厅的墙面

餐厅墙面上宜挂置骏马图，寓意飞黄腾达。但骏马装饰画不宜放置在南方。

有些人由于种种原因，把一些意境萧条的图画悬挂在餐厅内，这从风水角度来说并不适宜。所谓意境萧条的图画，包括惊涛骇浪、落叶萧瑟、夕阳残照、孤身上路、隆冬荒野、恶兽相搏、枯藤老树等几类题材。

餐厅的地面

随着生活节奏的加快，家人相处的时间减少了，一起就餐就变成了家人联络感情的重要手段，所以，越来越多人重视餐厅的装修和布置。餐厅的地面装饰材料以各种耐磨、耐脏的瓷砖和复合木地板为首选材料。利用这两种地面装饰材料，可以变换出无数种装修风格和式样。而合理利用石材和地毯，又能使餐厅的局部地面变得丰富多彩。

餐厅的地板色调与家具色调要协调，这样，人的视觉就不易疲劳。特别是大面积色块，一定要和谐。如果色彩深浅相差过大，不仅会影响整体装修效果，也会影响用餐者的食欲和心情。

餐厅的绿化与布置

餐厅是象征健康、福气以及富足的地方，美化这里的环境可以让人增强健康。稍微点缀一点绿意，带来的将是无限的生机，如盆栽植物、吊花、彩色干花、生态鱼缸等。

餐厅中使用最多的绿化手段就是摆放植物，如果就餐人数很少，餐桌比较固定，就可在桌面中间放一盆（瓶）绿色观叶类或观茎类植物，但不宜放开谢频繁的花类植物。

此外，也可将有色彩变化的吊盆植物置于木制的分隔柜上，划分餐厅与其他功能区域。现代人很注重用餐区的清洁，因此，餐厅植物最好用无菌的培养土来种植。

餐厅绿化植物的选择

健康、茂盛的植物是气的汇集物，可以将生生不息的能量带进家里。餐桌或餐桌的旁边放置盆栽能使人在进餐时增强食欲，同时也可以让餐厅增添几分生气。

综合植物和餐厅的特点，列出以下8种供选择的方案。

①因餐厅受各方面条件限制，如光照、温度、湿度、通风条件等，选择

解读非常住宅

旺宅开运改运首看之书 居家设计布局最佳指导

○ 餐厅的植物和花卉对全家人都有影响，应根据实际情况来选择，植物的布置应与整个餐厅环境协调一致。

植物时首先要考虑哪些植物能够在餐厅环境里找到生存空间。其次，要考虑自己能为植物付出的劳动限度有多大，如果公务繁忙的人来养一盆需要精心料理的植物，结果一定会大失所望。

②以耐阴植物为主。因餐厅内一般是封闭的空间，选择植物最好以耐阴的观叶植物或半阴生植物为主。东西向餐厅宜养文竹、万年青、旱伞，北向餐厅宜养龟背竹、棕竹、虎尾兰、印度橡皮树等。

③公务繁忙者可选择生命力较强的植物，如虎尾兰、佛肚树、万年青、竹节秋海棠、虎耳草等。

④注意避开有害品种。玉丁香久闻会引起烦闷气喘，影响记忆力；夜来香夜间排出废气，使高血压、心脏病患者感到郁闷；郁金香含毒碱，连续接触两个小时以上会头昏；含羞草有毒碱，经常接触会引起毛发脱落；松柏可影响食欲。这些在布置餐厅绿化植物时要特别注意。

⑤比例适度。与餐厅内空间高度及阔度成比例，过大过小都会影响美感。一般来说，餐厅内绿化面积最多不得超过餐厅面积的10%，这样室内才有一

种开阔感，否则会使人觉得压抑，影响用餐的心情。

⑥植物色彩与餐厅环境相和谐。一般来说，最好用对比的手法，如背景为亮色调或浅色调，选择植物时应以深沉的观叶植物或鲜丽的花卉为好，这样能突出立体感。

⑦避免使用吊挂式花卉。

⑧兼顾植物的性格特征，让植物的气质与主人的性格以及餐厅内的气氛相互协调。蕨类植物的羽状叶给人亲切感；铁海棠则展现出刚硬多刺的茎干，使人避而远之；文竹造型体现坚忍不拔的性格；兰花有寂静芳香、高风脱俗的性格，这些都可选择使用。但切记不能将有害植物放置在餐厅中。

餐具的选用

现在，许多人的家居生活已经关注细微的地方了，选择适合自己家居氛围的餐具时，应注意的是餐具的风格要和餐厅的设计相得益彰。一套形式美观且工艺考究的餐具可以调节人们进餐时的心情，增加食欲。如今，家居餐厅流行的餐具造型设计趋向"简约主义"，具体说来，有实用性、艺术性、家庭性、个性化四个特点。

实用性：随着现代都市人生活节奏的加快，人们对餐具的要求也相应提高，越来越重视实用功能。现在，最流行的一类餐具在功能设计上讲求"实用"，这类餐具着重突出自身的功能性，并以"使用为主、装饰为辅"的原则进行设计，简洁的造型颇受一些工作繁忙的消费者喜爱，尤其是白领阶层。

艺术性：综合考虑产品、操作模式和材料使用这三个方面，使整套餐具能和使用者建立起一种心灵上

○ 餐具的风格宜与餐厅风格协调，美观且工艺考究的餐具能调节人的心情。

的交流。

家庭性：这类餐具在颜色设计上很有特点，能与不同色调的家居环境相适应，年轻的夫妇可以选购一套色彩明快的餐具，它可以给生活增添一份温馨和浪漫。

个性化：随着生活水准的提高，人们对生活情趣的追求更趋多样化、个性化。不同消费者需要不同风格的产品，能够满足所有人需要的餐具是不存在的。一些餐具在设计和造型上颜色对比强烈，很有时代感，而且形态独特，颇有些另类的风味，这些类型适合追求个性的青年人使用。

另外，崇尚自然、回归自然在家居餐厅装修、装饰中已成为一种潮流和风尚，而餐具的"自然化"又使家居餐厅多出许多别样的风情。自然餐具多是自然材质和自然物的集合，如玻璃材料的贝壳平碟，用贝壳材料制成的贝壳勺、花朵碟、珊瑚果盘，玻璃材料的花朵碗，黄瓜形橄榄架，用自然椰壳材料制作的椰壳烛台，用铝合金镀银材料制成的银叶小碟，用铁、钢材料制成的铁制扭纹刀叉等，都能表现生活中回归自然的家居风水气息。自然界中的万事万物经常能给设计师带来灵感，这种灵感所产生的效果，能给城市里生活在钢筋水泥中的家居生活带来自然的气息、灵动的力量。用自然材料制作成的餐具和反映自然的餐厅家具搭配起来，会有非常浓郁的自然效果。

餐桌的选择

餐桌宜选圆形或方形，中国的传统宇宙观是天圆地方，日常用具也大多以圆形或方形为主，传统的餐桌便是最典型的例子。传统的餐桌形如满月，象征一家老少团圆，亲密无间，能够聚拢人气，营造出良好的进食气氛。方形的餐桌，小的可坐四人，称为四仙桌；大的可坐八人，又称八仙桌，象征八仙聚会，属大吉。方桌方正平稳，象征公平与稳重，因此被人们广泛采用。圆桌或方桌在家庭人口较少时适用，而椭圆桌或长方桌在人口较多时适用，设置时宜根据人员数量加以选用。

餐桌的形状各有不同，因此餐桌的尺寸不能一概而定，而应具体形状来确定。餐桌可分为方桌、圆桌、开合桌等。

1.方桌

方桌是一般家庭最常用的餐桌类型，一般选用76厘米×76厘米的方桌和107厘米×76厘米的长方形桌。桌高一般为71厘米，座椅的高度一般为41.5厘米。76厘米的餐桌宽度是标准尺寸，不宜小于70厘米，否则，坐时会因餐桌太窄而互相碰脚。

与之配套的餐椅的脚最好是缩在中间，这样不用时就可将椅子伸入桌底，用餐时拉出桌椅即可。

2.圆桌

圆桌一般适合人多的家庭使用。用圆桌就餐，还有一个好处，就是坐的人数有较大的宽容度，只要把椅子拉离桌面一点，就可多坐人，不存在使用方桌时坐转角位不方便的弊端。在一般中小型住宅，可定做一张直径1140毫米的圆桌，刚好供8～9人用餐。如用常见的直径1200毫米的餐桌，就会稍显过大。

◎ 传统的餐桌形状如满月，象征家人团圆、亲密无间。

3.开合桌

开合桌又称伸展式餐桌，可由一张90厘米的方桌或直径105厘米的圆桌变成135～170厘米的长桌或椭圆桌（有各种尺寸），很适合中小型单位和平时客人多时使用。不过要留意它的机械构造，开合时应顺滑平稳，收合时应方便对准闭合。

餐桌的摆放

餐桌是餐厅最重要的家具，是家庭成员享用美食的地方，所以一定要选择最佳位置摆放。

空调不要在餐桌的上方或附近。空调吹了一段时间，难免会堆积灰尘，所以如果餐厅里的空调直吹餐桌，灰尘很有可能被吹到食物里，当然也更容易让桌上美味的餐点凉掉，所以餐厅里的空调最好不要在餐桌的上方或附近。

餐椅的选择与摆放

桌椅是与餐桌一起使用的家居，因此切记要与餐桌相配，以便在座位与桌子之间给膝盖留出足够大的空间。如果餐厅面积足够，就可选用有扶手的椅子，但是它们会占据更多的空间，饭后椅子也不容易塞到桌子下面。如果空间较小，就可选择可以堆叠的椅子更为合理。另外，选用的餐椅一定要有靠背。餐椅不能有轮子或单脚，这样是不稳的现象。无靠的圆凳，只适合商家，家庭不宜。

餐椅的材料以木、土为重，木头质、皮质、布质都很好。

摆放餐椅时，以方形为好，因为方形是个稳定状况。

○ 餐椅应与餐桌相匹配，餐椅的选择和摆放也应十分注意。

其他餐厅家具的选择

风水学理论认为，一个空间内摆放的家具过多、过少都是不适宜的。空间过小，家具过多、过大，在摆设时会有诸多不便，而餐厅的空间过大，家具过小，会形成空旷寂寥的局面。从装潢角度来看，也不美观。因此，除了必需的餐桌、餐椅外，如果餐厅还有空间，就可以摆放一个放置餐具、瓷器和玻璃杯的餐具架。它的顶部通常要比桌子高一些，是用来切肉的理想地方，也可以放置一些调味品、沙拉、水果、奶酪和酒。

此外，在选择餐厅的其他家具时，宜多选用传统的碗、盘、碟、筷，这些餐具一般造型典雅、形态饱满祥和，图案上多用龙、蝙蝠或桃子等吉祥图案作为装饰，象征吉祥如意。

餐厅的装饰

现在，许多人越来越重视餐厅的装饰，因为就餐已成为家人联络感情的重要手段。

餐厅的装饰具有很大的灵活性，可以根据不同家庭的爱好以及特定的居住环境做成不同的风格。总的来说，餐厅的陈设既要美观，又要实用，各类装饰用品的设置要根据不同就餐环境灵活布局。

需要注意的是，餐厅不宜放置太多的装饰品，也不宜摆放太多物品以至过于杂乱，保持简洁大方是主要的原则。

在装饰物选择上，像装饰画、吉祥物、镜子都是不错的选择。但是，千万不要在餐厅的天花板上悬挂镜子，这样会影响食物气的保留。

餐厅软织物的选用

餐厅中的软织物如桌布、餐巾及窗帘等，应选用较薄的化纤类材料，因厚实的棉纺类织物极易吸附食物气味且不易散去，不利于餐厅环境卫生，进而影响健康。

解读非常住宅

旺宅开运改运首看之书
居家设计布局最佳指导

吧台的方位

　　吧台的安放位置并没有特定的规则可循，设计师通常会建议利用一些畸零空间。吧台在家居中通常出现于餐厅与客厅之间，稍高于客厅沙发或家具。功能上既可用作摆放装饰品、酒柜，也可在向厅堂的一面设几个高脚座椅，让谈话的人们调剂情绪。

○ 吧台的位置可灵活设定。

　　吧台宜设在吸引人的地方。如果家中的空间足够大，可以另辟休息室和视听室，这都是不错的吧台安装位置，正好与其功能契合，相得益彰。除此之外，吧台应该选择在能吸引人久坐的地方。

　　吧台可设在客厅电视的对面。随着电视频道的增加，许多人在电视机前的时间越来越长。将吧台设计在电视对面的位置，可以边喝茶边欣赏精彩的歌舞晚会或者一场激烈的足球比赛，更能提供聊天的题材。

　　吧台也可设在餐厅与厨房之间，功能有一点类似于便餐台。在一居室的公寓里，这样的吧台很常见也很方便，在不大的地方，也能有效地提高生活质量。吧台的内涵就两个字"休闲"，回家后的第一杯饮品，朋友间的尽兴夜谈……一个用于休闲的吧台，其功能应该考虑得更全面一点。

　　吧台可设在厨房与客厅交界处。吧台建在厨房与客厅交界处也是不错的主意。客厅是一般家庭招待客人的最佳场所，而厨房是储藏食物的地方，如果能综合两个空间的优势，在其交界处设计吧台，岂不两全其美？

　　吧台可设在客厅与餐厅之间，它的功能在宴请客人时就能充分发挥出来。在吧台上完成调酒和制作甜点，都非常得心应手。

吧台的设计

吧台的设计直接反映家庭的整个文化层次、生活品位，也是家人品酒休闲的空间，不宜离客厅、餐厅、厨房太远，否则，会给人一种孤立的感觉，日常生活也不方便。为配合家居风格上的和谐，吧台的设计应尽量贴合住宅的整体风格。

在设计吧台之前，宜事先设计好房间水路、电路的走向。如果想在吧台内使用耗电量高的电器，如电磁炉等，最好单独设计一个回路，以免电路跳闸。拥有良好的给水、排水系统以及安插电源的位置也很重要，一定要将管线安排好，以免给日后的使用增添麻烦，甚至会造成日后改装线路的局面。

吧台的造型与材质

吧台造型灵活多变，可以根据空间的大小适当调整样式。如果在不规则居室里，利用凹入部分设置吧台，可以有效地利用室内空间，给人整齐

○ 吧台的造型灵活多变，其样式可以根据空间的大小适当调整，宜合理运用空间。

统一的感觉。如果房间内有楼梯，也可以利用楼梯下面的凹入空间设置吧台，让这个特殊空间得以充分利用。还可将室内一部分干扰较小的墙面布置成贴墙的吧台，这样才能做到空间的合理运用，也避免了尖角的产生。

利用角落而筑成的吧台，操作空间至少需要90厘米，而吧台高度有两种尺寸，单层吧台110厘米上下，双层吧台则为80厘米与105厘米，其间差距至少要有25厘米，内层才能置放物品。台面的深度必须视吧台的功能而定，只喝饮料与用餐所需的台面宽度是不一样的。如果台前预备有座位，台面得突出吧台本身，则台面深度至少要达到40～60厘米，这种宽度的吧台下方比较方便储物。一般来说，最小的水槽需长60厘米，操作台面60厘米，其他则按自己的需要度量即可。

考虑到吧台损耗性较大，因此其台面最好使用耐磨材质，而不宜用贴皮材料。有水槽的吧台使用的材质最好还能耐水。如果吧台使用电器，就要考虑到使用耐火的材质装修，人造石、美耐板、石材等，都是理想的耐火材料。

吧台的色彩

吧台可选择较丰富的色彩装饰，但太过杂乱就会影响装修效果，如大量的金属、酒瓶、灯光让吧台被迷离的影像萦绕。但吧台的整体颜色不宜超过四种，否则就会显得色彩杂乱。

吧台的装饰

如果吧台刚好是在大厅开门的对角线上（财气位），则适宜摆设金元宝、招财石之类的饰品。或把盛水的花瓶插上鲜花也可，但是要保持花的新鲜，枯萎即换。植物最好是圆形的阔叶常绿植物，如海芋、富贵竹、黄金葛等，当然都需要细心养护，经常擦拭叶面保持干净才是。

另外，一些吧台和酒柜吸光用镜片来做背板，这令吧台和酒柜中的美酒及水晶酒杯显得更明亮通透。

全面揭示风水发家密码
精心打造顺风顺水旺宅

吧台的灯光

　　灯光是营造吧台气氛的重要角色。吧台除了形态上不能太突兀外，在所选的材料颜色、灯光上也有一些考究。吧台的灯光最好采用嵌入式设计，既可以节省空间，又体现了简洁现代的风格，与吧台的氛围相适合。灯光的色调则可根据需要选择，一般暖色调的光线比较适合久坐，也便于营造气氛；黄色系的照明较不伤眼，再加上射灯光线一强，可以穿透展示柜，让吧台呈现明亮的视觉感受。

吧台的布置形式

　　现在很多家庭都在追求现代化的都市享受，品味着惬意的生活，所以无论居室的大小，在其中设置一个吧台，都能为整个家庭营造一些时尚和新意。家庭吧台一般都是袖珍型的，可以根据居住环境及个人爱好，将其设在餐厅或厨房内，也可将其设置在客厅或起居室内。吧台按其布置方式来分，大致可分为以下几种。

1.转角式

　　利用房间转角部位进行布置，实用性较强，方便大家围台而坐，谈笑风生，同时可使室内空间布置更显紧凑，亦别具情趣。

2.贴墙式

　　即在室内一段墙面贴墙布置酒吧，酒柜既能摆在吧台上，也可以悬挂在墙上。此种吧台和酒柜占地少，节省空间，适宜于面积较小的房间。

3.隔断式

　　在餐厅或厨房中设置吧台，以采用隔断式为佳，用吧台将厨房与走道隔开，使室内隔而不断，起到划分空间、烘托室内气氛的作用，此法适用于居室面积较大且有多种用途的房间。

4.嵌入式

如果房间内有楼梯或其他不规则的凹入部分，就可以利用楼梯下面的凹入空间或房间的其他凹入部分设置吧台，使这些特殊空间得到充分利用。

酒柜的设计

对不少家庭来说，酒柜也是餐厅里一道不可或缺的风景线，它陈列的不同美酒可令餐厅平添华丽色彩。

酒柜大多设计成高而长的形状，风水学理论认为，这是山的象征；矮而平的餐桌则是水的象征，在餐厅中有山有水，配合得宜。此外，酒柜的设计要注意使用上的便利，每一层的高度至少30～40厘米，置放酒瓶的部分最好设计成斜式，让酒能淹过瓶塞，使酒能储放更久。柜子深度不宜过深，以触手可及为佳。

因为酒柜大多会安排在餐厅内，所以布置时需要注意与餐厅风水相配，

○ 酒柜陈列各色不同的美酒，令餐厅增添许多华美的色彩。

以免破坏住宅风水。而不喜饮酒的家庭，则可以用装载杯碟的杯柜来代替酒柜。这样的话杯柜就不宜太大，如以杯柜来填满整面墙壁，全无空白的余地，这样就不理想。如果杯柜与墙壁等长，则可以改用矮柜。

餐厅吉祥物

1.飞马踏燕

飞马踏燕高约28厘米，由原始纯铜制成，是一款非常精致漂亮的仿古品。

宜：可在办公桌或餐桌摆放此吉祥物。

忌：做工粗糙的飞马踏燕忌使用。

○ 飞马踏燕

2.蓝色水晶球

蓝色水晶球直径约10厘米，为合成水晶，含有相当分量的水晶成分。

宜：蓝色水晶球一般可安放在居家公共空间内或者办公桌上，如餐厅、客厅等。

忌：风水学理论认为，蓝色水晶球忌放置在西方。

○ 蓝色水晶球

3.招财进宝石

招财进宝石高约15厘米，为天然泰山石所制。

宜：招财进宝石放置前宜清洗。天然的泰山石，辅以红色朱砂书写的"招财进宝"字样的招财进宝石，在摆放前先用清水清洗，最好是放置在居家公共空间内。

○ 招财进宝石

忌：私密空间忌摆招财进宝石。如卧室、儿童房、书房就不适合摆放招财进宝石。

◎ **木质工艺提升品位** 天然的木质地板给餐厅带来一种自然气息，古朴的实木家具既是实用的居家必备之物，更是难得的工艺精品，将餐厅装扮得简单典雅，一种干净、清新的舒适感油然而生。

○ **用色彩营造视觉效果** 鹅黄色的壁纸与白色的墙体相互辉映，构成独特的空间视觉效果。按照人体工程学而设计的座椅，弧线优美，靠背舒适，只眼观，便能感觉到就餐时的良好氛围。

○ **线条勾勒舒缓的韵律** 充足的光照，营造一个天然闲适的夏日用餐空间。餐桌、餐椅通过简单的线条勾勒出一种舒缓的韵律。豆绿色瓷碗的点缀起到画龙点睛的作用，与餐边柜的色彩互相映衬。

○ **阳光充沛的静谧天地** 餐厅是一家人小聚最惬意的地方，开放的餐厨空间打造出一个阳光充沛的环境，给工作繁忙的主人开辟了一片静谧的天地，一家人在就餐之余仍可在此沐浴阳光。

◎ **木饰假梁成一大亮点**　仿传统中式建筑的木质结构体系，在天花上排列许多木饰假梁，用以强调空间的视觉导向性，体现餐厅的秩序，既带着些许欧式乡村的主体风格，也不乏中式的韵味。

◎ **妆扮别样高贵的中式韵味**　在设计上注重采光，使整个餐厅铺满明媚的阳光，再配以饰物的点缀，使餐厅充满自然的感觉。中式风格的餐具、饰品和谐生动，意境悠远，起到画龙点睛的作用。

◎ **粉色餐厅充满甜美气息**　餐厅可以充分表达性别倾向，温柔婉约的粉红色，让心情随即柔软下来。粉嫩的墙纸、缤纷的色泽与轮廓精美的座椅，烘托出了浪漫无比的用餐环境，让闺蜜的交流充满快乐。

○ 灯饰点亮欧式复古的浪漫空间　想要成功营造古典情境居家氛围，灯具是极佳的气氛推手。餐厅轻巧而简洁的主灯，卷边坐椅围在圆形的实木餐桌旁，搭配壁灯柔和的光线，点亮欧式复古空间的浪漫想象。

○ 色彩搭配呈现视觉美感　餐厅时尚的环丝吊灯使整个空间充满了华贵感，简约线条的餐桌椅协调地置于餐厅中，利用银灰的厚框边镜面制造出延伸的视觉效果，呈现出和谐的美感。

○ 吊灯增添宫殿气质　流畅线条的家具令居室整体散发着古典的特质，设计者特意在客厅及餐厅顶部悬挂了几组华丽的水晶吊灯，仿佛梦里见到的宫殿一般，增强了空间的感染力和饱满度。

◯ 简约方显真生活 造型简约的实木餐桌椅，看似简单，做工却非常细腻，整体显得大方整洁。天花上的球形吊灯为餐厅营造了非常温馨的家庭气氛，展现了最本质的生活品位。

◯ 阐述独特的生活品位 白色座椅与黑色圆形餐桌搭配，典雅而不失庄重，致力于形式与功能的统一，在保留了简约典雅的同时，更多地注重精神娱乐的需要，使家具的功能与人的需要更贴近。

◯ 通透空间的大方新景象 以通透、宽敞作为餐厅基调，从感官出发打造视觉冲击感，落实空间透视的构成概念。空间既是餐厅，又是连接上下楼层的过渡地带，起到串连与整合的作用。

◯ 变化着的餐厅设计语言 竖向木质饰面的假柱排列组合，从墙面延伸至天花，端庄自然，肌理丰富又不过分跳跃，非常适合用于餐厅的设计中。

○ **鲜花既是装饰品又有利身心健康** 几组造型独特的花樽，加点清水，将百合花放在里面，为空间增添温馨气氛。鲜花不仅是很好的装饰品，而且其所散发的香味更能直接刺激视觉和嗅觉，增进食欲，有利身心健康。

○ **光与影的交融** 餐厅早已不是单纯的填饱肚子的地方了，从某种意义上讲，已经成为了一个文化场所、一个感受生活与时尚的体验之地。照明设计时尚而奇特，让人能够平心静气地在这里用餐。

○ **暖色空间别具韵味** 餐厅运用了统一的暖色系进行装饰，家具、墙上的背景都采用了温暖的金黄色与深红色，为餐厅营造出古典的韵味。再配上精致、洁净的白色餐具，非常引人注目。

○ **明快的色调构建舒心空间** 木质的餐桌椅、地板，让整个餐厅空间沉浸在木材的暖色调中。柔和的灯光中透出温润的光芒，让人倍感舒心。诱人的水果拼盘为整个空间增添了生命力，并且更加深化了和谐的氛围。

◎ **感情交流是吧台的主要功能** 用吧台分隔客厅与厨房空间，还原空间的初始本质，简化繁琐的铺述，润饰过多的线条，呈现出自然纯粹的质感，强调无风格的定义。在这样单纯的场景内，没有固定的剧情发展，居住者的感情交流即是空间主角。

◎ **简洁空间展现异国情怀** 因为有充足的空间，主人舍弃了吊柜，取而代之的是简洁的酒柜。如此梦幻的吧台空间，温馨而舒适，细腻的手工打造的黑色吧台椅，仿佛在述说一个充满异国风情的故事。

◎ **木质线条表现田园味道** 直线设计的吧台柜，不仅在节省空间上大展身手，而且更有酒吧的那种紧促感。用精致的木质配上优雅的线条，表现出浓烈的田园家居的味道。简单大方的设计风格，突现出名家风范。

◎ **空间的合理利用** 吧台与电视柜一体化的设计，演绎了一场城市中的简约"风暴"。不但独有创意，而且不失俏皮和典雅，充分利用角落空间。玻璃壁柜的设计使空间更显宽敞。

○ **粉红色勾勒生活小情趣** 在入户门厅里设置一个小巧玲珑的吧台，已经成为一种时尚。跳跃的粉红色吧台椅，简单的流线，勾勒出的就是生活小情趣。再配上纯静的白色柜体与玻璃台面，一个风趣、抢眼的小吧台顿时展现在眼前。

○ **吧台变成了一个酒的海洋** 绚丽无比的吧台，色彩缤纷的灯光，白与黄色搭配的背景，丰富的图案以及五彩缤纷的红酒，这一切让整个吧台变成了一个酒的海洋，让空间多了一个趣味的、放松的角落。

○ **蓝色吧台增添浪漫情怀** 整个吧台，不管地面、桌椅，还是墙面，都以蓝色为主，让人仿佛置身于海洋的世界。地面海星贝壳沙石扑入玻璃地板内，好似真的踩在沙滩上。吧台地面以蓝色的钢化玻璃做材料，白炽灯做背景，使整个空间浪漫的情怀展现无遗。

○ **吧台风格与生活相融** 在入门玄关设置一个吧台，满足了家庭休闲和娱乐的需求。同时配合巧妙的灯光设计，协调整个住宅空间，为家庭增加一份温暖和浪漫的气息，使整个住宅空间显得时尚而新潮。

○ **吧台成家中亮点** 橘黄色的灯光,加上晶莹剔透的高脚杯,在室内也能营造出小酒吧氛围。再放置一点艺术品或者绿色植物装点一下,这样的一个小角落绝对是家中的亮点。

○ **简约现代的吧台设计** 淡黄色石材吧台桌的设计,为小角落创造最多功能的空间机能,清新而自然。简约大方的现代感设计给人亲切舒适的感觉,富有质感的吧台椅,不影响风格的同时又提高了舒适性。

○ **黑白吧台演绎自由与时尚** 厌倦城市生活及压力巨大的工作,希望家能让心情放松。随着优美的轻音乐翩翩舞动,希望所崇尚的自由、所追求的现代,都在这黑白吧台空间里展现得淋漓尽致。

○ **灯带散发雅致情调** 用玻璃将单调的墙面包裹起来,木色构架的灯带有雅致情调,相当适合吧台的气氛,而且在客厅和餐厅之间也起到了过渡和点缀的作用。典雅的米黄色作为吧台区的底色,既利落,也散发着温馨。

○ **吧台造型烘托完美空间** 独特的造型凝聚现代时尚感，白色石材与厨房整个空间相互辉映，以红色金属吧椅做吧台点缀，使整个空间灵动不已，将现代时尚感完美地烘托出来，也起到了很好的隔断作用。

○ **复古吧台合理利用空间** 吧台以整面墙做空间，采用了木质材质的复古风格做造型，将整个墙面完全利用，既体现了整个空间的装饰性，又不浪费角落空间。吧椅总是空间点缀的焦点，明黄色的吧椅给空间抹上了一层时尚的现代感。

○ **情趣生活就在吧台边** 厨房中吧台的位置原为一堵隔离厨房与餐厅的墙，打掉后设计成了一个造型时尚的吧台。有个小台子挡起来，视觉上更美观。功能上，小吧台满足了吃早餐的需要。无论是家庭聚餐还是朋友聚会，厨房通过吧台与餐厅互动交流。

○ **吧台装饰空间** 吧台的台面在厨房不用的时候，就可以作为装饰区，摆上一些植物或者装饰器皿，让厨房显得优雅美观。吧台的壁柜不仅可以珍藏主人喜欢的酒品，而且也可以展示其他艺术品。

第十章

卫浴设计

兼顾健康与舒适

无论是偏好简单的淋浴方式，还是喜欢享受在浴缸中泡澡的乐趣，卫浴间无疑是现代都市人释放生活压力的欢乐天堂，从而也成为家居生活空间的一个极其重要的部分。卫浴除了实际使用功能以外，其所处的位置与布局也应讲究。

卫浴间的方位

风水学理论认为，卫浴间不宜设置在住宅的北方或东北方，最好把它设置于西北、东南或者东方（从房子的中心看）。

○ 风水学理论认为，最好把卫浴间设置于西北、东南或者东方。

卫浴间的格局

现代住宅中，卫浴间与浴室常常是设计在一起的。判断一套住宅设计的优劣，卫浴间的设计合理与否，是极为重要的衡量指标。

卫浴间不能设在套宅的中心，其原因有四。其一，根据《洛书》方位，中央属土，而卫浴间属水，如将属水的卫浴间设在属土的中央位置，就会发生土克水的忌讳；其二，卫浴间设在套宅的中央，供水和排水可能均要通过其他房间，维修非常困难，而如果排污管道也通过其他房间，那就更加麻烦了；其三，住宅的中心就是明堂，也就相当于住宅的心脏，至关重要，心脏部位不宜藏污纳垢；其四，卫浴间位于住宅的中央必定采光通风不好，加之卫浴间原本就是水重之地，潮湿的空气长期闷于室内，极易滋生细菌病毒，对我们的健康也不利。

○ 判断一套住宅设计的优劣，卫浴间的设计合理与否，是极其重要的衡量指标。所以，我们要重视卫浴间的设计。

　　卫浴间的门不宜直对住宅大门或卧室、厨房、餐厅、客厅。卫浴间的门对着任何一个房间的门，都是不理想的，要尽量避免。如果实在无法避免，可在卫浴间与宅门间设立屏风或隔断以此化解此种情形所带来的不利影响。

　　卫浴间不宜设在住宅走廊的尽头。因为从卫浴间流出的潮湿污秽之气会沿着走道扩散到相邻的房间，而且卫浴间设在走道的尽头，若本身没有良好的抽湿系统及朝外的明窗，则这种气味就会愈加明显，会影响整个房间的空气。

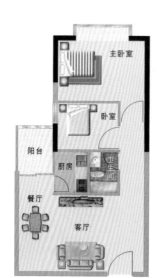

○ 厨房和卫生间不宜共同设在住宅的中央。

○ 卫浴间的门不宜正对住宅大门或卧室、厨房、餐厅、客厅。卫浴间的门对着任何一个房间的门，都是不理想的，要尽量避免。

平面图标注：主卧室　卧室　阳台　厨房　卫生间　餐厅　客厅

厕所与浴室的统一

由于卫浴间兼有厕所与浴室的功能，因此，为了使排水与冲洗对家中其余部分的影响减至最小，卫浴间内的洗浴部分应与卫浴间其他部分隔开，让厕具与浴室门保持恰当的距离。并且，卫浴间的地面绝不可以高于其他房间的地面，令卫浴间与其他的功能区域做到"干湿分区"。在使用完毕之后，应将浴室的门关上，特别是套房的浴室。

如不能分开时，也应在布置上有明显的区分，尽可能地设置隔屏、拉帘等。如果空间允许，洗脸梳妆部分应单独设置，或是设在卫浴间的外间。坐便器两边距墙不能少于0.3米，前端距墙不能少于0.4米。手纸盒距地不要低于0.6米，安装在平行位置距坐便器前端0.3米处最符合人体工程学的要求。需要注意的是，卫浴间装修时要注意地面及四面墙壁底部的防水层，在土建施工后期一定要将防水层做好，如果装修时动了防水层，自行修好后要做24小时盛水试验，再敲定结果。

如果房子本来已安排好洗手盆、坐便器、淋浴间这三大项的位置，各种排污管也相应固定了，若非位置不够或安装不下选购的用品，否则不要轻易改动。特别是坐便器，千万不要为了有大洗手台或宽淋浴间而把坐便器位置放至远离原排污管的地方。

卫浴间的颜色

卫浴间的色调选择也是有讲究的，最好选用淡绿色、淡黄色或淡蓝色等清新的颜色。很重的色彩如红色、紫色、黑色、棕色等会使房间看上去很小，所以使用这些颜色让人有种不舒服的感觉，卫浴间的整体色调应保持一致，最好能体现出卫浴间简洁、实用的功能。当然每个人对颜色都有自己的偏好，下面介绍一些卫浴间颜色给人的感觉。

白色可产生明亮洁白感，最具有反射效果，它可将光线带进阴郁晦暗的室内，弥补空间不足的缺憾，特别适用于空间狭小的卫浴间。若担心纯白过于清冷，不妨使用乳白色替代，可为空间增添几分暖意。

淡粉色和淡桃红色非常柔和，能营造柔软温馨的甜美，特别受小孩和年

全面揭示风水发家密码
精心打造顺风顺水旺宅

轻女性的欢迎。

黄色象征彩色的阳光，它的高明度可以振奋精神，使人充满活力，一扫空间的寒冷和沉闷感，同样适合采光不好的卫浴间。

红色是饱和高彩度、高透明的颜色，易营造热情强烈的空间感，不足之处是会让人感到不安，但它本身又散发热情的魔力，是其他颜色力所不及的，特别适合宽敞的卫浴间。

深紫色带来的浪漫气氛，是神秘且沉重的，人沉浸在阴郁的氛围中，可以享受典雅的浪漫感觉。这种颜色需慎重选择，设计不当会让空间显得忧郁暗淡，一般很少用。

黑白是永恒的时尚，这种经典搭配，是个性家装中的借鉴方式之一。其实由黑白两色所构建的洗浴空间，是另类表达的古典。

绿色，让人联想到植物的清香及祥和，置身其中仿佛嗅到屋外嫩草的清新味道，犹如徜徉在花园绿茵里，使人心神宁静，全身放松。因此，绿色也

○ 黄色的卫浴间的高明度可以振奋精神，使人充满活力。

○ 白色可产生明亮洁白感，最具有反射效果，它可将光线带进阴郁晦暗的室内，弥补空间不足的缺憾，特别适用于空间狭小的卫浴间。

是普遍用到的色彩。

　　蓝色可以让人感受到一份悠闲与平静，尤其是夏天，让身心在暑夏的燥热中独享冰凉。

　　各色交杂，五彩斑斓的色彩构成的卫浴极具童稚乐趣，最讨小孩欢心，也能让成年人保持难得的童心。

卫浴间的照明

　　卫浴间的整体照明宜选择日光灯，柔和的亮度就足够了。局部区域可以根据对亮度的不同需求而采用重点照明。

　　洗漱区域需要亮度大一些的照明灯具，尤其在梳妆镜的上方，最适宜有重点照明。卫浴间是使用水最频繁的地方，因此，在卫浴间灯具的选择上，应以

○洗浴区域适合布置一盏光线柔和的灯具，用来加强此处的照明。

○卫浴间的整体照明宜选择日光灯，柔和的亮度就足够了。

具有可靠的防水性与安全性的玻璃或塑料密封灯具为宜。在灯饰的造型上，可根据自己的兴趣与爱好选择，但在安装时不宜过多，不可太低，以免发生溅水、碰撞等意外。有些人喜欢在梳妆镜的周围布置射灯，认为这样能产生很好的灯光效果，但射灯的防水性较差，尤其在面积较小的卫浴间中，水气相对要多一些，因此，安全性就差一些。比较适合卫浴间的照明灯具是壁灯，它的防水性能相对较好，也可以在梳妆镜附近形成强烈的灯光效果，便于使用梳妆镜梳洗打扮外，还可以增加温暖、宽敞、清新的感觉。

洗浴区域适合布置一盏光线柔和的灯具，用来加强此处的照明，以弥补整体日光灯在此处照明时亮度不足。应该格外注意的是，最好不要使日光灯正对着头顶照射，这个角度照射的光线会使人觉得很不舒服。最好能偏离这个位置，使灯光从侧面照射，这样光线就不会使人产生紧张感。

卫浴间的地面

如果卫浴间只有少部分或根本不暴露于自然光中，大理石、花岗石的地板较好，有时为了防滑，也可覆盖一层塑胶垫，这样对浴室有益。

当然，家居不同于酒店，所用的物品必须时常清洗更换，避免藏污纳垢，并且如酒店里常用的淋浴帘等，由于会产生静电，对卫浴间的气能会产生负面的影响，所以应该尽量避免在家居中使用。

卫浴间的墙面与吊顶

卫浴间的墙面和顶面都应该经过处理，处理的方法通常有墙面贴瓷砖、顶面吊顶。瓷砖最好选择浅色系，如果颜色太深易吸光而且灰暗，且应尽量使用大尺寸的长方形砖。墙面瓷砖的中心位置可以安排腰线，注意腰线应该处于黄金分割的位置，太高或太低都不美观。卫浴间吊顶多见塑料扣板和铝扣板，吊顶上方应做木方支架，便于在吊顶板上安装照明器具，不至于坠弯吊顶平面。

马桶的方位

马桶作为如厕的器具，其位置很有讲究。

马桶不宜与大门同向，也不要和卫浴间门相向，即蹲在马桶上正好对着门，马桶坐向最好是和卫浴间门垂直或错开。

如果卫浴间较大，则可将马桶安排在自浴室门口处望不到的位置，隐于矮墙、屏风或布帘之后，当然还要确保从任何镜子上都看不见它。平时应该尽量把马桶盖闭合，特别是在冲洗的时候。

○ 平时应尽量把马桶盖闭合，特别是在冲洗的时候。

○ 在较大的卫浴间，可以将马桶安排在自浴室门口处望不到的位置。

卫浴间的洗手台

卫浴间中洗手盆、坐便器、淋浴间这三大项最浪费空间，基本的布置方法是由低到高设置，即从浴室门口开始，最理想的是洗手台向着卫浴间门，而坐便器紧靠其侧，把淋浴间设置在最内端。这样，无论从功能还是美观角度考虑都是最理想的。

洗手台的设计需依浴室的大小来定夺，洗手台区是卫浴间的主体，但千万不要贪图宽大的洗手台，这只会给往后的生活及维护造成麻烦。洗手盆可选择面盆或底盆，二者的使用效果差不多。

○ 洗手台区是卫浴间的主体，但千万不要贪图宽大的洗手台，其设计需依浴室的大小来定夺。

卫浴间的镜子

在整个住宅当中，卫浴间算是最适合放镜子的地方。尤其对于那些没有窗户的卫浴间来说，镜子的作用更不容小视。卫浴间的镜子既可以用来梳妆理容，还可以用来增大视觉面积和拓展空间。

　　用于卫浴间的镜子，应尽量挑选较大的。因为它可以尽可能地扩张因睡眠而收缩的能量，会使人精神百倍。另外，如果人在照镜子时，头部上方还有一大片空间，就意味着事业的发展一片光明。不过也要适当，因为过多的空间会使人流于想象。考虑到容易清洁及美观的因素，镜子一般设计成与洗手台同宽即可。

　　卫浴间的镜子一般以方形最佳，因为它本身代表了平衡和有序，切忌不能有尖锐的棱角。圆形和椭圆形的镜子也适用，只是不能使用菱形和多边形的镜子。

　　要注意的是镜子和马桶不要正对。马桶作为排泄秽物之地，不必去"照镜子"，只要在马桶上看不到镜子，照镜子的时候看不到马桶就是合理的布局了。

　　另外，镜子要时刻保持干净，要随时擦干镜面上的水渍和雾气，越清晰越好。

卫浴间的植物

　　由于卫浴间湿气大、冷暖温差也大，选择绿色植物时一定要注意，用盆栽装饰可增添自然情趣。种植有耐湿性的观赏绿色植物，可以吸纳污气，因

◯ 卫生间适合摆放蕨类植物、垂榕、黄金葛等植物。

◯ 高档卫生间可以培植观叶凤梨、竹芋、蕙兰等较艳丽的植物。

此适合摆放蕨类植物、垂榕、黄金葛等。当然如果卫浴间既宽敞又明亮且有空调的话，则可以培植观叶凤梨、竹芋、蕙兰等较艳丽的植物，把卫浴间装点得如同迷你花园，让人更加肆意地享受排泄与冲洗的乐趣。需要注意的是，摆放植物的位置，要避免肥皂泡沫飞溅玷污。另外，至少每隔1～2天需将盆栽移至通风明亮处透气和补光。

卫浴间的安全原则

卫浴间的电器应选择防水性能较好的产品，外壳应选用防腐材料，而且要带有防水电源开关、电缆及插头，通电使用或断电时不怕水淋、水溅，不会造成漏电或损坏。家里有老人的卫浴间，坐便器附近应安装不锈钢助力扶杆，以方便站起。

卫浴间的收纳技巧

在卫浴间里，可以将浴室用的转角架、三脚架之类的吊架固定在壁面上，放置每日都需要使用的瓶瓶罐罐等洗浴用品，或是用合乎尺寸的细缝柜收藏一些浴室用品、清洁用品。

○ 将浴室用的转角架用于放置浴室用品、清洁用品。

○ 可以在面盆下面设置一个较大的储物箱。

用浴室专用的置物架增加马桶上方的置物空间，放置毛巾及保养用品等。

在面盆下面的空间放一个较大的储物箱，但是要注意储物箱的密封效果，并且需要卫浴间有较好的干湿分区。

将洗漱台做成一个开放式的抽屉，收纳毛巾、浴巾、洗漱用品和护肤品，在拥有良好的透气性的同时，还可以成为一个展示空间。

在去味方面，芳香剂有效但不环保，所以最好选用一些香花或香草。可选取含有让心情平静的香味和有治疗失眠功效的香花或香草，它同样可以减弱卫浴间的难闻之气。

拖鞋、鞋垫可以选取与墙体颜色反差较大的色彩，如柠檬色、海蓝、浅粉红、象牙色等清淡的颜色，会为卫浴间带来洁净感。

香皂、洗发液应整齐摆放，但不必封闭于柜内，因为美好的香味能使空气清新，有利于放松心身，清扫用具不宜露在外面。

毛巾、卫生纸等用品，用多少摆多少，牙刷不宜放在漱口杯上，应放在专用的牙刷架上，电吹风属火，用后应收入柜内。

总之，这些都是很好的空间收纳法，可以让您的卫浴更井然有序。充分利用卫浴间的闲置空间作为得力的"收纳助手"，只要整洁，小空间也不会显得那么拥挤。

卫浴间要有清气

在卫浴间中，无论是排便、洗澡、洗脸或是漱口刷牙都会留有细菌或给细菌提供了有利的滋生环境，从而产生浊气，因此卫浴间一定要有效排除浊气，让清气漫游其中。

卫浴间要有清气，最好就是有阳光从窗户照进卫浴间之中。由于阳光能够杀菌，所以被阳光照射的房间，都会一室芬芳，霉味大减，湿气也必然大减，使卫浴间保持最有利人体健康的干湿度。因此，卫浴间最宜设有窗户。卫浴间窗户大小应适中，过大过小都不合适，过小难免通风不良，阳光较难进入卫浴间之中。然而过大也不理想，毕竟卫浴间是一个私人空间，即使外面没有人偷窥，窗户过大往往也会缺乏安全感，所以最好使用大小适中、非透明的玻璃窗。如果卫浴间没有窗户，也要安装排气扇，这可把卫浴间内的

全面揭示风水发家密码
精心打造顺风顺水旺宅

○ 卫浴间给细菌提供了有利的滋生环境，容易产生浊气，因此卫浴间一定要有效排除浊气，最好就是有阳光从窗户照进卫浴间。

秽气抽出，可保持卫浴间内空气清新、干爽。

　　卫浴间若较大，不妨在里面摆放一些绿叶盆栽，以带来更清新的气息，建议摆放万年青或黄金葛。

　　使用完浴厕以后，不妨喷一喷空气清新剂，但应使用那些吸味除臭的，而非用人工香气。

　　此外，保持卫浴间的清洁也很重要。卫浴间一定要经常清扫，否则容易滋生细菌和散发出异味，不利于家人健康。有的新型铺设材料容易藏污纳垢，对卫浴间的空气会产生负面的影响，所以应该经常更换清洗。

主用卫浴间与客用卫浴间

　　现代住宅的设计更加人性化，一些面积较大的房子，拥有主次两个卫浴

○ 一些面积较大的房子，通常拥有主次两个卫浴间。在使用和设计上，主次卫浴间
应有明确的区分。

间已经是很平常的事。在使用和设计上，主次卫浴间应有明确的区分，这样
一方面能够保护和尊重主人私密的生活方式，另一方面，还能使客人有方便
实用的卫浴间，不至于有拘谨和不自在的感觉。

　　主卫浴间一般设置在主卧室旁边，还有很多情况下是设置在主卧室内。
它的性质是私人的，仅供主人使用，因此在设计和布置上也可以满足主人的
爱好和习惯。而次卫浴间一般设置在客房旁边，也有设置在客房中的情况。
它的性质是公共的，主要是为拜访的客人或者家中做短暂停留的客人提供的，
在设置和装饰上以简洁实用为宜。

　　主用卫浴间的面积一般会大于客用卫浴间，便于在其中放置较多的卫浴
用品，除了浴缸、卫具等卫浴间需要的共用物品，在主卫浴间中还可以设置
梳妆台，如果条件允许的话，还可以将主卫浴间的区域划分为干湿区域，将
其中的干区域作为梳妆打扮的地方。主用卫浴间的色彩、材质、布局还应多

参考它所靠近的主卧室的风格来设计装饰，使得两者的风格统一，也与整个住宅的风格保持一致。

客用卫浴间的面积一般情况下比较小，除了考虑卫浴间里基本的设施外，最好不要放置过多的物品，应保持简洁实用的整体感觉，也可以适当留出一些位置，供暂时停留的客人自由支配。客用卫浴间色调的选择，不仅应注意与客房色调保持一致或呼应，也应该注意与整个房间的风格保持一致。

卫浴间容易出现的问题

卫浴间最容易出现的一个问题是排水管淤塞，以至污水未能顺畅地排走，继而出现积水甚至水浸的情况。因此，要经常检查卫浴间的排水情况，确保去水畅通。若有淤塞的现象，就应及早通渠。

卫浴间还有另一种常见的问题，就是渗水。如果自家的污水未能有效地排走，就会渗透至下一层住户的卫浴间，令之出现渗水、滴水的情况。所以宅主宜在入住之前，确保自家浴厕的防水层已经铺设妥当，否则日后再拆厕铺设防水层，就会弄得家具沙尘滚滚，乌烟瘴气，是相当麻烦的事。

卫浴间的设计四忌

1.忌卫浴间地面高于卧室地面

卫浴间的地面不能高于卧室的地面，尤其是浴盆的位置不能有一种高高在上的感觉。

2.卫浴间忌改成卧室

现代都市地狭人稠，寸土寸金，往往有些家庭为了节省空间，便把其中一间卫浴间改作卧室。其实，严格来说，这不符合环境卫生的要求。因为虽然把自己那层楼的卫浴间改作卧室，但楼上楼下却依然如故，而自己夹在上下两层的卫浴间之间，颇为滑稽、难堪。此外，楼上的卫浴间若有污水渗漏，睡在下面的人便会首当其冲，极不卫生。

3.卫浴间不宜有电吹风

卫浴间有较重的湿气，会影响电吹风的使用效果和寿命，尽量不要将之放在卫浴间，可将其放在柜子里，或者放在其他房间，要使用时才拿出来。

4.卫浴间忌有尖角的构件

卫浴间的装修应以安全、简洁为原则。强调安全，是因为人们在浴室里活动时皮肤裸露较多，空间一般又很狭小。因此，要选择表面光滑、无突起、尖角的构件作为卫浴设施，以避免擦伤、划破皮肤。

卫浴间不良布局及改善方法

1.卫浴间在房屋的中央

卫浴间在房屋中央会使整个住宅都受卫浴间秽气的影响，而且还有损健康。

改善方法：
①将卫浴间移位。
②停止使用该卫浴间。
③卫浴间内种植绿色植物，并加以灯光照射，以光合作用改善磁场。

2.大门正对卫浴间

大门如同人的嘴巴，一进门便对上卫浴间门，卫浴间内部的湿气、秽气直接冲向嘴巴，会给人不好的感觉。

改善方法：
①在大门与卫浴间之间，以屏风阻隔。
②在卫浴间放置海盐，净化卫浴间内部的气场。

3.卫浴间与厨房同出一个门

卫浴间与厨房共用一个门，卫浴间的臭气、秽气也会飘散到厨房。

改善方法：

①将卫浴间与厨房分别设立一个门。

②将厨房移位。

4.卫浴间使用玻璃门

卫浴间是排泄与沐浴之地，是很私密的地方，倘若使用玻璃门便降低其隐秘性，造成使用者心理负担。但浴室和厕所之间可用玻璃门隔开。

改善方法：改换成塑料门，既美观又便于清洁。

5.马桶正对卫浴间门

马桶正对卫浴间门，当卫浴间门打开时，秽气随着空气的流动而被带出，会污染室内的其他空间。

改善方法：

①改变马桶或是卫浴间门的方向。

②将马桶或卫浴间门移位。

◎ 卫浴间内部湿气、秽气很重，因此卫浴间的门最好不要对着其他房间的门，如果出现这种情况，最好是将门移位，另外设门。

卫浴间吉祥物

卫浴间是湿气、秽气非常重的地方，可以放置一些能够带来吉祥的物品。

1.兽头

兽头直径约26厘米，纯桃木材料制作，为卫生间专用的吉祥物系列法器。兽头头顶有两角，怒目圆睁，形象十分威猛。

宜：卫生间宜置兽头。

忌：兽头忌置用餐、休息场所。

○兽头

2.屏风

屏风能阻隔秽气、阻挡不良的气场。屏风最好是选用木质的，从五行来分析，竹屏风和纸屏风都属于木质屏风。塑料和金属材质的屏风效果比较差，尤其是金属的屏风，其本身的磁场就不稳定，而且也会干扰到人体的磁场，建议少用。

宜：阻隔不良气场宜设屏风。屏风有阻隔秽气、阻挡不良气场、缓解视觉疲劳之功效。安装屏风不用大幅度改变居家格局，如大门直冲阳台、卫生间、炉灶或者床等，都宜安装屏风来化解。

○屏风

忌：卫浴间的屏风设置忌过高。屏风的高度不可太高，最好不要超过一般人站立时的高度，以能遮挡人的视线且不高过人的身高为宜。太高的屏风重心不稳，反而容易给人以压迫感，在无形中会造成使用者的心理负担。

○ **暖色系调配出色空间** 卫浴以简单的设计手法，描述了空间的色彩，主体颜色搭配以暖色为主，充分体现了卫浴的温馨。洗涮台的颜色跟瓷砖的色彩互相呼应，卫浴间的设计更显出色。

○ 妥善利用畸零空间　宽敞的空间不应有太多的闲置空间，但也不要拥挤，要做到合理地划分空间，充分利用空间的每一个区域。植物在各个畸零空间的点缀也起到了扩大空间感的作用。

○ 浮躁的心境在此舒展　开阔的空间让局促了许久的身体得到尽情的舒展，墙面、浴具、地面在色彩与质地上构成和谐自然的整体，浮躁的心境在此间也平和了些许。

○ 柔和色调使空间充满浪漫气氛　色调柔和带有温暖氛围的卫浴，空间内的摆设简洁实用、质朴美观、优雅清新，表达了主人淡淡的浪漫情怀。柔和的射灯、淡黄色的壁纸，使整个卫浴的设计充满浓郁的生活情调。

○ 双台盆让大空间锦上添花　宽敞的洗面台区域足够容纳两个盆子，一左一右，会比单只更妥帖，更有家的感觉。中国古典的青花瓷洗面盆配上古典柜子，一切都如此和谐共存。

⊙ **卫浴里倍受宠幸的惬意角落** 在卫生间里安置一个休闲角落，沐浴的时候可以做短暂的休息，调剂一下自己的心情，让自己得到全面的放松。拿一把椅子放在浴缸旁边，可以放浴巾，可以挂衣服，还可以堆杂志。

⊙ **动静皆宜——淋浴房+浴缸** 冲淋简单方便，泡澡是放松和享受，两种方式可以根据时间和心情选择。卫生间足够宽敞，可将两者合二为一。方形空间把淋浴房+浴缸设置成"L"形为宜。淋浴房和浴缸相互独立，可以根据需要或喜好自由地选择。

⊙ **多种元素打造地中海风格** 绿白马赛克的不规则镶嵌，拼贴在地中海风格中算较为华丽的装饰。本案例主要利用藤制品、铁艺制品和颇具特色的龙头等素材，为整个空间增加了更加浓厚的地中海风格元素。

○ **让沐浴成为一种享受** 灰白色的花色墙纸清爽大方，搭配现代化的洗浴用具夺人眼球。沐浴区的设计豪华、典雅，在视觉上引人注意，为享受完美SPA过程打下感性基础。在这样的环境中淋浴，是一种"身心愉快"的享受。

○ **带图案的瓷砖活跃空间气氛** 设计师选用了浅色调的材料来装饰卫浴间，扩大视觉空间的同时也可以让空间看起来更加整齐、利落，但是也容易产生单调感。于是设计师选用了一些带有图案的瓷砖来装饰，活跃了整个空间的气氛。

○ **深色的马赛克背景让墙面生辉** 几片花瓣的点缀，散发着清新、淡雅、纯洁的感觉，马赛克的背景墙完整地突出了雪白的卫浴用具的存在，使每一个物体的独立感更加强烈。

○ **用纱帘烘托气氛** 营造沐浴时的浪漫片段，没用烛光和音乐，但是可以在浴桶上方安装一个支架，就像挂床幔那样挂上喜爱的纱帘，对于气氛的烘托比烛光来得更自然直接。方法很简单，却是新的创意体验。

○ **正方形小面积的卫生间** 设计师将仿旧瓷砖用于整个卫浴空间的墙面和地面，让主人在享受卫浴时，仿佛是在与海洋进行亲密接触。洁具及陈设品的恰当摆放让卫浴空间显得整洁、宽敞而又韵味十足。

○ **满眼绿色增添空间生气** 利用接近自然的绿色马赛克把卫浴空间与其他空间区分；天花以直线条向上延伸增加空间视觉上的延伸；黑色的洗漱玻璃台盆映射淡淡的绿色，配上由上垂下的绿色植物，为空间增添不少生气。

○ **竹子点缀空间** 本设计采用了传统的木盆，色调与洗手盆和墙面的文化石相呼应，在浴缸旁边放置了两根带叶的竹子，既是与主色彩的对比，又增加了室内的生机。

○ **光线折射出艺术气息** 棕红色的木质柜子淡淡地道出寂静中的一丝温婉。白色为主的空间在光线的映照下，弥漫着宁静典雅的艺术气息。

○ **卫浴也能明亮、欢快** 墙面用有颜色的石材，在镜子虚实交错下，让空间增加活力。在色彩的处理上也是明亮、欢快的，仿佛晴朗的夏日阳光，不带一丝忧郁。

○ **厚重踏实的木质浴室** 本浴室主要采用木质材料，让人顿生稳重端庄的感觉，整个设计的气质沉稳，透露出一种率直的宽容。厚重踏实的木质浴室最适合经过生活沉淀的成功人士。

○ **拾级台阶的浪漫情怀** 在卫生间内砌一个高出地面60厘米左右的地台，将浴缸安置其中，地面与平台用二三级台阶连接。在地台上拿取自如之处，可以摆放经常翻阅的书籍、小音响，甚至一瓶红酒。

○ **精致的卫浴产品搭配展现设计的用心** 将空间毫无区隔地延伸，每件卫浴产品都是师傅们纯手工精心打造的，不仅重视外观的修饰，更精雕于镜框或是台面、桌脚，尽显贵族风范，整体空间设计也讲究一致性。

○ **卡通物品增加空间趣味性** 玻璃台面上的卡通物品的摆放，不仅给主人带来轻松、活泼的感觉，还充分利用了墙面的转角部位，节约了空间。

○ **浴室空间充满层次感** 米黄色的墙壁和三角形浴缸搭配上清新的白色洁具，彰显出主人非凡的品位。沐浴缸和洗手台用台阶的形式分隔，让整个空间优雅而充满内涵。

○ **瓷砖墙面突出主人的个性特点** 选择大小相同、同色系但不同颜色的瓷砖，打造空间中最引人注目的墙面，通过这面墙来突出主人的个性特点。将这种主题墙的概念引用到了浴室的设计上，带给人们一种全新的生活方式，体验一天的快乐生活。

○ **休闲减压浴室** 三角形浴缸搭配三角形冲浴空间，同时，在浴缸旁摆了一盆植物，给整个室内带来活力。米黄色的地砖、淡黄的墙砖、白色的浴盆、淋浴间蓝色的墙面搭配，尽显时尚，让沐浴得到全方位满足，惬意无比。

○ **黄白搭配温情浴室** 卫浴空间中的现代化显现在卫浴用具设备上，黄白搭配，让整个空间散发着热情、奔放而个性的气息。利用整个空间的墙壁和地板，将暖色调中的黄色作为主色调，与白色相应，看起来既简洁又活泼。

○ **充满个性的中性空间** 利用黄褐色瓷砖让卫浴空间显得个性化，体现了空间的统一、和谐，同时让卫生间显得沉稳。卫浴工具根据空间结构合理地布置，使得空间富有层次感。

○ **低调大气并透着华丽感** 面盆是陶瓷的，台面下的柜子是不锈钢和实木的，整齐地搁置着白色的毛巾。通透的玻璃、简单的浴室地面，单纯的色调、流畅的线条，让空间通透而舒适。

○ **合理利用空间增强实用性** 设计师通过对洁具的合理布局使得空间被充分利用，满足了主人的使用需求。将洗手台做成了简洁的长条形，并搭配了两个圆形的面盆，这样可以满足家人的不同需求。洗手台左边的柜台设计，也充分利用了空间，增强了实用性。

○ **舒适卫浴，尽享生活每一天** 宽大的卫生间，柔和的灯光、怡人的绿意布满整个空间，高贵而富丽，偶有一点白色点缀增添了一丝清凉，让空间的层次更加丰富。

全面揭示风水发家密码
精心打造顺风顺水旺宅

○ 拉杆的巧妙利用　选用了棕色的镜框来增加空间的重量感，让层次更加分明。最不可缺少是洗脸盆下金属材质的拉杆设计，不仅提供了放置毛巾的空间，同时也不会打破墙面带来的整体感。

○ 突显大气的卫浴设计　卫浴空间是设计大宅的重要环节，为了使主人使用起来更舒适，设计师运用与大宅气度相符的大理石材质创造出更大气的空间效果。

○ 传统与现代元素的对比　大胆地采用了传统的木盆，与现代的马桶形成对比，地面和下半截墙面采用颜色较深的马赛克，墙面上面的部分颜色较浅，形成下重上轻的良好效果。暖色的灯光和传统的木盆都能给人温暖舒服的感觉。

○ 富有个性的装饰让狭小的空间不再局限　在不大的空间中，单纯而带有质感的米黄瓷砖，白色的洗手台镶嵌红色的台板，点缀了整个卫生沐浴空间。使用现代的富有个性化的装饰风格，让狭小的空间不再有视觉上的局限。

○ 畅享自然之美　整个空间以大面积的玻璃窗为主体，在浴缸、立柜上装点一束鲜花或是一盆绿色植物，将窗外景色引入室内，简单却又不失华丽的贵族气息，更能畅享原始淳朴之美，这也是一种"惊艳"吧。

○ 垒砌的浴池像是一座刚刚迎接了晨光的岛　介于大自然与未来感两种风格的浴室，令人惊艳，垒砌的浴池像是一座刚刚迎接了晨光的岛，曲线柔和的阶梯有着水波打磨后的圆润，浅淡得几近粉的紫色又是那么纯净，不掺任何杂念。

○ 绿植盆栽带来活力与情趣　一间宽大的卫生间，可以设置诗意的灯光、怡人的绿意、舒适的可视风景等高档设施；可以选择些耐阴、喜湿的盆栽放置在卫生间里，增添了几分自然，也使整个空间充满活力，为休闲带来情趣。

○ 饰品及家具营造特殊味道的卫浴场景　浴缸壁和墙壁都用木纹大理石贴面装饰，并以马赛克做镶边，饰品和辅助的家具运用传统的样式和材料，一间特殊味道的卫生间就形成了。

第十一章 窗户设计

让屋宅的眼睛明亮有神

窗户和门一样，吸纳阳光和空气进入室内，也是私人生活与外界沟通的管道。古印度的筏蹉衍那在其《爱的格言》中说：『居室要能够愉悦人的眼睛。』住宅也反映了居住者的矛盾统一观念，既希望与外界保持适度的距离，获得独立性和安全感，又希望与外界联接在一起，达到和谐的统一，因此需要一条通向大自然，通向社会人群的纽带，窗户就是这独特的纽带。

窗户的方位与形状

窗的形状、方位与五行相关，运用得当，会有助于加强家居的能量吸收和增加活力。现代的五行形状如下：

金型　圆

木型　长

水型　曲

火型　尖

土型　方

直长形窗属木型窗，其最适合的方位是住宅的东、南与东南部，它能使住宅的外立面产生一种向上的速度感，亦会对家居产生进步和蓬勃发展的气氛。

正方形或横长方形窗属土型窗，其最佳的位置是住宅的南、西南、西、西北或东北部。它能使住宅的外立面产生一种较安定稳重的感觉，亦会对家

○ 直长形窗属木型窗，最适合的方位是住宅的东、南与东南部。

○ 拱形的窗户属金型窗，合适的方位是住宅的西南、西、西北或东北部。

○ 正方形或横长方形的最佳位置是住宅的南、西南、西北或东北方，它能给家居带来平稳踏实的气氛。

居产生平稳踏实的气氛。

圆形或拱形的窗户属金型窗，在住宅的西南、西、西北、北与东北为最适用。它能使住宅的外立面产生一种凝聚的吸引力，亦会对家居产生团结的气氛。圆形或拱形的窗户给人以宁静安详的感觉，适合装设在卧室、玄关和客厅；方形、长形窗则给人以振奋肯定的感觉，适合用在餐厅和书房。

一般住家若能适度混合使用两种窗形，可获得良好的效果。

尖形或三角形的窗户属火型窗，在家居建筑物比较罕见，由于过于尖锐，太具杀伤力而对家居不利。水型窗也不大应用于家居。

窗户的数量及大小

窗户是家居的气口，家居的内外气流很容易通过窗户进出。如果窗户太多则会使内气难以平静，居家生活紧张，难以松弛；而如果窗户太少，无法吐故纳新，内气抑郁其中。客厅或卧室方面的窗户若过大或数量过多，容易

全面揭示风水发家密码
精心打造顺风顺水旺宅

◎窗户的顶端高度一定要超过居住者的身高，这样可体现居住者的自信和气度。

◎窗户的大小应与居室空间的大小相协调，过大过小都不适宜。

使内气外泄。如果发生这种情况可以通过悬挂百叶窗或窗帘来补救。相比之下，百叶窗比窗帘更易吸纳外气，所以效果要比窗帘好，家居中的大型落地窗，夏天会导致过多的阳光或热量进入室内，冬天又会使室内的热气迅速流失，所以应加装窗帘。

窗户虽然不宜过大，但是也不宜过小。窗户过小或四面不开窗的房子会显得寒碜小气、暗无天日。

窗户的高度

窗户的顶端高度必须超过居住者的身高，这既可增加居者的自信和气度，同时居住者在眺望窗外景致时，也不用因弯腰拱背而感到吃力。

窗框的颜色

窗户的窗框和墙壁漆成不同颜色，则可将外部景致明显地纳入窗中，形

旺宅开运改运首看之书
居家设计布局最佳指导

成一幅天然的风景画，能为居住者带来活力和创造力。风水学理论认为，应搭配方位选择窗框的颜色。

现在为八个不同方向的窗台配合色：

向正东的窗框宜用黄色、褐色；

向东南的窗框宜用黄色、褐色；

向正南的窗框宜用白色、银色；

向西南的窗框宜用蓝色、黑色；

向正西的窗框宜用绿色、青色；

向西北的窗框宜用绿色、青色；

向正北的窗框宜用红色、粉红；

向东北的窗框宜用蓝色、黑色。

开窗的方式

窗户最好是向外或向两侧推开，以不要干扰到窗户前后的区域为原则。向内开的窗户，经常会被窗帘或百叶窗挡到，变得很难开启。如果窗户是向内开，可在窗户下摆放盆景或音响，加强这个区域的能量。

如果住宅的窗户只能向上推开一半，无法全开，可将窗台漆上明亮的颜色，并且悬挂百叶窗遮阳，最好不要悬挂布质窗帘，窗边可摆盆景、水晶来活化内部的能量。

要确保所有的窗都容易打开。家居生活中，应该保持每天最少开窗一次，让新鲜空气与光线进入家中。为了确保居住者健康，窗户如有破损一定要尽快修复，有裂缝或破了的窗格玻璃要尽快更换。

开窗的方式主要有以下三种：

①平开：这是最传统的开窗方式。优点是窗户可以全部打开，能够很好地引导空气进入室内，缺点是窗扇会占据一定空间。

②推拉窗：开关轻松、节省空间，但若轨道变形或密封胶条老化，则会影响窗的密闭性。只能开启半扇的推拉窗，也是人和外界交流的屏蔽。

③倾仰窗：采用较新型的开启方式，窗可从下向外推开，倾斜的窗扇可遮挡风雨，并改变风的走向，避免造成迎头风。

窗的开启方式随着人们需求重心的改变而不断改变。当人们要求私人空间时，传统平开窗被推拉窗代替；当人们转而追求自然时，平开窗又卷土重来。科技的进步为合理开窗提供了可能。有些倾仰窗就实现了下开和平开的任意转换。

窗帘的选择

除了玻璃、门窗和空调可以将烈日和高热空气挡在窗外，窗帘也是不可或缺的降温主角。抵挡高温的关键在于抵挡阳光，但太阳不会乖乖地原地踏步，这个时候，你需要在东、南、西、北四个方向布下"窗帘阵"，巧妙地挂上合适的窗帘，不但可以抵挡猛烈的阳光，还能为居室留下足够的自然光。这门学问与阳光的照射方向有关，更与窗帘的颜色、厚薄、质地有关，应根据具体情况慎加选择。

窗帘以材料来划分，有布帘、纱帘、竹帘、胶帘、铝片帘以及木帘等。

○ 合适的窗帘不仅能保证居家隐秘性，遮挡猛烈的阳光，还能吸纳适量自然光，同时还能将强烈的日光转变为柔和的光线。

○ 窗台上可放置一些花卉、盆景。

○ 阳光不足的窗户宜用质地较薄而颜色较浅的帘。

此外，又可分为向左右拉开的帘，向上下拉卷的帘，以及固定不动的木百叶帘等。

窗帘若以颜色来划分，则更是色彩缤纷，令人眼花缭乱。原则上，阳光充足的窗户，宜用质地较厚而颜色较深的帘；而阳光不足的窗户，宜用质地较薄而颜色较浅的帘。

窗帘应用正确有助于住宅内气的新陈代谢。白天艳阳高照时，拉开窗帘能让有益的外气进入，使居室充满温暖；而在夜间，放下窗帘，有利于给睡眠者提供完美的一帘幽梦。

百叶帘和垂直帘宜用于东边窗户。因为东边房间窗户的光线总是伴随着早晨太阳的升起而出现，能迅速地聚集大量热能，而热能多通过窗户金属边框迅速扩散。所以宜选择具有柔和质感的百叶帘和垂直帘，它们具有纱一样的质感，并能通过淡雅的色彩和柔和的光线给人营造视觉上的清爽凉意。

日夜帘宜用于南边窗户。南边的窗户一年四季都有充足的光线，是房间最充足的自然光来源地，能让屋内产生淡雅的金黄色调。但是和暖的自然光含有大量的热能和紫外线，在炎热的夏季，这样的阳光显得有些多余。因此，目前比较流行的日夜帘是不错的选择。白天展开上面的帘，不仅能透光，将强烈的日光转变为柔和的光线，还能观赏到外面的景色，其强遮光性和隐秘性能让主人在白天也能享受到燥热天气的凉爽与宁静，并能提供良好的光线。

百叶帘、风琴帘、百褶帘、木帘和经过特殊处理的布艺窗帘都是西边窗

◎ 布艺窗帘宜用于北方的窗户，这类型的窗帘对于尽情享受生活和追求艺术画面感的人来说是最理想的选择。

户不错的选择。西边窗应注意阻止夕晒，保护家具。夕晒使房间温度增高，尤其是在炎热的夏天，窗户应该时常关闭，或予以遮挡，所以应尽量选择能将光源扩散和阻隔紫外线的窗帘，给予家具保护。

百叶帘、风琴帘、卷帘、布艺窗帘宜用于北方的窗户，对于尽情享受生活和追求艺术画面感的人来说，这些类型的窗帘是最为理想的选择，而且从窗的采光角度来说也是最为适宜的。当每天的光照从容来到家中时，这种均匀而明亮的自然光照，是最具情调又能让心灵飞翔的光源。为了使这种情调能够充分保留并给人以灵感，百叶帘、布艺窗帘都是比较好的选择。

窗户倘若正对医院或尖锐的屋角、不洁之物等，而且相距甚近，那便应在窗户安装木制百叶帘，并且尽量少打开为宜。

在较大的房间，最好使用布窗帘、落地的长帘，它们可营造一种恬静而温暖的气氛。但是在小房间，小窗户往往会减低房间暴露于阳光的程度，因此选择容易让大量的光线透过的百叶帘较好。

○ 窗台放置小盆景更如点睛之笔，令窗户生辉不少，让人赏心悦目。

397

窗台植物

在窗台上放置一些花卉、盆景，会让人赏心悦目。窗台上有植物，人的视线就会停留在这些近景上，窗外煞风景的东西便模糊了。还可设计一些精致的托架，使花木分为几层摆放。例如，窗户的上部挂一盆吊兰，中间用厚玻璃托起浅盆花草，窗台上放置盆景或其他小摆设。小小点缀有时似点睛之笔，顿使窗户生辉不少。

定时清理窗户

从使用效果来讲，住宅的窗户是房间光线的主要来源。因此，如果窗户比较污浊，就可能导致光线不能顺畅地照入房间，也就无法利用阳光对室内进行消毒。从这个角度讲，窗户不干净对人体健康是不利的。

风水学理论认为，窗户代表人的眼睛。住宅的窗户是否干净，就代表着

○ 窗户宜定期清理，保持整洁，干净整洁的窗户能使光线顺畅地照入房间，让居室明亮通透，还能让人神清气爽。

人的眼睛是否干净。因为中医认为眼球属火，眼白属木。在身体上就是心脏属火，肝脏属木，所以眼睛的健康与否与心脏和肝脏的健康状况又是密切相关的。因而住宅窗户干净与否，不仅直接关系着眼睛，还关系到人的心脏和肝脏。所以，应经常保持窗户干净。

窗前的吉利景观

　　住宅的前方叫做"朱雀"，又叫做"明堂"。风水学理论以窗外为明堂位。我们以住宅内开窗最多的一方为向。因为窗是光线透射进来的入口，而光线属"阳气"，所以阳宅是以阳为向的。

　　站在窗前向外望，如果窗外有下列的情况时就属于明堂吉利了。

　　①窗外见水池、泳池。

○ 窗外见水池属于明堂吉利，因为秀丽的水景能给人带来美的视觉享受，让人身心舒畅。

②窗外见公园、球场。

③窗外见停车场、环保路。

④窗外见湖、河等。

⑤窗外向海。

全面揭示风水发家密码

精心打造顺风顺水旺宅

◎ **窗户内享受的安逸与宁静** 打开卧室的窗户，仰望着午后阳光穿过窗户投射在院墙上的五彩倒影，斑驳而灵动，如梦似幻。人们似乎时刻都在被不确定的未来所驱赶，在这里却忘却了所有，享受到安逸与宁静。

◎ **蓝白搭配让人联想至美丽的爱琴海** 受到周围地形的影响，房子和窗户被提高。屋顶由石板瓦覆盖。蓝白搭配的别墅很有特色，让人不禁联想起美丽的爱琴海，浪漫、唯美。白色框架的窗户看似宁静，却也不失活泼与灵气。

◉ **百变的飘窗给生活增添乐趣** 屋顶处个性地运用了飘窗的设计，因为飘窗大面积的玻璃采光和向外延展的空间，让别墅更加具有明净通透的空间感。飘窗不仅仅是一个窗口，它在室内还可以被无限利用，有百变的功能，给生活增添无穷乐趣。

◉ **飘窗打造舒服生活** 想象着坐在一楼卧室的飘窗上，手拿一本喜爱的书，双腿任意摆放，时而仰望星空，那种滋味像初恋的感觉。飘窗，既有大面积玻璃采光又有宽敞窗台，好看又实用。而且恰当地"打扮"它，还能有效扩展室内空间。

○ 透过窗户眺望户外美丽夜景　美妙的傍晚景色不会因为室内灯光造成的眩光所阻拦，透过窗户小小的玻璃，不但可以眺望户外清晰透亮的美丽夜景，还可以在舒适的室内环境里，透过新鲜的空气与阳光让个人活动更加轻松。

○ 窗户呈现生活态度　本建筑采用了大量的玻璃窗，窗帘微启，一抹柔和的光亮透出家的温馨，在不经意间触摸到心中最柔软的部分。经过一天的疲惫回到家中，感受最纯粹的生活，简洁的窗户框架则展现了一种低调的生活态度。

○ 朦胧质感的玻璃富有灵气　统一的白色平实简洁，却精巧自然，隐约地将主人对感受生活的向往和追求一览无遗地表露出来。白色配合上朦胧质感的玻璃，使生活变得纯粹而富有质感，灵动而充满跳跃。

○ 不同角度展现户外景致　通过对建筑色彩和形式的精心锤炼，红色墙面与白色窗户将其轻盈的特色发挥到极致。整个建筑的窗户式样繁多，可以透过各个不同角度的玻璃窗，将户外的景色一一展现。

◎ 落地窗展现主人闲适、奢华的生活品位　这是一座内敛的房子，外墙几乎由窗户构成。落地的无框架窗户使得阳光照进户内时非常温暖。人们透过这些窗户可以欣赏到花园和天空的美景。展现主人闲适、奢华的生活品位。

◎ 落地窗前享受惬意生活　坐在落地窗前，手捧一杯咖啡，随风翻着自己喜欢的书，生活就是这么惬意！在采光玻璃上挂上垂帘，再在落地窗与卧室之间加多一道窗帘。不用的时候整个窗户造型是浪漫的宫廷式垂帘，轻轻拉开，便可与大自然亲密接触。

◎ 造型细长的窗户增加建筑的高直感　该别墅造型高大，气势宏伟，立面上开了许多窗户且造型细长，更增加了建筑的高直感，一切都充满了向上的动势，将别墅生活的空间优势释放到极致。

◎ 立面窗户与外形错落的建筑相得益彰　别墅纵横错落于浓荫绿树之中，结合窗户展现其独有的神秘气质，透明干净的玻璃嵌在白色窗套中，纯静的色彩简约而不简单。立面的窗户处理得比较灵活、自由，与外形错落的建筑相得益彰。

○ 透明多窗使室内空间宽敞、通透、洁净 透明的多窗设计，不仅与通透的空间相呼应，丰富了墙面造型，延长了视觉效果，还使室内更加宽敞舒适。干净的白色窗套，与素色墙面营造出一种宽敞、通透、洁净的空间感。

○ 格窗美化建筑立面 本案的别墅建筑将格窗加以创新，灰色窗套与白色墙面相融合，形成富有韵律的特殊形式，满足了现代建筑的大面积采光要求的同时，增加了文化气息，美化了立面。

○ 窗户呼应建筑风格，表达简约的情调　这处建筑小巧、别致，并不追求豪华。建筑的外墙材料用砖块装饰，其窗楣的线脚也极为简化。几个形状各异的窗户富有韵律、节奏、变化，呼应了朴素的建筑风格，表达了简约的情调。

○ 绿色玻璃点亮建筑立面　建筑分为上下两层，窗户也随着层高有着不同的变化，一层层高较高，窗户看起来也很长，二层层高较矮，窗户也随之变小。白色的窗套呼应建筑，绿色玻璃成为亮点。

第十二章

楼梯、过道设计

优雅的『室内交通线』

很多的复式楼和别墅都有设置楼梯、过道，这些地方都是家人经常走动的地方。风水学理论认为，楼梯、过道对居住者生活的舒适、便利颇具影响。所以，楼梯、过道设计也不容忽视。

楼梯进气口的注意事项

　　所有的生物都是由地向天，楼梯也是由下往上走的，所以一切的布局都是在下而不在上。

　　楼梯的气一定要顺气，不可拗气。顺时针之气谓之"顺气"，逆时针之气谓之"逆气"。如果楼梯有转折，先顺气后逆气，称之为"拗气"。

　　楼梯进气口要注意：

　　①进气口不面对厕所，楼梯口对着厕所不吉。

　　②进气口不面对走出去的门或落地窗。楼梯口如果对着走出去的门或落地窗，会使人产生外出不归的想法。

　　③进气口不宜对灶口。如果楼梯口对着厨房，厨房一开门就看到灶口，不吉。

　　④进气口不宜正对大门。可在梯级与大门对面之处放一面凹镜，这样可

○ 所有的生物都是由地向天，楼梯也是由下往上走，楼梯的气一定要顺气，不可拗气。

解读非常住宅

旺宅开运改运首看之书
居家设计布局最佳指导

○楼梯的进气口宜向客厅、餐厅、起居室。

○如果楼梯的进气口对着餐厅，注意不宜直对餐桌。

以把气能反射汇聚回屋内。

  ⑤进气口宜向客厅、餐厅、起居室。客厅、餐厅、起居室都是一家人聚集的地方，楼梯对向这些地方，就能产生聚合的力量。但是楼梯不宜正对餐桌。

楼梯的位置

  楼梯的理想位置是靠墙而立。总的来说，设置楼梯时要注意以下事项：

  ①楼梯设置要注意与整个住宅空间环境总体风格相一致。和谐、统一是家居风水最主要的原则，如果楼梯的设置过于突兀，装饰过于哗众取宠，必然会让居住在其中的人觉得不适。

  ②楼梯宜隐蔽，不宜一进门就看见楼梯。设计楼梯时，应尽量做到不让楼梯口正对着大门，当楼梯迎大门而立时，可在楼级于大门对面之处，放一

○ 楼梯口不可正对大门。大门对着的楼梯如果是向上的，可以在门口加一条门槛来化解。

面凸镜，以把气能反射回屋内。薄面楼梯正对大门的方法有三者：一是把正对着大门楼梯的方向反转设计，即把楼梯的形状设计成弧形，使得梯口反转方向，背对大门；二是把楼梯隐藏起来，最好是藏在墙壁的后面，用两面墙把楼梯夹住，这样还可以增强上下楼梯时的安全感，而楼梯地下的空间，完

○ 楼梯地下室可以摆放植物或者储物柜。

○ 楼梯的转台或最后一级不能压在房屋的几何中心点。

全可以设计成储藏室或者厕所；三是在大门和楼梯之间放置一个屏风，使气能顺着楼梯进入家门。

③楼梯不可设在房屋的中心。在住宅的中央穿过的楼梯等于把家一分为二，象征家庭不和睦。

④楼梯口不可正对大门。大门正对着楼梯口分为两种情况：一种是大门对着的楼梯是向下的，另一种是大门对着的楼梯是向上的。大门向着的楼梯如果是向上的，化解的方法是在门口加一条门槛；而向下的楼梯其化解方法是在门楣挂一块凹镜，将流走的气收聚，即可改善。

⑤楼梯口及楼梯角不可正对厨房、卧房门，特别是不宜正对新婚夫妇的新房门。

⑥房间里面不要有楼梯的设置。

⑦楼梯的转台或最后一级不能压在房屋的几何中心点。

⑧楼梯地下可以摆放植物或者储物柜，但不宜做餐厅、厨房、卧室等。

楼梯的形状

楼梯是快速移"气"的通道，能让"气"从一个层面向另一个层面迅速移动。当人在楼梯上下移动时，便会搅动气能，促使其沿楼梯快速地移动。

○ 弧形楼梯以一条曲线来实现上下楼的连接，非常美观。

○ 螺旋形楼梯的优点是对空间的占用最小。

家居楼梯一般有三种类型：弧形梯、螺旋梯、折梯。具体做何种楼梯还要根据实际情况，如房型、空间、装修风格以及屋主的个人爱好来定。从实用与美观角度来说，这几种楼梯各有其优缺点。

弧形梯：以一条曲线来实现上下楼的连接，不仅美观，而且可以做得很宽，行走起来没有直梯拐角那种生硬的感觉，是最为理想的一种梯形。但一定要有足够的空间，才能达到较好的效果，弧形梯是大复式与独立别墅的首选。

螺旋梯：这种楼梯的优点是对空间的占用最小。螺旋梯在室内应用中，以旋转270°为最好。如果旋转角度太小，上楼梯时可能不存在什么问题，但下梯时就会让人感觉太陡，走路不方便。螺旋梯虽美但不太实用，如果家中有老人和小孩的话，建议不要使用。这种楼梯多用于顶层阁楼小复式，大复式用得较少。

折梯：这种楼梯目前在室内应用较多，其形式也多样，有180°的螺旋形折梯，也有二折梯（进出各有一个90°折形）。这种楼梯的优点在于简洁，易于造型。缺点是和弧形梯一样，需要较大的空间。

楼梯的材料

楼梯的材料有木制、铁制（有锻打和铸铁两种）、大理石、玻璃和不锈钢等。楼梯是整个室内装修的一部分，选择什么样的材料做楼梯，必须与整个装修风格协调一致，否则会显得格格不入。

木制品楼梯：这是市场占有率最大的一种。消费者喜欢的主要原因是木材本身就会给人以温暖感，加之与地板的材质和色彩较容易搭配，施工也相对方便。选择木制品做楼梯的消费者要注意选择地板时对楼梯地板尺寸的配置。目前市场上地板的尺寸以90厘米长、10厘米宽为最多，但楼梯地板可以配120厘米长、15厘米宽的地板，这样的楼梯只要两块就够了，可少一道接缝，也易于施工和保养。对柱子和扶手的选择，应做到木材和款式尽量般配。

铁制品楼梯：这实际上是木制品和铁制品的复合楼梯。有的楼梯扶手和护栏是铁制品，而楼梯板仍为木制品，也有的是护栏为铁制品，扶手和楼梯板采用木制品。这种楼梯比纯木制品楼梯多了一份活泼的情趣。现在，楼梯

解读非常住宅

旺宅开运
居家设计布局最佳指导之书

○ 木制品楼梯本身就会给人以温暖感，加之与地板的材质和色彩较容易搭配，施工也相对方便，因此很受消费者喜欢。

护栏中锻打的花纹选择余地较大，有柱式的，也有各类花纹组成的图案。色彩有仿古的，也有以铜和铁本色出现的。这类楼梯扶手都是量身定制的，加工复杂，价格较高。铸铁的楼梯相对来说款式单调一点，一般厂商有固定的制造款式。色彩可以根据要求灵活选择。比起锻打楼梯，铸铁楼梯会显得稳重些。

大理石楼梯：已在地面铺设大理石的居室，为保持室内色彩和材料的统一性，最好继续用大理石铺设楼梯。但在扶手的选择上大多采用木制品，使空间内增加一点温暖的感觉。

玻璃楼梯：这是最近流行的新款式，比较适合现代派的年轻人。玻璃大都采用磨砂不全透明的，厚度在1厘米以上。玻璃楼梯也宜用木制材料做扶手。

不锈钢楼梯：这款楼梯在材料的表面喷涂上亚光的颜料，就不会有闪闪发光的感觉。这类楼梯材料和加工费都较高。

除上述材料外，还有用钢丝、麻绳等做楼梯护栏的，配上木制品楼板和扶手，看上去感觉也不错。这类既新潮又有点回归自然的装饰价格也不高，不失为时尚爱好者的选择。

楼梯的坡度

　　一般在选择房子的时候，空间的尺度、层高的尺寸就已经定型，而且很难改变。为了上下楼方便与舒适，楼梯需要一个合理的坡度，楼梯的坡度过陡，不方便行走，就会给人一种不安全的感觉。

　　楼梯的坡度需要根据家中成员状况来决定。家庭中老人和孩子最需要照顾，因此楼梯的坡度要缓一些，踏步板要宽一些，级梯要矮一些，楼梯的旋转不要太强烈，这样在上下楼的时候心里才会感到踏实。一般步梯宽度要有1米以上，阶高两倍与踏面的和在60~64厘米，是行走时感觉舒适的楼梯。

　　仔细观察楼梯首、末步的高度差。所谓楼梯的首、末步，就是与地面相接的第一级踏步，与楼板相接的最后一级踏步。这两步不仅是上下空间的连接点，还是楼梯的支持点，是整段楼梯中最关键的地方。在这两级上，最容易出现的问题就是踏步高度与楼梯中间其他级的高度不一致。

◎ 楼梯的设计需选择适宜的坡度，使上下楼方便、舒适。

◎ 楼梯首步与末步，其踏步高度要与楼梯中间其他级一致。

○ 民间流传数字有阴阳之分，奇数代表阳，偶数代表阴，所以楼梯的阶数以奇数为佳。

楼梯的阶数

　　楼梯的阶数以奇数为佳。民间流传数字有阴阳之分，而奇数代表阳，偶数代表阴。偶数的楼梯一般用于火葬场、墓园、灵骨塔等地方。遇到阶数为偶数的楼梯，化解方式十分简单，只需在底层铺上一层瓷砖即可增加一级，变成奇数阶。

楼梯的装饰

　　楼梯的细节美化是十分重要的。可在楼梯转弯处随着楼梯的形状摆放不规则的装饰挂画，再配上一些比较有新意的装饰品，如金属质地的雕塑、艺术相框、手工烟灰缸等，在细节上与装饰画相呼应。如果一上楼梯，正对的墙面面积很大，那么可以根据自己的想法直接在墙面上画图案装饰。当然，图案最好请专业人士来完成。

　　楼梯处植物的摆设要根据实际情况来定。如果楼梯较窄，使用频率又高，在选择植物时宜选用小型盆花，如袖珍椰子、蕨类植物、凤梨等。还可根据

全面揭示风水发家密码
精心打造顺风顺水旺宅

旺宅开运改运首看之书

居家设计布局最佳指导

○ 可在楼梯拐弯处随着楼梯的形状摆放装饰画。

○ 宜每隔一段阶梯放置一些小型观叶植物在楼梯上。

壁面的颜色选择不同的植物。如果壁面为白、黄等浅色，最好选择颜色深的植物；如果壁面为深色，则选择颜色淡的植物为好。若楼梯较宽，每隔一段阶梯可以放置一些小型观叶植物或四季小品花卉。在扶手位置可放些绿萝或蕨类植物。平台较宽阔的话，可放置印度橡皮树等。

巧妙运用楼梯的下部空间

楼梯的造型千变万化，大多数人所采用的造型，都会在楼梯下面留一个空间。这样的空间若能合理地规划，则能起到很好的收藏和展示作用，甚至还有其他更妙的作用。楼梯下部空间可用作储藏间或展示柜。

储藏间：楼梯因为外形而占用了不少室内的有用空间，在多数家庭，通常都将其下方的空间作为储藏物品之用。例如，可以加装一扇门，里面摆上几个储物箱，分门别类地收藏东西。还可以根据楼梯台阶的高低错落，制作大小不同的抽屉式柜子，直接嵌在里面，用来摆放不同物品。楼梯踏板也可以做成活动板，利用台阶做成抽屉，作为储藏柜用。另外，那些不常用的东西以及孩子们所丢弃的玩具，或是那些等着回收的报刊废纸，都可以放置在

◎合理地规划楼梯下部空间能起到很好的收藏和展示作用。

◎在墙上打上适当的柔光，会使楼梯下悬挂的物品更加精美漂亮。

这个地方，而且可以被遮掩得严严实实。

展示柜：活用不起眼的死角，往往会有出乎意料的效果。楼梯间亦可充分发挥空间利用的功效，靠墙的一侧可以作为展示柜，展示柜可依楼梯的走势设计，做成大小不一的柜子，然后再在墙上打上适当的柔光，可使展示柜上的物件精美漂亮。

过道的方位格局

过道宽度应保持在1.9米以上，而且有栏杆、屋顶，并有数根支柱支撑以突出个性。居室入口处的过道常起门斗的作用，既是交通要道，又是更衣、换鞋和临时搁置物品的场所，是搬运大型家具的必经之路。在大型家具中，沙发、餐桌、钢琴等的尺度较大，在一般情况下，过道净宽不宜小于1.2米。通往卧室、起居室(厅)的过道要考虑搬运写字台、大衣柜等物品的通过宽度，尤其在入口处有拐弯时，门的两侧应有一定余地，故该过道宽度不应小于1米。通往厨房、卫浴间、贮藏室的过道净宽可适当减小，但也不应小于0.9米。各种过道在拐弯处应考虑搬运家具的路线，方便搬运。在东、东南、南、西

◎过道不宜太长，最好不要超过房子长度的三分之二。

◎通往卧室、起居室的过道宽度不应小于1米。

南的过道，基于通风、遮光面而言，是比较适宜的位置。最不宜的是过道把房子一分为二。如果只考虑人走动时的动线，那过道改造的重点就要求不要超过房子长度的三分之二。

过道的形式

现在最常见的过道形式是位于中间，即把住宅一分为二，这样容易使宅内功能区偏重失衡。因此，应避免这样的过道形式。

过道的布置

过道该如何布置呢？如果住宅比较宽敞的话，该多开几条过道。住宅较窄时，应尽量使之靠墙。

○ 过道的光线要明亮，不可太阴暗。

过道的光源

住宅内过道要光亮，不可太阴暗。有的住宅在过道天花板上安了五盏光管并倾斜地排列着，而且光管还是紫、蓝、绿等缤纷色彩，然后在光管下又安装了一块透明玻璃。当人站在小过道内向天花板望时，犹如五把箭扣在天花板上，给人提心吊胆的感觉，这便会造成家人的情绪波动。所以，最好改用其他灯饰或只用一两支光管，虽简单，但却大方、明亮。

过道的绿化

居室的过道空间往往较窄，但它是玄关通过客厅或者客厅通往各房间的必经之道，且大多光线较暗。此处的绿化装饰大多选择体态规整或攀附为柱状的植物，如巴西铁、一叶兰、黄金葛等；也常选用小型盆花，如袖珍椰子、鸭跖草类、凤梨等，或者吊兰、蕨类植物等，采用吊挂的形式，这样既可节省空间，又能活泼空间气氛。还可根据壁面的颜色选择不同的植物。假如壁面为白、黄等浅色，则应选择带颜色的植物；如果壁面为深色，则选择颜色淡的植物。总之，该处绿化装饰选配的植物以叶形纤细、枝茎柔软为宜，以缓和空间视线。

过道的装修

在室内装修设计中，过道的设计起着体现装饰风格、表达使用功能的重要作用。过道装修设计应从以下几个方面着手：

1.天花板

一般来说，处理过道天花板横梁可采用假天花板来化解，否则有碍观瞻，也会使人心里有压迫感。

过道的天花板装饰可利用原顶结构刷乳胶漆稍作处理，也可以采用石膏板做艺术吊顶，外刷乳胶漆，收口采用木质或石膏阴角线，这样既能丰富天花板造型，又利于过道灯光设计。天花板的灯光设计应与相邻的客厅相协调，可采用射灯、筒灯、串灯等样式。

◯ 过道的天花板的灯光设计应与相邻的房间相协调，可采用射灯、筒灯、串灯等各种样式的灯具。

2.地面

作为室内"交通线"，过道的地面应平整，易于清洁，地面饰材以硬质、耐腐蚀、防潮、防滑材料为宜，多用全瓷地砖，优质大理石或者实木及复合地板，这样可以避免地面因行走频率较高而过早磨损。

3.墙面

墙面一般采用与居室颜色相同的乳胶漆或壁纸，如果与过道沟通的两个空间色彩不同，原则上过道墙壁的色彩应与面积较大的空间的色彩相同。墙面底部可用踢脚线加以处理。家庭装饰过道一般不做墙裙（内墙下部用线脚装饰或用其他特殊装饰或面层的部分）。

4.空间利用

因为现今是寸土寸金的时代，大家为了尽量利用家居中的每一寸空间，于是便想到了在屋内小过道做假天花板，并在天花板上开一个柜的位置，天花板自然就变成了一个储物柜。

过道本身比较狭窄，但设计好有限的空间，也可以达到装饰和实用的双重目的。可以利用过道的上部空间位置吊柜，利用过道入口处安装衣镜、梳妆台、挂衣架，或放置杂物柜、鞋柜等，但必须注意的是不宜摆放利器，以免出现不必要的伤害。

5.墙饰

过道装饰的美观和变化主要反映在墙饰上，要按照"占天不占地"的原则，设计好过道的墙面装饰。常用的过道墙饰有以下几种：

①装饰面。可在过道一侧墙壁面积较大处或吊柜旁边空余出来的墙面处挂上几幅尺度适宜的装饰画，起到装饰美化的作用。

②吊柜、壁龛。过道一侧墙面上，可做一排高度适宜的玻璃门吊柜，内部设多层架板，用于摆设艺品等物件。也可将过道墙做成壁龛，架板上摆设玻璃器皿小雕塑、小盆栽，以增加居室的文化与生活氛围。

③石材。用有自然纹理的大理石或有图案花纹的内墙釉面瓷铺贴墙面，也可起到良好的装饰作用。

④以镜为墙。可在过道的一面墙壁上镶嵌镜子，给人以宽敞的感觉。

◎ **定格的艺术画** 螺旋楼梯往往以其特殊的形状呈现出一种特别的美感，这种特别的美感还像一幅抽象画，定格在这样的画面里，居住会因此而富有质感。

○ **让光线自由穿透** 楼梯沿着弧形向上，流畅地串联了独栋别墅的每一层楼，也让双面采光能够贯穿整个楼梯空间，视线与光线都能够从上而下自由地穿透，使楼梯更显优雅。

○ **无压的虚实交错** 沿着楼梯循序渐进，在金黄色灯光烘托下，让过道如一座光桥，串联起两边楼板，光的穿透让整个空间压迫感大为降低。围合的造型透过灯具，打造如宫殿般的场景，温馨而又大气、时尚。

○ **整体设计呈现出高贵、雍容之感** 波浪形的楼梯呈现出高贵、雍容、大气的特质。木材的装扮让古朴、典雅的气息散发在整个空间之中。为了突出空间的豪迈，在天花的造型上采用了圆形的吊顶与之映衬。

○ **暖黄色使空间洋溢着柔情蜜意** 楼梯护栏横向延伸开来，钢索形成线与线的纠葛，悬吊的暖黄色灯饰将整个楼梯都染成暖暖的黄色，空间充满了柔情蜜意。

○ **零约束的楼梯** 没有护栏的楼梯可以让你感受到零拘束的氛围，在这样的楼梯上行走，脚步也会轻快许多。楼梯下映射出来的灯光会让人产生一种梦幻的感觉，这样的楼梯必定成为家中一道靓丽的风景。

○ **以造型取胜** 楼梯的装饰造型呈现出别致的特色，楼梯本身就是空间中最亮眼的风景。身处其中，就会感受到活跃的时代气息充满了整个空间，处处洋溢着生活的美感。

○ **在华丽的转角处相遇** 精致的雕花弧形楼梯蜿蜒而上，气势恢弘，雕刻着精美与华丽，雕花转角楼梯似乎依旧萦绕着老唱片里的经典唱段，华丽的转身留下了难以磨灭的无边风月。

○ **悠然空间的精灵** 多姿多彩的造型与设计，楼板部分的不规则设计与活灵活现的鱼儿相互交融。台阶的处理能让空间富有立体层次感，暗红色扶手与木板线条勾勒出一幅和谐的视觉画面。

○ **细细体味优雅与宁静** 挑高两层的宽大客厅搭配个性楼梯，显出独特的气势。角落背景墙的与众不同以及一种并不张扬的华丽展现，使得在此展示的每一件物品都会因为这种绝妙搭配而被细细赏玩。

○ **刚柔并济调和完美** 铁艺护栏淋漓尽致地展现了曲线的柔美，起到画龙点睛的作用，用黄色调的石柱来调和铁艺的"冷酷"，不失为一个明智之举，打破铁艺沉重而冰冷的感觉，制造温馨时尚。

○ **点睛之笔——扶手设计** 原本平淡无奇的空间，设计师独具慧眼，仿佛雕琢璞玉般精心设计了楼梯扶手的姿态，使楼梯仿佛成为空间的一座雕塑，不但增添了艺术的气息，也创造了生活的乐趣。

○ 装修点评　过道利用木质的色彩变化，给人一种庄重、沉稳的感受，镂空的木门镶嵌其中，使得现代时尚的人文典雅氛围油然而生。

○ 装修点评　明亮的灯光照射在橘黄色的墙壁上，有如阳光普照般温暖。边漫步边欣赏墙壁上的装饰画，感觉生活是如此美好。

○ **整体造型简约而轻盈** 在中间转角处安置的扶手,既安全又时尚,让登梯的过程不会感到空间的压迫。白色为基调的设计,搭配浅色木踏阶和幽若的光线,简约而轻盈。

○ **花瓣一样盛开的楼梯造型** 楼梯的整体造型仿佛花瓣盛开一般,没有多余的颜色与质材,简洁明了,一气呵成,给人高贵与大气的视觉冲击。

○ **摩登与时尚的楼梯设计** 为了突显出空间的纯净感,设计师在楼梯的设计上全部采用磨砂玻璃材质,并以简洁的造型强调出摩登与时尚,凝聚了空间的视觉焦点。

○ **烘托出素雅空间** 素雅的空间能给人一种轻松的心境,整体洁净的浅色调烘托出宁静的氛围,连楼梯的设计也没有过多的粉饰。楼梯与空间结构搭配严谨,无不透露出装饰风格的家居风范与传统文化的审美意蕴。

◎ 禅意空间　楼梯下方的空间原本是设计的死角，但此案的设计却别具一格。在楼梯下设置地灯，放了些许鹅卵石，还摆设几棵翠竹，塑造了一个充满"禅"意与"佛"性的小天地。

◎ 蓝白马赛克打破单调感　摒弃了楼梯踏板一贯的单调感采用马赛克装饰，楼梯下方的小型空间用鹅卵石铺设，整体格调给人一种恬静舒适的感觉。

◎ 转角墙面设计简约而不简单　楼梯的转角墙面通常都非常单调，在这里由于楼梯的挑高拥有足够的空间，设计师刻意对转角的墙面进行了设计，营造出屋主希望的低调奢华感。

◎ 以楼梯作为空间隔断　楼梯巧妙地将客厅和餐厅分隔开，以钢化玻璃为楼梯护栏，在踏板间留足缝隙，让空间显得宽敞、明亮，简约而又层次丰富。

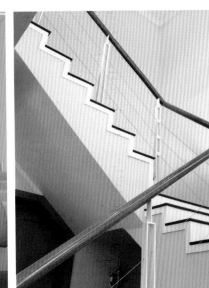

○ **木材本色透露高雅气息** 细致玲珑的楼梯犹如空中精灵般连接着上下两层空间，橘黄色调充满温润感，将舒适与温馨的气质演绎到极致。

○ **色调与材质变化组合显示特色** 由于以简洁为诉求，为不让整体空间显得单一，用色调与材质的变化组合来打造楼梯，让整体空间呈现十足的现代感。

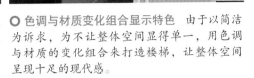

○ **多元素装饰丰富视觉美感** 楼梯在装饰手法上是化繁为简，空间静谧柔和、线条单纯而灵动、灯光清爽明丽，看不到明显的装饰元素，却有丰富的视觉美感。

○ **内凹设计展现实用机能** 设计师在楼梯下方空间，将墙壁设计成内凹形式放置艺术品。这使得楼梯空间成为家中美感表现的重点区域之一，同时又满足了注重实用机能的屋主的需求。

全面揭示风水发家密码 精心打造顺风顺水旺宅

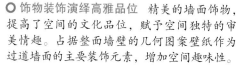

◎ 饰物装饰演绎高雅品位　精美的墙面饰物，提高了空间的文化品位，赋予空间独特的审美情趣。占据整面墙壁的几何图案壁纸作为过道墙面的主要装饰元素，增加空间趣味性。

◎ 狭长的空间更需要充满活力的元素　高亮度的顶灯把走道照得如同白昼，外加浅淡的黄色与白色搭配，让走道丢弃了原本压抑的旧形象，就连众多的柱子也间接成为了空间的装饰。

◎ 灯光创造干净明朗的过道　在面积不大的空间里，为了制造出干净明朗的感觉，除了在灯光上做处理外，还需从收纳方式上考虑。放置一款开放式收纳壁柜，整个空间里的所有物品都能够以一种有序的、陈列的方式来进行摆放。

◎ 天花营造趣味氛围　天花灯如同乐曲一般起伏的韵律，如大海中的小水滴，如同五彩斑斓的花瓣，无形中减少了人的疲惫感且增加了乐趣。此处设计不但考虑其实用性，同时可以让人参与到空间的表演中去，使漫长的走道变得有意思。

◎ **植物让过道充满生机** 在过道位置放一些植物可以让家的过道充满生机，在细节的地方放上插花，让居住者的心情也变得愉快起来。背景墙的玻璃设计也很有特色，毛笔字营造出的美感相当有韵味。

◎ **木地板更适合过道地面** 在地面装饰材料的选择上，人们往往有个误区，即过道的使用率高，地面要用耐磨的装饰材料。其实在选择过道的地面装饰材料时，防滑才是最重要的。因此，实木地板作为地面材料再合适不过。

◎ **亮堂的过道非常养眼** 过道吊顶的白色光带与地面上洁白光亮的瓷砖相呼应，让过道显得非常亮堂。灯光映射下的暖黄色墙面充满温馨感，整个居室洋溢着浓浓的生活气息。

全面揭示风水发家密码
精心打造顺风顺水旺宅
431

◎ **灯光打造唯美过道** 顶灯和地灯相结合的设计，让过道充满朦胧的美感。迷离的色彩、光影恰到好处，极具时尚感的地台灯使过道又仿佛成为时尚的T台。

◎ **精致过道在此绝伦** 说到过道装饰，得提到一个"占天不占地"的原则，因为过道装饰的美观主要反映在墙饰上。在过道的墙壁上，采用与居室颜色相同的乳胶漆，使过道更显宽敞。经过柔和的灯光的照射，真是精美绝伦。

◎ **暖色灯光营造过道风景** 暖色系的灯光把过道照耀得更加柔美，色彩浓艳的花瓶为空间注入一丝热情。橘黄色的护栏扶手，与天花上的灯光色彩相呼应，一起成就了空间的成熟魅感。

◎ **过道展示墙添静雅气息** 在过道对面墙上，做上一排玻璃柜，柜子不是很高，内部有多层架板，可以在架层上放些纪念品、工艺品等物。在侧面墙上，挂上几幅相同尺寸的色块，起到补缺作用，更能增添过道的静雅气息。

○ **灯光打造和谐过道** 过道的顶面装饰采用石膏板做艺术吊顶，外刷乳胶漆，收口采用石膏阴角线，这样既能丰富顶面造型，又利于进行过道灯光设计。顶面的灯光设计与相邻客厅相协调，采用射灯样式。

○ **创意瓷砖铺设** 地面是白色底色加上黑色线条的瓷砖，条条黑色瓷砖仿佛是一级级阶梯，为了显出过道是独立空间，在过道和墙壁的汇合处，设计师也用黑色的瓷砖把过道和其他空间隔开，设计非常巧妙。

○ **过道反映怀旧意识** 壁龛式的过道墙富有传统文化的古典美。过道墙做成壁龛式与整体风格合拍。利用过道墙装饰成壁龛，具有一定的独到之处，从侧面反映出主人在居室装饰中的怀旧意识，是一种雅俗共赏的家庭装饰风格。

旺宅开运改运首看之书
居家设计布局最佳指导

○ 古色古香的过道空间　主人很喜欢中式古朴的生活，过道边的装饰品便可以看出来，虽然是一个柜子，但却有两种截然不同的表现。既符合家居风格，也借此说出了自己的品位。

◎ **光影空间魔术** 过道的光影，随着灯光的变化而变化，随着人走动而变化，随着材质的变化而变化，一个本来静的空间，简单而实惠地创造出千万种不同的视觉感受，每次走过，都是不一样的感觉。

◎ **灯光让空间更温馨** 跳跃的黑白相间的地砖比较有创意，让整个色系不显单调。各种暖色灯光的运用，让过道充满温馨的家庭气息。

◎ **富丽堂皇的过道** 本案的过道给人的感觉是富丽堂皇，由过道的设计我们可以想象这个房屋的整体设计风格是欧式风格，过道旁边的壁灯发出的橘黄色灯光使过道充满温馨气氛；过道的一面墙壁上悬挂了一款雕塑，使过道充满魅力。

第十三章 阳台设计

与大自然亲密接触

自然界中，光是一切动力的源泉。阳台是居住者接受光照，呼吸新鲜空气，进行户外锻炼、纳凉、晾晒衣物的场所，对人们的生活有着重要影响。

阳台的方位选择

在日常生活中，由于阳台多是开放式的，所以极易受外界影响，因此阳台的方位不容忽视。现今，阳台朝东或朝南的住宅售价一般都高一些，可见大家都知道阳台朝南或朝东"风水"绝佳。

阳台朝向东方，古人说"紫气东来"，所谓"紫气"，就是祥瑞之气。祥瑞之气经过阳台进入住宅之内，寓意吉祥平安。而且日出东方，太阳一早就能照射阳台，全宅显得既光亮又温暖，全家人也因此而精力充沛。

至于阳台朝向南方，有道是"熏风南来"，"熏风"和暖宜人，令人陶醉。

阳台若朝向北方，最大的缺点是冬季寒风入室，会影响人的情绪，再加上若是保暖设备不足，就极易使人着　。

阳台朝向西方则更不妥，每日均受太阳西晒，热气到夜晚仍未能消散，不利于人体健康。

◎ 阳台朝向东方，太阳一出就照射阳台，全宅既光亮又温暖。古人云："紫气东来"，祥瑞之气也会经过阳台进入住宅，寓意吉祥平安。

阳台的格局

　　阳台是住宅与室外空间最接近的地方，因而饱吸户外的阳光、空气以及风雨。目前，很多新建的住宅中，都有两个或三个阳台。在家庭装修的设计中，双阳台要分出主次，切忌"一视同仁"。与客厅、主卧室相邻的阳台是主阳台。次阳台一般与厨房相邻，或与客厅、主卧室外的房间相通。为了方便储物，次阳台上可以安置几个储物柜，以便存放杂物，也可增加透明的弧形采光顶，使阳台可以当做一个房间使用。如果主阳台在东面或北面，最宜露天种植花木及摆放盛水的器具。相反，如果主阳台在南面或西面，宜用棚和大的器皿阻止过大的能量通过。

　　另外，阳台的布局有如下不宜：

1.阳台不宜正对大门

　　气流穿堂而过，不利健康。

　　改善方法：可在门口设玄关或屏风；做玄关柜阻隔在大门和阳台之间；在大门入口处放置鱼缸；在阳台养盆栽及爬藤植物；窗帘长时间拉上也是可行的方法。

2.阳台不宜正对厨房

　　厨房忌气流拂动。

　　改善方法：做一个花架种满爬藤植物或放置盆栽，使其内外隔绝；阳台落地门的窗帘尽量拉上或是在阳台和厨房之间的动线上，以不影响居住者行动为原则；做柜子或屏风为遮掩。总之，就是不要让阳台直通厨房即可。

3.阳台不宜正对着街道

　　改善方法：在阳台上放一对铜龟。

4.阳台不宜正对电视、卫星发射塔

　　改善方法：客厅的阳台养阔叶盆栽。

◎ 主阳台在居室的东面或北面的时候宜露天种植花木，阳台种植花木有美化居室让人赏心悦目之功效。

5.阳台不宜正对着尖角

化解方法：在阳台上养阔叶盆栽或放一对铜龟。

阳台的形状

阳台可以说是一间房子的呼吸道，是直接接触外界的自然空间，若一间屋子的阳台形状方正，摆设整齐，屋子的气流自然变得顺畅，人住在里面也会感到舒适、愉快。相反，若阳台形状歪斜，或是堆放众多杂物，整间房子就会变得窒息凝固，居住在里面的人往往会受到影响，因此买房的时候需要特别注意。

○ 阳台形状方正、家具摆放整齐，能使屋内的气流顺畅，让人生活方便舒适，并使人心情舒畅愉悦。

阳台的布置

　　装修布置阳台时要注意以下几个方面：

1.排水

　　阳台要有顺畅的排水功能。因为没有封闭的阳台，如果下雨就会大量进水，所以地面装修时要考虑水平倾斜度，保证水能流向排水孔。注意，千万不能让水对着房间流。

2.插座

　　阳台要有预留的插座，如果想在阳台上休闲、读书，或者听音乐、看电视等，那么在装修时就要留好电源插座。

全面揭示风水发家密码
精心打造顺风顺水旺宅

441

○ 在阳台上读书、听音乐、看电视无疑是一种休闲享受，给人带来无尽的惬意，因此，阳台在装修时就应当预留好电源插座。

3.遮阳篷

为了防止日晒雨淋，一定要用比较坚实的纺织品做成遮阳篷来遮挡风雨。遮阳篷也可用竹帘、窗帘来制作，建议做成可以上下卷动的或可伸缩的，以便按需要调节阳光照射的面积、部位和角度。

4.灯具

夏日，人们喜欢夜间乘凉，灯具是必不可少的。灯具可以选择壁灯和草坪灯之类的专用室外照明灯。如果喜欢凉爽的感觉，就可以选择冷色调的灯；如果喜欢温暖感觉的则可用紫色、黄色、粉红色的照明灯。

阳台的摆放植物

由于阳台较为空旷，日光照射充足，因此适合种植各种色彩鲜艳的花卉和常绿植物。还可采用悬挂吊盆、栏杆摆放开花植物、靠墙放观赏盆栽的组合形式来装点阳台。

适宜摆放在阳台的植物有以下几种：

万年青：属天南星科，干茎粗壮，树叶厚大，颜色苍翠，极具强盛的生命力。大叶万年青的片片大叶伸展开来，便似一只只肥厚的手掌伸出，向外纳气接福。所以万年青的叶越大越好，并应保持长绿长青。

金钱树：学名艳姿，叶片圆厚丰满，易于生长，生命力旺盛，吸收外界金气。

铁树：又名龙血树，市面上最受欢迎的是泥种的巴西铁树。铁树的叶子下扬，中央有黄斑，铁树寓意坚强。

棕竹：其干茎较瘦，而树叶窄长；因树干似棕榈，而叶如竹而得名，棕竹种在阳台，象征平安。

阳台摆放各种色彩鲜艳的花卉和常绿植物可以美化环境，陶冶人的性情。

橡胶树：印度橡胶树，树干伸直挺拔。叶片厚而富光泽，繁殖力强而易种植，户外户内种植均宜。

发财树：又称花生树，它的特点是干茎粗壮，树叶尖长而苍绿，耐种而易长，充满活力朝气。

摇钱树：叶片颀长，色泽墨绿，属阴生植物，极有富贵气息。

阳台的改建

阳台可分为内阳台和外阳台。内阳台一般指与卧室相通的阳台，而外阳台则更倾向于是一个独立的空间。在传统的观念中，外阳台仅能晒衣服、种植花鸟，其实不然，外阳台还能成为人们与外界自然环境接触的场所和重要途径。在重视安全性的基础上，外阳台能为住宅增添一处风景。

1.阳台改成客厅

有些人家为了把室内的实用面积扩大，往往把阳台进行改建，把客厅向外推移，使阳台成为室内的一部分，这样能使客厅变得更宽大明亮，原则上这并无不妥，但必须注意以下几个要点：

①保证楼宇结构安全。由于阳台是突出房外的部位，承重力有限，因此在改建时，要仔细测算，并且不要把包括大柜、沙发及假山等重物，摆放在阳台的位置，因为这些高大沉重的物品会让阳台负荷过重，从而威胁到楼宇结构安全。阳台改建后，把较轻的物品摆放在那里，则既不影响楼宇安全，同时还可以保持阳台原来的空旷通爽。

②阳台外墙不宜过矮。阳台改建成客厅后，其外墙也不宜过矮，有些人喜欢用落地玻璃作为外墙，认为这样外景较佳，但这样设计，他人在户外，可以轻易看见户内人的膝部以下。较为可取的方法是下面的1/3是实墙，而上面的2/3是玻璃窗，这便不会有"膝下虚空"之弊。

倘若阳台本来便是以落地玻璃为外墙，难做更改，那么，最有效的弥补方法是把一个长低柜摆放在落地玻璃前，作为矮墙的替代品，低柜若是太矮，可在两旁摆放植物来填补空间。

③隐藏阳台横梁。一般的房屋建筑结构，阳台与客厅之间会有一条横梁，在改建后，当两者结合时，这条横梁便会有碍观瞻。横梁的处理办法是用假天花填平，把它巧妙地遮掩起来。如要加强效果，可在阳台的天花板上安置射灯或光管来照明。此外，横梁底下不应摆放福禄寿三星或财帛星君等吉祥物。

2.阳台改成书房

对于没有一间独立书房的宅主来说，将阳台稍加改造，就能装扮成一间雅致的书房。在自家墙壁方向设置一个整体书柜，下部设计成书桌，在桌面上摆放一盏台灯，一处环境优雅的书房就出现了。在阳台的另外一侧，可以摆放带有轮子的小书柜，不但方便整理书籍，还节约了空间。另外，工作读

○ 由于阳台是突出房外的部分，承受力有限，因此不要把大柜、沙发及假山等重物，摆放在阳台的位置，可以放一些桌椅等较轻的家具。

书之余。可以站起来舒展筋骨，放眼望望窗外的绿树，如此近距离地接触自然，会给人不一样的感受，仿佛整个人融入了自然之中。

3.阳台改成健身室

在阳台的地面铺设纯天然材料的地板或是地毯，营造出一处宁静氛围的空间，这里可以是自己的私人健身室。配上一副哑铃，一个拉力器，或者仅仅是一块地毯，就可以用它来进行锻炼。在这样简洁布置的空间中，抛开令人烦恼的工作、郁闷的心情，将整个身心放松下来。还可以在此摆放一对迷你音箱，一边锻炼身体，做一些简单的运动，一边听听舒缓情绪、使人放松的音乐，如此美妙的环境，会使人的心情非常愉悦。

阳台与露台之分

现代人的居住空间比较小且昂贵，尤其是居住在都市的人感受更深。所以阳台就被赋予很多的功能。

阳台与露台是有所不同的，露台属于私有空间，因为可以见天，所以不算是房子里面。可能有人会将露台封起来，视为房子内的一部当作阳台使用，这在建筑法规上是违法的，所以算是违章建筑。而阳台属于私有空间，可以根据主人的喜好来布置。

阳台是属于房子里面与外面通气的交界处。就如同人的鼻子一样，因此阳台的功能是不同于露台的。

密封阳台的利与弊

出于防尘、防水、保湿等考虑，很多家庭会将阳台封闭，做成密封阳台。将阳台封闭有优、有劣，关健是要从家居的实际需求出发，选择合适的处理方式。

1.将阳台密封的好处

扩大居室实用面积。阳台封闭后可以作为写字读书、健身锻炼、储存物品的空间，也可以作为居室的空间，这样就等于扩大了卧室或客厅的使用面积。但是要注意将阳台纳入卧室时，不要在原有阳台的部位安床。

遮尘、隔音、保暖。阳台封闭后，多了一层阻挡尘埃和噪音的窗户，有利于阻挡风沙、灰尘、雨水、噪音，可以使相邻居室更加干净、安静。阳台封闭后，在北方冬季可以起到保暖作用。

安全防护。阳台封闭后，房屋又多了一层保护，能够更好地防盗，起到安全防范的作用。

2.将阳台密封的缺点

首先，阳台被封，就会造成居室内通风不良，使室内空气难以保持新鲜，氧气的含量也随之下降。

其次，居室内家人的呼吸、咳嗽、排汗等会造成人自身污染，加之炉具、烹饪、热水器等物品散发出的诸多有害气体，都会因阳台被封而困于室内。久居其中，易使人出现恶心、头晕、疲劳等症状。

再次，阳光中的紫外线能减少室内病菌的密度，健康人享受阳光也可以振奋精神，而封闭阳台则减少了室内阳光的照射，容易造成病菌的泛滥，危害人体健康。

装修阳台的注意事项

阳台是居室的眼睛，是室内与室外自然连接的桥梁。很多人在装修爱巢时，往往注重的是室内，不经意间就忽略了阳台的装修。

装修阳台时，首先要注意分清主次，明确功能。有些住宅会有2～3个阳台，装修前就要分清主阳台、次阳台，明确每个阳台的功能。一般与客厅、主卧室相邻的阳台是主阳台，功能应以休闲健身为主，可以装成健身房、茶室等，墙面和地面的装饰材料也应与客厅一致；次阳台一般与厨房或与客厅、主卧以外的房间相邻，主要是储物、晾衣或当作厨房，装修时可以简单些。

其次，阳台装修要注意安全。大多数住宅的阳台结构并不是为了承重而设计的，通常每平方米的承重不超过400千克，在装修阳台前要先了解它的承重，装修储物都不能超过其荷载，以免造成危险。

此外，还要注意阳台的防水和排水处理。许多家庭在阳台上设置水龙头，方便洗涤衣物或洗菜，这就要求必须做好阳台地面的防水层和排水系统。若是排水、防水处理不好，就会发生积水和渗漏现象，影响居家生活。

阳台的装饰

对房屋进行装修时，很多家庭往往会忽视阳台的装饰美化。其实，阳台装饰并不费钱也不费功夫，只要花点心思，为它注入一些装饰元素，就能让阳台生动起来，使其成为家人乐于驻足的生活乐园。

阳台侧墙面和地面是阳台装饰美化的重点。阳台的地面可利用地砖、旧地毯或其他材料铺饰，以增添行走时的舒适感。阳台的侧墙面则可装置一些

全面揭示风水发家密码
精心打造顺风顺水旺宅

○ 对阳台进行巧妙装饰，摆一个小桌，放一张躺椅，就成了家居中不可多得的休闲空间。

富有韵味的装饰品，如铁艺壁挂灯，都能为阳台的装饰加分。

阳台还能作为住宅内空间的延伸，增加住宅的利用率。如，利用阳台种植花草，营造一个园林小空间，为家居增添自然景致。如果是紧靠厨房的阳台，还可利用阳台的一角摆放一个储物柜，存放一些蔬菜食品或不经常使用的物品。

阳台宜保持开阔明亮

许多人喜欢在阳台堆放杂物、放洗衣机等，这样会影响家居空间的美观、舒适。因此，最好不要在阳台堆积杂物，并且要经常进行清洁，尽量使阳台保持开阔明亮。在阳台种植物和晾衣物时都要注意不要将光线遮挡。

○ 可在阳台上种植绿色植物。

利用阳台增进家庭和谐

　　只有令人舒服的阳台，才有利增进家庭成员之间的关系。因此首先要做的就是要保持阳台的整洁，尤其是客厅与阳台相通时，可以在阳台上摆放一些芳香剂。这样不仅可以祛除异味，还能带来舒适的味道，营造出和谐的家庭氛围。另外，还可在阳台上悬挂一幅图案简单的画，或是摆上一盆绿色植物，如开运竹等。具有放射与接收磁场能量功能的紫水晶可以促进家庭成员之间的关系，所以也很适合摆放在阳台上。

阳台吉祥物

现代不少家庭除了在阳台摆放植物外，还会在阳台放置各类饰物。普遍来说，有以下几种温和的饰物对家居有益，但切记不可滥用。

1.石狮

石狮自有阳刚之气，可用以镇宅。摆放石狮时，狮口必须向外。若是阳台面对气势压过本宅的建筑物，例如大型银行、办公大楼等，则可在阳台的两旁摆放一对石狮。

若阳台正对阴气较重的建筑物如庙宇、道观、医院、殡仪馆、坟场，以及大片阴森丛林，或形状丑恶的山岗，亦须以一对石狮来镇宅。

2.铜龟

龟是极阴极柔之物，擅长以柔克刚，又是逢凶化吉的象征。摆放一对铜龟时，两龟的头部必须相对。

○铜龟

3.石龙

根据不同动物的特性，向海或向水的阳台应该摆放一对石龙，头部必须向着前面的海或水，采其"双龙出海"之意。

4.麒麟

麒麟与龙、凤及龟合称为四灵，即是四种最有灵气的动物。麒麟被视为仁兽，因为它重礼而守信，古人认为麒麟的出现，是吉利降临的先兆。麒麟外形独特，共有四种特征：鹿头、龙身、牛尾、马蹄。

○麒麟

解读非常住宅

旺宅开运改运首看之书
居家设计布局最佳指导

5.石鹰

　　如果周围高楼林立，而本宅如鸡立鹤群，这时从阳台外望似是被重重包围，可在阳台的栏杆上摆放一只昂首向天，奋翅高飞的石鹰。鹰头必须向外，但双翼切勿下垂。

全面揭示风水发家密码
精心打造顺风顺水旺宅

解读非常住宅

旺宅开运改运首看之书

居家设计布局最佳指导

452

○ 茶文化也可以展现在阳台的设计中　茶文化风格的阳台设计是轻装修、重装饰的典范。搭建巧妙的凉亭，配以精致的小木桌，摆放着全套的功夫茶茶具，即使独品香茗，也是惬意的享受。

○ 休闲风无处不在　有自然风吹拂的阳台，很是休闲。闲来邀上一二好友，品茶对弈，谈天说地，绝对是一种令人向往的生活，桌上一盆黄色小花的点缀带来无限生机。

○ 阳台墙面成为展示区　这个阳台很窄，但光线充足，放一盆植物就可以了，否则会显得很拥挤。利用精美的瓷器，使这个阳台别具品位而不显得冷清。

○ 角落里的雅韵深致　在中央摆上古色古香的一椅一茶几，四围敛着窗纱，闲时一书一壶茶，慢慢品，半墙上透明的窗又斜入植物的倩影，洒进散漫的阳光，生活就融进此番雅韵。

全面揭示风水发家密码
精心打造顺风顺水旺宅

◎ 阳台墙壁成为展示区　将阳台的墙壁打造成一个完美的展示区，为精致小家添加一片风景墙，同时彰显居室主人闲适、高雅的生活品质。

◎ 地中海气息的阳台设计　大型的露天阳台内，一把亮丽的遮阳伞是必不可少的，条纹的休闲椅搭配同色系的地砖，让空间巧妙融合，更有着地中海的清凉感。

◎ 现代之风与自然野趣的完美融合　阳台的天棚爬着藤状植物，周围的植物错落有致，中间一套简易的家具却体现现代简约风格，现代生活和自然之趣在其中得以完美融合。

◎ 小阳台也有大用处　小面积的阳台，可以在顶上放几个小吊篮，错落有致地放置各种各样的盆栽和鲜花，阳台内侧和扶栏上可以种植牵牛花之类的攀藤植物，植物爬到墙上垂成一片，既装饰了墙面还可以在夏日遮阳。

◯ **夏威夷风情清凉写意** 夏威夷风情的阳台设计，清凉写意，连桌面都是水波纹的，更让人浮想联翩。一把低调的遮阳伞，轻易挡住烈日，又能顺应需求，接纳阳光。

◯ **简洁中的舒适感** 在午后温暖的阳光中，欣赏着室外美景，让人忍不住忙里偷闲，好好享受一番。设计简洁并不会有碍观瞻，最重要的是让使用者享受舒适生活。

◯ **阳台也可精心装饰** 精美的浮雕墙成为阳台上最抢眼的风景，也是屋内的文化气息延伸到室外的标志。铁艺的茶几和座椅略带古典韵味，阳光的午后和朋友们在这儿喝杯咖啡，多么写意的时光。

◯ **内外景致相融合** 原本是很传统的秋千，因为能看到海景，所以变得与众不同。视野开阔、空气清新、无敌海景，这样的阳台，估计很多人都想要吧。

旺宅开运改运首看之书
居家设计布局最佳指导

456

○ 阳台设计也可以低碳环保　全由实木制作而成的地面和花坛，简单大气而又不失唯美。用最少的材料，展示最自然的休闲风格，响应低碳，全力环保。

○ 简约设计扩大空间感　阳台只有一面可以看到景色，两边是厚实的墙。为了不让小阳台显得局促，设计上力图精简，一桌两椅三绿植，小阳台就设计完工了。

○ 室内室外皆是美景　邀一挚友，共赏美景，在白天明媚的阳光中，或在夜晚灯光的光晕下，细细品茗，幽幽的茶香飘散，自然神清气爽，心情舒适。

◯ **以人为本的设计理念**　此处不仅仅是阳台，更是休闲空间，二胡的点缀突出了使用者的兴趣爱好，而园林装饰的设计也是以此延伸开来的，更充分体现出一种以人为本的设计理念。

◯ **灯光是渲染情调的高手**　此处的休闲区与露天阳台互为风景，彩色的吊灯是空间中最大的亮点。试想，夜幕来临时，黑暗的空间中只有闪烁的五彩吊灯，而露天的阳台上，与之辉映的是星光，内外皆美景，好情调自然营造。

◯ **小空间，大设计**　五彩的卵石、贝壳在柔和的光线中散发着趣味。小小的阳台上处处透着设计的精致感，盆栽、雕塑、栅栏……细节处展现小空间的大设计。

全面揭示风水发家密码
精心打造顺风顺水旺宅

457

◎ 花卉增添无限生机　沉色的墙壁和地板装饰与宽阔的阳台空间协调，颜色鲜艳的花卉给住宅增添许多活泼生机，墙上木桩富含艺术韵味，弧形的水池尤显别致。

◎ 薄纱窗帘增加唯美感　咫尺转换间，空间便大有不同，薄纱的窗帘将休闲区与阳台区隔开来，增加唯美感，更彰显出设计者高雅的品位。

◎ 自然气息浓郁的阳台　靠背高度适中，硬朗的木质让人靠得安心，靠得舒适。吊顶与地砖相呼应，巧思中充满趣味。多种天然材质的运用，体现出浓郁的自然气息。

○ **开阔的住宅胸襟** 方形格局体现住宅好品格，木质的地板显出古韵幽香，更兼阳台前方无限广阔的视野，开阔的明堂水，使人心情无比欢畅。

○ **开放的现代之风** 露天与镂空的格局，宽阔的场地尽收自然之气，现代式的家具更显主人的非凡气度与独特的品位。

○ **充满童真的家庭趣味** 开阔的窗口广采自然之光气，催发人积极阳光的心态，充满童趣的墙壁及天花墙纸尽显家庭温馨浪漫的幸福氛围，厚阔的挡墙体现出安全温暖，一点绿色点缀更添希望和生机。

全面揭示风水发家密码
精心打造顺风顺水旺宅

第十四章 庭院设计

用绿色传承幸福

庭院是住宅的外围部分，我国自古以来就非常重视庭院的设计和美化。好的庭院设计善于通过巧妙组合，让其中的建筑、山、水、花、木能够自然和谐地融合在一起，让一山一水、一草一木营造出深远的意境，使人徜徉其中能够得到心灵的陶冶和美的享受。

庭院的方位选择

1.庭院要置于吉方位

庭院方位的好坏，也会受到树木高低、数量、种类的影响。

南方位的庭院日光充足，使人心旷神怡，又可以进行日光浴。不过，风水学理论认为，受到阳光照射的树木虽然很美，但阳光最好是从背面照射比较好。

北方位的庭院，除非很靠近房子，其影子才不会影响到房子，才能使人享受到美丽景致。设计时应该以树木的位置为主体来考虑，且配合一定的空地。

○ 设置在南方位的庭院具备天然充足的日光，可以进行日光浴，树木经阳光的照射新鲜而秀美，令人心旷神怡。

2.庭院处于各方位的建议

北：北方是具有水气的方位。在这个方位可以安装具有流水感的灯，将植物高低不齐地摆放。这个方位与喜水的植物和粉色系的花有良好的相性，且小花比大花更适合。

东：东方是具有木气的方位。这个方位与玫瑰有着良好的相性，所以，在这个方位上的庭院可以多种玫瑰。除此之外，这个方位还可以栽种竹子等节节伸展的植物。

南：南方是具有火气的方位。观叶植物和白色的花有着净化空气的作用，特别是薰衣草、桔梗等，适宜摆放在庭院。因为这是个具有很强火气的方位，所以最好不要种红色的花。

西：西方是具有金气的方位。在这里，只需要放置一种高大的植物就可以了，花卉宜选择黄色、白色或乳白色的，具有浓淡程度效果的最佳。

东北：东北方是具有土气的方位。如果在这个方位种植白色的花最佳，红色和橙色的混合色也行。花盆要选择四角形的，用于装饰时要高低不齐地摆放。

东南：东南方是具有木气的方位。这个方位适合西洋风格的装饰，可选择格子图案，所以，选择带有方格的花盆最佳。如果要栽培花，最好是选择四色混合的。

西南：西南方是具有土气的方位。应选择略低的盆栽植物。这个方位与金盏草和波斯菊有良好的相性。另外，这个方位也适合栽培水果和作为家庭菜园使用。

西北：西北方是具有金气的方位。这个方位比较适合常春藤类植物，白花与绿叶混杂的植物最好，花盆宜选择圆形的。

3.庭院的方位宜与忌

庭院在进行方位选择时要注意一些问题，下面以图示作说明。

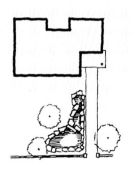  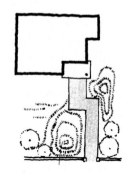

○ 庭院门前的通道不宜设有水池。

○ 不宜以大型庭石挡住门前庭院的通道。

○ 庭院门前通道两旁若设假山流水，高度不宜太高。

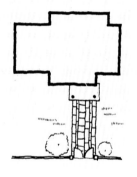 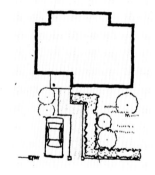 

○ 庭院门前的通道不宜铺设太宽。

○ 庭院门前通道两旁最好种植树木。

○ 利用树篱把庭院和门前通道划分清楚。

庭院的多功能性

兴建庭院时，应该考虑些什么因素呢？

首先必须考虑庭院的目的和用途。简单地将用途分为以下几种：

1.用来欣赏的庭院

即由屋中凝望，能使得心情平和的庭院，像日式庭院，一般而言属于这一种。坪庭也属于这一种。

2.享受趣味生活的庭院

趣味有很多，例如喜欢烹饪者，会种植一些烹调所需要的紫苏、梅树、花草等。欧洲的许多庭院都种有香辛料或花草等。阳台花园也包括在内。

3.把庭院当成果园或菜园

会结果的树木利用价值极大。例如考虑健康时，在东方的庭院种植橘红色果实的柿树，或是种植石榴树等。

4.当成迷你高尔夫球场的练习场，或当成儿童游乐园的庭院

可以设置单杠或秋千，也可以考虑饲养动物。

此外，也有人设计庭院时，作为放置工具的小仓库，或是车库，晾衣物的场地等。一般而言，可以利用篱笆巧妙运用这些空间，也可以将别墅当作庭院的一部分来设计。

5.当成户外休息处，享受一家团圆之乐的庭院

与建筑物为一体，突出的凉亭等也包含在内。屋顶庭院与平台的组合，更能产生在庭院空间游玩的气氛。如果想要享受一家团圆之乐，可以考虑在庭院中吃吃喝喝的目的而兴建庭院。此外，也有人在庭院设置烤架。

美化庭院的主要因素

美化庭院要考虑以下一些因素：

1.色彩

对比色与互补色、色彩、色相及色调、原色和轻淡色彩是色彩因素的重要组成部分。色调可使气氛活跃，也可稳定人的情绪。当然，一般选择何种颜色还是要根据个人爱好而定。

2.质感

植物一般有平滑、粗糙、柔软、多刺、有光泽或有绒毛的。进行庭院设计时尽量采用精致混以粗犷、柔软配以粗硬的高对比度。植物的叶片、花朵、茎秆及硬质都是造园材料的特殊材质。

3.香味

蔷薇、茉莉、瑞香、迷迭香或丁香的花香宜人、清爽，可以在窗口及室外座椅旁，按季节适量种植一些。

4.声音

溪流的潺潺声、泉水的叮咚声、小鸟的啾啾声、叶片的沙沙声、柔和悦耳的钟声，都可以消除精神上的烦乱，使人的心境得到平衡。

5.光照

要注意庭院的阳地及阴地状况。在夜晚光线的衬托下花朵会变成半透明状，草状羽形植物会闪闪发光。为了冲淡夏季炎热气候的侵袭，也可种植高大乔木，创建一个阴地。

6.触觉

从毛茸茸的叶片至装饰性草类的叶片都意味着触摸的存在。千万别忘了，古树、光滑的卵石及其他无生命的材质也是有触感的。

7.功能

要带着一定的使用目的对庭院进行设计。一般可设计成儿童游乐场、菜蔬种植区、休憩处和户外娱乐区。

8.风格

黄杨花坛、砖质铺地、木桩式围栏，这些元素都会形成庭院的风格。有时候一些小细节会强化整体风格，也会破坏风格。

○ 庭院的装修美化宜讲究多样化，而多考虑植物的立体形状也能达到美化庭院的效果。植物的立体形状多有圆形、圆柱形、披散形等。

9.形态

多考虑植物的立体形状以求得变化。它们可能是圆形、圆柱形、披散状、波浪式或喷泉式。硬质的造园材料和庭院的装饰物也都有自己的形状。

10.对比

对比以吸引注意力，得到视觉的享受。对比度小能起镇定的作用，对比度大则能令人兴奋。色彩、结构、外形、亮度都可用来进行对比。

11.透视

从何种角度来观赏庭院，从平台、透过窗户，还是平地上？是一览无遗，还是移步换景？透视改变了观赏花园的方式。

12.变化

树木长大后，原先的阳地环境变成了阴地；植物会越长越大；柔和的晨曦会变成耀眼的午后阳光；花朵会变成果实。对于这些变化应做好充分准备。

13.个性

传统花卉、旋转木马、球形器皿、规则的意大利式建筑、古代建筑小品或令人心旷神怡的花园雕塑都可以十足地彰显你的个性。

14.焦点景观

小径尽头的瀑布、混合花径中的红枫、门旁美丽的花钵都为视线创造了一个可停留的景色。选用焦点景观时要慎重，过多的焦点只会令整个庭院变得杂乱无章。

15.生态

引入一些野生的植物或种一些本土的植物，尽可能选择能丰产及自我循环的植物，少用硬质园景。

庭院的水体

水的力量极为强大，寓刚于柔，既有观赏价值也有环保作用，甚至可以调控温度。《黄帝宅经》指出："宅以泉水为血脉。"因此，完美的庭院里必须有水来画龙点睛。庭院里的水体形式多种，如池塘、泳池、喷泉等，甚至是一碗清水也可为家居带来鲜明的改善效果。

需要注意的是，无论是设计池塘、游泳池还是喷泉，都要把这些水体的形状设计成类似于圆形的形状，这是因为圆形有如下好处。

①美观舒适。喷水池、游泳池、池塘等水池要设计成圆形，四面水浅，并要向住宅建筑物的方向微微倾斜（圆方朝前），如此设计，能增加居住空间的清新感和舒适感。

○ 水是生命之源，是庭院最重要的元素，庭院中的水池、喷泉均能够提升家居活力。

②便于清洁。如果将喷水池、游泳池、池塘设计成长沟深水型，则水质不易清洁，容易积聚秽气。古书上对这种设计称为"深水痨病"。因此，池塘、喷水池要设计成形状圆满，圆心微微突起，污垢才不易隐藏，便于清洁。

③利于安全。如果将喷水池、游泳池、池塘设计成方形、梯形、沟形，则容易给人深不见底的感觉，在水中嬉戏的人容易发生危险，尤其是儿童，而圆形的设计则十分安全。

④利于健康。如果喷水池、游泳池、池塘的外形设计有尖角，又正对大门，则会因光的作用即水面反光射进住宅内，风水学理论认为这样的反射对人的健康有影响。

庭院中修建池塘的方位选择

在现代家居庭院中设置池塘是一件极富意义的事情。为了让池塘充满活力，大多会在其中饲养观赏鱼、青蛙、水生植物等，维持良好的生态平衡并

○ 庭院以池塘点缀，游鱼戏水，鸭栖池畔，平添许多生机。

○ 庭院中园柳鸣禽，花香鸟语，多少诗情画意，多少自然野趣。

使水质清新。池塘为住宅改造了生存环境，增加了自然的美感，为生活平添了无限的诗意。在设置池塘时，要注意池塘方位的选择。

水池宜修建在东面和东南面，因为这两个方位能源充足，生机盎然，可以更好地吸收大自然的能量。但水池应建成流水型的。

南面的日照太强，水池内的水还来不及吸收能量便被蒸发了，所以不宜在这一方位修建水池。

西面的水池不宜大，应修小一些，使之"细水长流"。

西北面的水池应远离住宅，且应建成流水型的。

北面不宜有水池，北方天气寒冷，气温低，水质冰凉，这一切都不适合万事万物的成长。

在东北方建水池是绝对不宜的。

庭院中修建游泳池的注意事项

游泳是最好的健身运动之一。风水学理论认为，常与水接触，能为身心注入水的特质，有助于提高思维的柔韧性。游泳池最好设在透过窗户可以看到的地方，让居住者可以欣赏到水的灵动。同时也是借泳池的点缀，让人居之所充满诗意与浪漫，散发出动人心弦的灵气。人的心情舒畅了，好运自然会来。

为了感受生命的能量和繁荣的内涵，有条件的人士不妨扩大院子，使游泳池稍稍远离房尾。或者把池子的边缘设计成曲线形，看上去无穷尽地延展了水面。

泳池不宜设在屋后。自古以来，风水学理论认为，负阴抱阳、背山面水是吉相。

住宅的中心应该是重要之处，不易被污染的。在住所的中庭，开游泳池

○ 常与水接触，能为身心注入水的特质，有助于提高思维的柔韧性，泳池设计成曲线形，看上去无尽地延展了水面。

全面揭示风水发家密码
精心打造顺风顺水旺宅

471

○ 泳池不宜干涸，应该有八分满，池水充沛、清洁的泳池能够使人心情舒畅，充满活力。

或植大树，都不太合适。

　　风水学理论认为，任何形式的屋顶一旦漏水都会变成凶相。由此不难联想到，居家住宅如果在平坦的屋顶建个游泳池，也是不适宜的。

　　最重要的是家里有游泳池的，不要让游泳池干涸，除非你把游泳池上面盖起来。

喷泉的设计

　　"问渠哪得清如许，为有源头活水来。"泳池、池塘中央的喷泉，或者人工瀑布，都是家居中的活水，均有助于活跃家居气流，喷泉里如安装向上的灯光，更可强化效果。

　　瀑布或者喷泉的活水发出的声音，亲切而自然，也能对人产生积极的影响，"润万物者莫润乎水"，流水至柔而善，可轻易流过路径上各处的障碍，而涓涓细流的汩汩之声很具抚慰性，有助于住户度过漫长人生路上的崎岖坎坷。

　　在布局庭院里的水时，一定要注意的是应让水以柔和的曲线朝住宅门前

○ "问渠哪得清如许，为有源头活水来"，流水至柔至善，能润化万物，以柔克刚，水声潺潺，能抚慰人心，可陶冶人的性灵。

流来而不是流去。

庭院的山景设置须注意方位

　　风水学上常说住宅靠山而居是大吉之象，但是随着社会的发展，可用空间越来越小，"山景住宅"已经很难实现。于是，在庭院中设置假山，成了住宅设计中常用的手法。庭院中有山石，能使整个住宅看上去沉稳、充满自然之气。但是，其方位设置要得当。

　　西方设置假山很不错，如果能配以树木防止日晒那就再好不过了。

　　西北方设置假山为大吉，因为西北是山的本命位，会带来稳定感，寓有不屈不挠之意。配有树木则更佳。

　　北方、东北方设置假山也很吉利，而且适当地种植一些树木会更加美观，但是树木不要太靠近房子。

○ 在庭院中设置假山是常用的住宅设计手法，庭院中有山石，整个住宅看上去就很沉稳，充满自然之气。

庭院中不能铺设过多的石块

　　石块本来是庭院中的点缀品，在庭院中适当摆放一些庭石，对增添庭院的景致大有帮助。但如果庭院中的石块数量过多、形状怪异，则会使人产生衰败寂寥的感觉。其实，无论是从风水学的角度考虑，还是从实用角度出发，庭院中不能铺设过多的石块。大致原因有以下几方面：

　　①传统的风水学认为，如果铺设过多石块，庭院的泥土气息会因此而消失，使石块充斥阴气，使阳气受损。

　　②在实际生活中，炎热的夏天，石块受日照后会保留与反射很大一部分热量，庭院如果铺满石块，离地面1米的温度几乎会达到50℃的高温，何况石块吸收的热量多且不容易散热，连夜间都会觉得燥热异常，让人有窒息、烦闷的不适感觉。

　　③在寒冷的冬季里，石块吸收白天的暖气，使周围更加寒冷。

　　④在阴天下雨时，石块也会阻碍水分蒸发，加重住宅的阴湿之气。

○ 庭院中适当地摆放石块能够增添庭院的景致，适量的石块能够给人的生活带来许多趣味。在庭院摆设石块要考虑其实用性与范围大小。

⑤庭院的石头中如果混有奇异的怪石，如形状像人或禽兽，或者住宅的大门前有长石挡道，都会给人的心理造成影响。根据医学验证，有的石头上

○ 庭院以适量的石头装饰，再利用绿化、水体造型体现出文化内涵。

○ 庭院的石块不宜过多，石块的形状也不宜怪异。

会附有很复杂的磁场，对人的精神和生理产生不良影响。

⑥庭院中铺设过多石块，人经过时脚板的感觉也不舒服，因此硌脚或扭伤实在太不值得。

总而言之，庭院铺设过多石头有很多不利，最好能考虑用其他方法修饰、美化庭院。如果真是很喜欢用石头来装饰庭院，有两条建议仅供参考：

一是庭院的石头设计应多采用人工材料的硬质景观如雕塑、石刻、木刻、盆景、喷泉、假山等，再利用绿化、水体造型的软质景观相互兼顾，透过整个庭院景观来体现深厚的文化内涵。

二是如果没有条件设置假山、喷泉等，那最好注意在设石块的时候，一定要从庭院的实用性与范围大小来做选择。

庭院里的树

树的生长有它本身的气势，气势过于旺盛也不是好事，因树木太茂盛会阻挡阳光，使日光不能穿透，这样一来，积聚的湿气太重，就不利于人体健康。另外，过密的树木不但遮挡阳光，还会阻截阴气的散发。

风水学理论认为，庭院里的树应种植在东方、北方、东南方、西北方。

庭院的花卉

花草树木是庭院的"活物"，有选择性地栽种可以让庭院充满旺盛的生命力，营造一个清新、充满活力的环境。花草怡人，繁茂的枝叶可让空气中的阴离子增多，能调节人的神经系统，促进血液循环，增强免疫力和机体活力。但是庭院的花卉要注意以下几个方面：

1.忌种植有毒植物

有些花草含有毒素或有毒的生物碱，即使形态上赏心悦目也不能栽种，以免影响健康。

2.不宜亲近的四种花卉

夜来香：夜来香晚间会散播大量强烈刺激嗅觉的微粒，对高血压和心脏病患者危害很大。

松柏类花卉：松柏类花卉散发油香，可令人感到恶心。

夹竹桃：夹竹桃的花朵有毒性，花香容易使人昏睡，降低智力。

郁金香：郁金香的花有毒碱，过多接触毛发容易脱落。

3.宜种植有美好意向的花卉

中国传统名花不但有着优美的造型，还被人们寄予很多情怀。在庭院种植花卉，可以进化空气、抑制噪音、美化环境、陶冶情操、修身养性。

梅花：傲雪怒放，群芳领袖；代表情操高尚，忠贞高洁。

牡丹：花中之王，国色天香；代表富贵荣华，吉祥如意。

菊花：千姿百态，花开深秋；代表超凡脱俗，高风亮节。

兰花：花中君子，幽香清远，代表品质高洁，空谷佳人。

月季：色彩艳丽，芳香蓊郁；代表四季平安，月月火红。

杜鹃：花大色艳，五彩夺目；代表锦绣山河，前程万里。

茶花：树形美观，姿色俱佳；代表英雄之花，健康如意。

荷花：色泽清丽，翠盖佳人；代表家庭和睦，夫妻恩爱。

桂花：芬芳扑鼻，香气逼人；代表香飘万里，荣华富贵。

水仙：凌波仙子，冰清玉洁；代表金盏银台，幸福吉祥。

养花容器的形状与摆放的方位

养花的容器，因其外形和质地的不同，而产生不同的视觉效果。

○ 玻璃花瓶通透明亮，给人洁净清爽之感，宜用于住宅北部。

○ 球形的花瓶令人感觉圆润舒适，宜用于住宅的西或西北部。

○ 高身木瓶庄重大方，宜放置于住宅的东或东南。

○ 锥状花瓶灵巧别致，宜用于住宅的南部。

○ 陶罐富于质感，宜放在西南或东北。

花坛修建注意事项

近年来兴建花坛的人增加了，导致这个现象的原因很多。欧式庭院的流行也是原因之一。建花坛一定要有庭院，风水学理论认为，无论在庭院的任何方位建花坛，都会增加审美效果。

现在依风水学理论来分析花坛的形状。

首先是圆形花坛。若在建筑物南侧建圆形花坛，则应建两个。在西北侧时则可以建一个稍大的花坛，如果庭院广大，则宜在庭院正中央建花坛，或在玄关前的走廊建圆形花坛。花的颜色要选择相合的颜色。

圆形花坛的特征，就是不管从哪个方向看都是相同的，而且正中央看起来像山一样。如果其周围还有空间，那就更有吉效了。如果庭院宽敞，则花坛的边缘选材方面，日式花坛可使用自然石，西式花坛则可使用砖块或小的木栅。

沿着树与邻地交界的围篱建花坛时，则围篱侧要种植较高的花，而前方则种较低矮的花。不管庭院狭窄或宽广，都能兴建花坛。此外，也有人采取围绕树木周围建花坛的做法。

其次是方形，也就是正方形或长方形的花坛，可以建在庭院或玄关的门口。朝向东或东北、东南庭院的形状较好。朝东的庭院周围种红花，朝东北则种白花，朝东南种橘色的花。

如果玄关前门口的细长花坛是带状花坛，可反复使用白色与粉红色、白

○ 正方形或长方形的花坛可以建在庭院的门口，庭院门口设置花坛，开花的时候会非常美丽，能给家庭带来祥瑞之气。

色与红色、红色与蓝色的花，形成一定的条纹。

即使没有花坛，低矮的印度杜鹃花等也可形成大门前和庭院的交界，此外，若把它们种植在围篱边，开花的时候就会非常美丽。

布置好前、后院

前院应清洁，不重豪华美观（不要太亮，否则令人浮躁），应有适量的花木，不可太多太杂（心情烦躁、诸事不顺）、阴气湿重，排水应畅通，地面不应有青苔湿气（宜光照）。住家后院应时时保持清洁。

住家后院花果不要种太多，会导致阴湿太重；不可种大树，否则会使光线阴暗；不可种有刺的花草木。养六畜时应随时保持干净。

○ 庭院的花木不宜过多也不宜过少，适量的花木能使庭院增添秀色，给家居提供新鲜空气，若是植物过多则会导致阴气太重。

○ 庭院围墙的高度适宜，既能保证居家安全，又美观，从外围远眺可隐约看到家居的房舍门窗，景致美丽。

庭院的围墙

1.围墙的高度要适度

围墙过高与住宅不能配合，与住宅相比，围墙过高的话，在现代建筑里也是不宜的。有两个理由：

一是小偷容易进入。一般人都认为，高围墙不是使小偷进入不易吗？实际上，并不是这样的。小偷，顾名思义，是偷偷摸摸的，高耸的围墙正好挡住外面的视线，使其偷窃的行径不易为人发现。所以对他们来说，过高的围墙反而有利。围墙最重要的作用应该在于界限的标志划分，真正防范小偷应在于玄关、门户是否紧闭。

二是有碍美观。从房屋外部看，围墙与住宅是一体的。远眺可隐约瞧见房舍门窗，这样的景致才美。过高的围墙，不仅不美观，更显得主人似乎是气量狭小、没有修养的人。

过高的围墙不宜，过低的围墙也是很不好的，因为现在噪音以及污

全面揭示风水发家密码
精心打造顺风顺水旺宅

481

○ 围墙的高度宜平衡一致，不宜一高一低，从风水学的角度来说，围墙一高一低意味着不平衡。

染的情况很严重，而围墙具有防止噪音、尘埃进入的功效，所以围墙也不宜筑得太低。其高度在超过1米之后，防止污染的功效增加越来越少，所以不宜建得比1.5米高出太多，以免阻挡日照、通风，造成负面的影响。

围墙一高一低也不宜。围墙一高一低造成不平衡的意向，健康就是平衡，任何病都是不平衡导致的。

除了以花草、树木建成围墙之外，尚有以木板、铁丝网、水泥、石块、砖块等材料造围墙。花草、树木建成的围墙，居住者和经过的路人都可以看到四季变化的美景，感觉非常好。其缺点是花费不低，且在维修方面颇费周折。较便宜的，大概是水泥砖墙，只不过这种墙易被风吹倒，最好打下深20厘米、比砖块厚两倍的地基才会比较坚固。

2.围墙忌近房

在狭窄的地方盖房子，再在周围筑上围墙，房子与围墙之间的距离只有一点点，会使人有强烈的压迫感。而且，这类房屋的通风采光一定不好。

如果一定要这么做，可以在墙下方基底处留约20厘米，如此既可改善通风、采光，也可给狭小庭院内的花草留出生长的空间。

3.围墙宜前窄后宽

有围墙的住宅，围墙不一定方正，但千万不要形成前宽后尖的倒三角形，否则容易发生不快之事。围墙是后宽前窄的梯形，会让人感觉未来蒸蒸日上，如果梯形倒过来，后窄前宽，会给人每况愈下的感觉。

院门的大小

如果住宅的地基很大，而院门很小的话，就会让人觉得居者寒酸软弱；如果住宅的面积很小，而院门却很阔大的话，人们会觉得这是个爱慕虚荣、自吹自擂的人，所以院门的大小应该与地基的大小保持平衡。

◎院门的大小应与住宅的地基大小保持平衡，遵循适宜原则。

◎院门的大小跟住宅面积大小相宜，有种平衡相称之美。

庭院设计三忌

1.庭院布置忌与整体环境不符

　　如果在狭窄的庭院里用很大的石头做装饰，或是挖一口大池塘，或是种很多大树，会给人喧宾夺主的感觉；如果在宽敞的庭院放置很多小道具作为装饰，会给人留下繁杂琐碎、缺乏大气的不良印象。因此，要根据庭院面积的大小，因地制宜地合理设计，力求舒适、美观、大小适中、有亲切感。

2.庭院中忌河流穿越

　　在古代，很多城镇都有沟渠河川流经。如果将水流引进家中，根据"阳宅堪舆学"，此属不吉之兆。因为河水免不了泛滥，必须提防洪灾。而且一般水流流经之地多为地势低洼之所，这些地方大多隐藏着危机。其实，不仅是河流不宜穿越庭院，就连在水边建房，在堪舆学中也被认为是不理想的。

○ 庭院时常保持清洁，有良好的排水系统，会使家居干燥洁净，使气运通畅无阻，还会给人赏心悦目之感。

此外，还必须注意的是，河流附近的土地较为松软，所以，如果在土质松软的地上建房，要特别注意地基和房子的稳固性。

3.庭院中忌太杂乱

庭院应清洁，应有适量的花木，但不可太多太杂。排水应畅通，地面不应有青苔湿气，应时时保持清洁。

十四种庭院吉祥植物

植物作为庭院里的重要装饰物品之一，起着非常特殊的作用。植物通常都具有非常旺盛的生命力，种植大量的健康植物，会创造一个清新、充满活力的环境，能减少现代家居中各类用品产生的辐射和静电。植物能通过光合作用释放氧气，为居室提供新鲜的空气。而许多植物因其特殊的质地和功能，具有灵性，对家居会起到保护作用，对人类的生活倍加呵护，可称之为住宅的守护神。

1.槐树

槐树木质坚硬，可作为绿化树、行道树等。风水学上认为，槐树代表"禄"，在众树之中品位最高，有镇宅作用。古代朝廷种三槐九棘，"公卿大夫坐于其下，面对三槐者为三公"，由此可见一斑。

2.橘树

橘树即桔树，"桔"与"吉"谐音，象征吉祥。果实色泽红黄相间，充满喜庆。盆栽柑橘是人们新春时节家庭的重要摆设。橘叶具有疏肝解郁功能，能够为家中带来欢乐。

3.桂树

相传月中有桂树，桂花即木樨，桂枝可入药，有祛风邪、调和之功效。宋之问有诗云："桂子月中落，天香云外飘。"桂花象征着高洁，夏季桂花芳香四溢，是天然的空气清新剂。

4.灵芝

灵芝性温味甘，益精气，强筋骨，既具观赏作用，亦有长寿之兆，自古被视为吉祥物。鹿口或鹤嘴衔灵芝祝寿，是吉祥图的常见题材。

5.榕树

含"有容乃大，无欲则刚"之意，居者以此自勉，有助于提高人的涵养。

6.竹

苏东坡云："宁可食无肉，不可居无竹。"竹是高雅脱俗的象征，无惧东南西北风，可以成为家居的防护林。

7.椿树

庄子的《逍遥游》云："上古有大椿者，以八千岁为春，八千岁为秋。"因此椿树有长寿之意，后世又以之为父亲的代名词。

8.梅

梅树对土壤的适应性强，花开五瓣，清高富贵。其五片花瓣有"梅开五

○ 椿树代表长寿，且宜在庭院种植。

○ 梅花花瓣有"梅开五福"之意，象征福气临门。

福"之意。

9.棕榈

棕榈又名棕树，具有观赏价值、实用价值和药用价值。

10.枣树

在庭院中植枣树，喻早得贵子，凡事"早"人一步。

11.石榴

含有多子（籽）多福的吉祥意义。

12.葡萄

葡萄藤缠藤，象征亲密，自古有葡萄架下七夕相会之说。而夏季在葡萄荫下纳凉消暑，亦是人生一大快事。

13.莲

莲是盘根植物，并且枝、叶、花茂盛，代表家庭世代绵延、家道昌盛。此外，"荷"是"合"的谐音，也代表家中"和谐平安"。莲有同心并蒂之态，藕有不偶不生之性，莲藕也象征婚姻幸福美满。莲花最早有君子的意象，宋代理学家周敦颐的《爱莲说》最后的结论便是："莲，花之君子者也。"

14.海棠

花开鲜艳，富贵满堂。而棠棣之华，象征兄弟和睦，其乐融融。

解读非常住宅

精心打造顺风顺水旺宅

全面揭示风水发家密码

487

解读非常住宅

旺宅开运改运首看之书
居家设计布局最佳指导

488

○ **实用至上** 设计师在本案创作过程中以"以人为本，崇尚自然"为中心思想，造型形式采用流线型的手法进行设计。营造了自然、亲切、现代的休闲娱乐空间。装饰简单的柱子、植物题材的花器、休闲凉亭构成了舒适景观庭院。

○ **庭院虽小，五脏俱全**　在这个庭院里，除了大量的花木、草地外，还设计了一个小水池作为水景，用山石围墙和白色栅栏规划了一小片小庭院景区。木质架空平台使人们经历一天辛苦的工作之余，在此饮茶畅聊，消除疲劳。

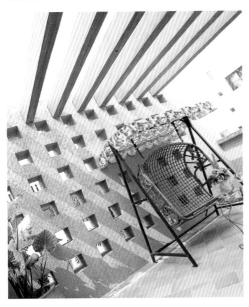

○ **简单而舒适的庭院休闲生活**　露台庭院设计简单而舒适，摇椅的增设不仅将室外美景尽收眼底，而且可在此处享受自然的闲适生活。一片砖、一块木，在彰显出主人独有品位的同时，更表达出一座纯正建筑与生俱来的内涵。

○ **天然石材增色庭院环境**　在花架的庇护下，一座紫色砖墙的别墅带给人神秘的遐思。远处的风景被丝毫不漏地搬进庭院，天气晴朗时可以沐浴在明媚的阳光中，享用美味的同时欣赏着花园的静美。石材墙面的装饰凸显了浓厚的乡野气息。

○ **与大自然亲密接触的隽秀之语** 木凉亭设计精美，造型独特，将更多的空间让渡与自然，大气而简洁。设计师独具匠心的设计使人们能够更充分地聆听、享受蕴藏在景观中那与大自然亲密接触的隽秀之语。

○ **浓荫掩映下的沉稳优雅气质** 浓荫掩映下的红墙绿坪、户外木地板、窗套等重现百年都铎建筑肌理，并通过错落庭院景观、精致的线脚、造型的硬朗，打造出极富层次感和韵律感的别墅空间，使整体都透着沉稳优雅的气质，在岁月沉淀中更显魅力风华。

○ **融贯中西的雍容与威仪** 庭院以沉稳、大气、融贯中西的建筑符号全新呈现在我们面前，彰显皇家尊贵的雍容与威仪。充分利用自然光线并将优美的室外环境引入室内，下沉式庭院的舒适空间让主人尽情体验奢适人生。

○ **回归自然** 设计师强调庭院花园的自然归属感，种类繁多的植物与水榭曲廊相谐成趣，古木奇石同亭台楼阁处处皆景，在有限的空间内将山水的神韵浓缩，并用新的设计手法再造，使庭院清秀、典雅。

○ **人性化设计给人浓郁的归属感** 为了减少日常维护的麻烦，庭院以硬质铺装为主，所以设计师在各个角落点缀了很多盆栽植物。人性化的庭院设计给人浓郁的归属感，一头连接的是自然，另一头就是温情的家居生活。

○ **中式庭院风格** 本案庭院传承中式庭院风格，通过建筑、花木、栅栏、水榭等围合式的庭院设计，疏、密、曲、直、多层次的景观布局，成为庭院经典。使用高矮、大小不同的植物错落组合，使空间显出一种韵律感。

○ **人性化的设计，展现活力与韵律** 庭院景观自然和谐，为城市生活增添了一道极富活力与韵律的风景线。将室内露台设计成庭院景观，呈现了人性化的设计，在功能配套齐全之余又把空间最大化地让给了独享私人空间的主人。

○ **诗意栖居** 阔绰舒逸的空间布局，独特的室内庭院设计，使生活与自然完美融合。朝迎晨曦，晚接繁星，诗意栖居打造完美家居梦想。亲近平和的庭院氛围，让人有身居自然之感，绿意盎然的植物搭配呈现极尽完美的休憩空间。

○ 白色强调焦点，分割突出建筑　以简洁的线条、简便的维护和易于养护的造型植物为特色，结合简洁的植被，创造出富有戏剧性结构和特性的庭院显得抽象迷人。错落有致的别墅庭院内，运用留白来强调焦点，以空间的分割来突出建筑。

○ 沐浴自然　室内庭院是室内空间的重要组成部分，是室内绿化的集中表现，旨在使生活在楼宇中的人们方便地获得接近自然、接触自然的机会，可享受自然的沐浴而不受外界气候变化的影响。

○ **层次变化带来的视觉张力** 设计师充分利用庭院空间层次变化，使空旷的院子热闹起来，让别墅空间的实用性与观赏性大大提升。入门处设置的小花架，不但能更好地融入整体景观，而且可以使原本狭长悬空的走廊空间得以缓冲。

○ **隐于城市中的山野** 设计师致力于将居室融于自然山水中，使居民即使身处现代都市也能享受自然风光，既慰藉心灵，又形成健康向上且别具特色的生活方式，使人心境平和的同时又具有强烈的现代气息。

○ **纯粹的别墅庭院居住梦** 围合的别墅庭院，高低错落，大片嫩绿的草坪，以呈现完美的别墅庭院居住梦想。围墙巧妙地与自然景观结合，采用木质低矮栅栏，独具风格的围墙设计，为主人营造纯粹的庭院生活。

○ **浑然天成的庭院空间** 中国传统园林"崇尚自然，师法自然"，讲求"虽由人做，宛自天开"，在有限的空间范围内利用自然条件，模拟大自然中的美景，把建筑、山水、植物有机地融为一体，创造浑然天成，幽远空灵的空间感受。

○ **超时尚的现代主义** 现代主义风格的庭院中，构造形式简约，大胆地利用色彩进行对比，通过引用新的装饰材料，加入简单抽象的元素，使构图灵活简单。强烈的色彩对比，以突出庭院新鲜和时尚的超前感。

○ **一隅栖息之地** 庭院，作为一种室内生活的向外延展，在审美之余更注重功能性。此露天庭院中，柔和的光线也增加了温馨气氛。躺在木质凉亭处的坐椅上，不仅舒适而且也将成为一隅独特的栖息之地。

○ **清新无比** 住宅门前的绿色植物装饰给整个庭院营造了清新的画面,起到了画龙点睛的作用。

○ **植物的作用** 植物是最基本的庭院要素,植物能够进行光合作用,植被多的地方氧离子多,空气新鲜;植物还可以保护水土,营造局部优质气候,防风减沙,减低噪音,提供树荫。

○ **纯朴自然的意境** 鹅卵石铺设的小道与实木的休息椅结合,衬托出一种自然的乡村气息。

◎ **水之生态美** 以中心水景线为景观主轴，强调了自然及生态美的效果。经过高差设置叠水等水景来丰富景观，结合多种样式的铺装，丰厚而简单。露天的庭院可以捕捉自然光线，取材天然，形成天、地、人和的完美画卷。

◎ **温馨的家园** 实木装饰庭院过道，辅以盆栽点缀，布置温馨庭院。

◎ **集审美与娱乐于一体** 布置庭院凉亭，既能美化庭院，又能提供休息娱乐的场所。

第十五章

车库设计

爱车的吉祥港湾

由于人们的生活水平越来越高，有车族也越来越多，然而有很多人不知道，有车也会带来很多的困扰，因此对其设计、装修、布置不可忽略。

车库的方位选择

车库的方位选择极其重要。

①从易理上来论，车库、停车场不宜设在正南方，车门也不宜在此位，宜西、西南、东北、西北之方。

②有条件的，最好把车库、车门布置在东北位，亦建议大门及旁边围墙适当镂空以便接入东北当旺旺气。

③车库正上方不宜设主人房或老总办公室，不利健康。

车库的格局

最适宜的车库格局是长方形，并且从节约车库面积的角度考虑，长方形也是比较经济实惠的。如果车库带有很多尖角，不仅浪费了空间，而且在车子进入车库时，还很容易碰撞到尖角，损害车子。长方形与大部分车子的形

◎ 车库宜布置在东北方，车库大门及旁边围墙适当镂空亦有益于接入东北当旺旺气。

○ 车库的格局也是十分讲究的，长方形的车库不但节省空间、而且安全，并因其与大多数车子的形状吻合，能使车子自由进出。

状是吻合的，因此车子可以自由地进出。

　　车库的选择还要考虑汽车的高度。现在家庭选择的比较实用的车型，高度通常在1～2米之间，因此在选择车库时，尤其对于那些车身高度较高的汽车来说，应该格外留心。

　　车库一般分为地面上的车库和地下的车库。地面上的车库是公寓楼的一层，配有自动的车库门，使用起来十分方便。地下车库多是公共车库，每辆车有一个车位。由于在地下室，面积会比较大，也会有很多的柱子，在使用时要注意安全。

车库的光线

　　车库需要明亮的照明，这样才能方便车子进出车库。尤其是在晚上使用车库时，仅仅凭借车子自身的照明是不够的，因此应该在车库中设置明亮的日光灯，最好设置两盏。

在车库中设置明亮的日光灯还有一个很大的好处——夜间驾车的人总会有一种昏昏欲睡的感觉，明亮的灯光能刺激驾车人的视觉神经，使其能清醒一些，从而也使汽车顺利地进出车库。

车库的通风

车库的通风条件是非常重要的。人生总是有许多意外的情况发生，如果由于某种原因而被困在车库中，那么没有良好的通风条件无疑将变成一个密闭的空间，如果被困时间较长，很容易威胁到生命安全。

退一步讲，没有发生意外情况，但汽车发动时所产生的尾气和汽油蒸气，对人的身体也是有害的。如果车库的通风条件很差，很容易使这些有害的气体滞留在车库中，造成车库中空气的污染，最终危害到车主。因此，应采用有效的方法来解决通风问题。

在有时间的条件下，最好保持车库的门敞开，这样能最有效地更换车库

○ 车库大门上方开一个小型窗户能够使内外的空气循环流通，从而使车库内也有新鲜的自然空气，避免室内的空气污染。

中被污染的空气。如果没有足够的时间使车库的门保持敞开，可以在车库中放置一个排风扇，在一定程度上也能起到较好的换气效果。

车库与卧室的位置

在车库布局中最紧要的一点就是，车库切不可置于卧室下方。因为车库每天都有车辆出入，这会影响卧室底部的气流，导致磁场不稳定。

另外卧室下面如果是车库，容易使人产生足下空虚之感，这对人的心理也有不良的影响，在潜意识中有脚底不稳，提心吊胆的感觉。

不过这里说的主要是较低的楼层会受车库的影响，比如二楼直接位于车库之上，所受影响自然较大。四楼、五楼以上，与车库相隔甚远，下面又有其他楼层阻挡，就大可不必担忧了。

◎ 车库不宜安置在卧房下方，特别是二楼不可直接位于车库之上。如果车库安置在卧房下方，车辆的进出会影响卧房底下的气流，导致磁场不稳。

○ 车库的色彩宜柔和、简洁。如在车库的大门或者墙壁涂上白色的涂料等柔和的颜色，会使人每次进入车库时都心情舒畅。

车库的颜色

　　对于车库来说，很多人并不会考虑对其进行装饰，或许认为那是没有什么意义的劳动。其实不然，也许仅仅是将车库的墙壁刷上简洁的白色涂料，就能使你每次进入车库都会因为看见它柔和的色彩而心情舒畅。总的来说，车库的颜色应柔和、简洁。

汽车的颜色

　　我国古代先哲将宇宙生命万物分类为五种基本构成要素，座驾中的"五行"，也是金、木、水、火、土。对应五行的汽车同样有着最适合的形和色。

　　木：含瘦长形元素座驾(例兰博基尼Lamborghini)，对应颜色为青、碧、绿色系列。

　　火：含尖形元素座驾(例部分流线型跑车)，对应颜色为红、紫色系列。

　　土：含方形元素座驾(例越野、切诺基)，对应颜色为黄、土黄色系列。

金： 含棱角形元素座驾(例凯迪拉克)，对应颜色为白、乳白色系列。

水： 含圆形元素座驾(例甲壳虫系列)，对应颜色为黑、蓝色系列。

很多车都属"混合型"，即融多种元素于一车之中，这样则需具体考虑哪"行"为主，再选择对应颜色为佳。其他的中间色可依主色系分别归类，但该颜色会在主色所具的属性之外，兼具辅色所具的属性。

每一个对色彩较为敏感的人都有他所喜欢的颜色，人对某种颜色的好恶心态是随着不同时间段和不同心情而有所改变的，而这种变化是吻合五行规律自然变化的。但要注意的是协调地配搭，尽量避免违背自然规律。

车库吉祥物

为了保养您的爱车，除了为它准备一间合适的车库外，还可以在车库置放一些吉祥物。

1.红玉佛与观音

红玉佛与观音，高约为4厘米，特殊处理后具有消除灾难的作用，适合摆放在车库、客厅内。红玉佛与观音结合灵气更强。

2.铜铃

铜铃为圆柱形，圆润、坚固。铜铃是最常用的吉祥用品，一般适合挂在门、窗和汽车上。将铜铃挂在门的把手上，可防止家人意外碰撞、摔伤，或被硬器刺伤。

○ 铜铃

车库好设计实图展示

○ **车库使人与自然和谐统一** 设计师强调自然与场地的均衡，以使自然、人文、技术、成本得到和谐统一。车库深色结构框架具有十足的趣味性，立面造型丰富且精致，白色与深红色为建筑的色彩基调，营造出温暖的宜居氛围。

○ **田园、本土、创新** 彩用"田园、本土、创新"的立面形式，在设计中提取朴实的乡村元素，加以现代手法的演泽，创造亲切怡人的尺度，营造本土氛围。车库与建筑的完美结合协调整体，白色大门强调个性。

旺宅开运改运首看之书
居家设计布局最佳指导

○ **异国风情的车库** 车库立面设计遵循整个别墅的设计风格，彩用红色装饰墙面，在设计中不但注重异国风情气氛的渲染，更是在色彩上进行理性搭配，再配以绿化植物，进一步使车库、别墅、景观融为一体。

○ **车库也田园、温馨、朴实** 车库立面设计追求质朴的田园风格，注重建筑结构自身比例所衍生的立面效果，理性运用材料的搭配，创造出具有时代气质和田园风情的温馨家园。车库白色大门使建筑看起来不厚重，更显独特气势。

○ **车库的艺术——优雅与庄重** 深灰色车库屋顶与白色墙面形成鲜明的颜色对比，搭配简洁的车库线条和独特的立面风格，郁郁葱葱的草坪和灌木映衬着白窗淡墙，使建筑显得优雅、庄重。

○ **原生态的车库展现现代特质** 本案将都市的简洁精致与乡村度假风格相结合，车库外墙装饰大量运用石材、木材体现原生态的现代感，用点、线、面表达最高贵的居住空间。车库延续了建筑简约风格，以黑、白、灰为外观主色调。

○ **车库——古典与现代的完美融合** 车库的门立面材料以仿古面砖为主，通过对墙身石材铺贴的深化设计，原本在同一平面的车库立面变得更富有层次感，配合墙体横向线条的穿插，形成了简洁、明快、稳重的建筑视觉效果。

○ **简洁而富有韵律** 为了减轻建筑大体量的压抑感，车库的材料和颜色运用相对简单明了，又与建筑融为一体，独特的屋顶设计使整体立面产生高低起伏的建筑轮廓，形成富有韵律的波浪形天际线。

◉ "人车分离"的车库设计　充分利用坡地特征，将入户大门与车库入口设计成"人车分离"的形式，使空间结构更为合理。古老的砖墙与瓦面屋顶诠释主人怀旧情结，优雅的周边环境营造出符合传统人居感受的户外空间。

◉ 车库，错落有致的空间形态　本案设计师保留原有起伏的地势，整合场地标高，形成多个台地入口，并依据基地特征布置不同的绿化植物，由车库门口向外延伸扩展，形成错落有致的空间形态及丰富了建筑的设计元素。

◉ 细腻而独特的车库　以景观为主导布局使建筑置身其中更为灵活，独特而又统一的车库房间设计，使建筑错落有致。结合丰富而细腻的欧陆风格的立面造型，使建筑与环境构成了一片活泼、休闲的居住空间。

◉ 车库体现闲适与典雅　车库门与柱子的直线条使建筑外形简洁明快，浅色外墙将优雅气质发挥到极致。原生态石块的运用既实用又环保，将建筑与大自然融合在一起，彰显出别墅的闲适和典雅。

旺宅开运改运首看之书
居家设计布局最佳指导

○ **车库的田园风格** 靠近车道的车库设计充满了田园风格,大面积砖材料的运用表达温馨之感。两间车库不仅提供了舒适的空间感,更为主人停车带来方便。融功能性于景观之中,强调景观的自我更新和不断完善。

○ **和谐——幽、逸、静融于一体的车库设计** 本案基于用地特点,以"幽、逸、静"为设计主题,有效利用周边资源优势,塑造出一个宁静的、融洽的和谐社区。车库鲜艳的红色醒目而淡定,石材柱子等与绿色植物协调搭配,与环境很好地融合在一起。

○ **又见欧式风车库** 欧式风格讲究将建筑点缀在自然中,在设计上讲求心灵的自然回归感。车库与墙面的素色色彩搭配使建筑优雅高贵,在气质上给人深度感染,使建筑成为自然环境的一道美丽风景线。

○ **车库也富有乡村气息** 建筑体量与形式在追求个性和丰富的同时，把握统一的层数与进深，极具乡村气息的单坡、双坡、高低坡不同形式的坡顶，分散式、小体量的聚合体，更拉近了建筑物与人的关系。车库门上端的玻璃假窗设计在立面整体统一中表现出多样性。

○ **传统与现代的建筑韵味** 立面以现代建筑形式为着眼点，提取传统民居石墙等基本形态特征，运用现代的构图方法将车库与建筑融为一体。考究的深色压顶，白色墙体创造出一种既包含现代建筑特色又不失韵味的美感。

○ **生态材料，绿色车库，绿色设计** 建筑采用北美地区的住宅形态，舒缓的坡顶，精准的比例关系、错落有致的体量搭配。车库入口以瓦、仿木板条等原生态类材料作为基础的建筑外装材料，做到车库与整体别墅融合无间。

全面揭示风水发家密码
精心打造顺风顺水旺宅

511

◎ **精致的大自然场景** 以大自然为场景，通过营造精致有趣味的生活空间，引导出亲近自然并富有西方意味的高品质生活。车库白色立面简洁平和地穿插于建筑之中，结合深挑檐营造较深的阴影，丰富立面的进退关系，诠释有品位的花园式洋房。

◎ **双重气质车库——高贵矜持与低调单纯** 车库装饰材料选用古老的砖墙与米白色时尚饰面，使整体兼具高贵矜持与低调单纯的双重气质。车库单独的出入口设置，既保证别墅主人的动线流畅，又减小了交通对住户的影响。